Wolfgang Böge (Hrsg.)

Arbeitshilfen und Formeln für das technische Studium

Band 2 **Konstruktion**

5., überarbeitete Auflage

erarbeitet von Alfred Böge, unter Mitarbeit
von Wolfgang Böge und Walter Schlemmer

Mit 256 Bildern und 23 vollständig
durchgerechneten Beispielen

Arbeitshilfen und Formeln für das technische Studium erscheinen in der Reihe
Viewegs Fachbücher der Technik und werden herausgegeben von *Wolfgang Böge*.
Band 2 wurde bis zur 4. Auflage herausgegeben von *Alfred Böge*.

Autoren des Bandes 2:
Alfred Böge unter Mitarbeit von Wolfgang Böge und Walter Schlemmer

1. Auflage 1978
2., überarbeitete und erweiterte Auflage 1983
3., überarbeitete und erweiterte Auflage 1987
4., überarbeitete und erweiterte Auflage 1991
5., überarbeitete Auflage 1998

ISBN 978-3-528-44070-1   ISBN 978-3-322-91528-3 (eBook)
DOI 10.1007/978-3-322-91528-3

Vorwort zur 5. Auflage

<table>
<tr><td>Für wen
und wozu</td><td>

Im vorliegenden Band 2 der „Arbeitshilfen" finden die Studierenden an

- *Fachschulen*
- *Fachhochschulen*
- *Fachoberschulen*
- *Fachgymnasien*
- *Berufsaufbauschulen*

die zum Lösen von Aufgaben aus dem Fach *Konstruktion* (Maschinenelemente, Konstruktionselemente) erforderlichen

- *Größengleichungen*
- *Erläuterungen einzelner Größen*
- *Lehrsätze*
- *Regeln und Verfahren*
- *Konstruktionszeichnungen*
- *Diagramme*
- *Berechnungsbeispiele im beiligenden Heft*

Neben dem Grundlagenband 1 erfassen weitere Bände die Unterrichtsinhalte der Ausbildungsschwerpunkte *Fertigung* (Band 3) und *Elektrotechnik/Elektronik* (Band 4).

</td></tr>
<tr><td>Was wird
erreicht,
und wie</td><td>

Mit den „Arbeitshilfen" wird das Erarbeiten des Lösungsweges der Aufgaben erleichtert:

- *das ausführliche Sachwortverzeichnis führt zur gesuchten Größe*
- *die zugehörige Tafel enthält die Größengleichungen in zweckmäßiger Form*
- *mit einem Blick ist der Anwendungsbereich erfaßbar*
- *die zusätzlichen Erläuterungen sichern die richtige Anwendung*
- *Hinweise auf andere Tafeln vervollständigen den Überblick*
- *die Zeichnungen geben Anregungen für Gestaltungsaufgaben im Konstruktionsunterricht*

</td></tr>
<tr><td>Für Klausuren
gerade richtig</td><td>

Umfang, Schwerpunktbildung und Ordnung des Stoffes bringen den Studierenden die zulässige und wünschenswerte Übersicht für schriftliche Prüfungen.

</td></tr>
<tr><td>Brücke von
einer Schulform
zur folgenden</td><td>

Die Bände sind didaktisch und methodisch so angelegt, daß sie für alle Schulformen der Sekundarstufe II mit technischen Lehrinhalten und für die anschließenden Studiengänge echte *Arbeitshilfen* sind.

</td></tr>
</table>

Alfred Böge

Inhaltsverzeichnis

1. Toleranzen und Passungen

Normen (Auswahl)

DIN 323	Normzahlen, Hauptwerte, Genauwerte, Rundwerte
DIN 3141	Oberflächenzeichen in Zeichnungen, Zuordnung der Rauhtiefen
DIN 3142	Kennzeichnung von Oberflächen in Zeichnungen durch Rauhheitsmaße
DIN 4760	Begriffe für die Gestalt von Oberflächen
DIN 4761	Begriffe, Benennungen und Kurzzeichen für den Oberflächencharakter
DIN 4766	Herstellverfahren und Rauhheit von Oberflächen, Richtlinien für Konstruktion und Fertigung
DIN 5425	Toleranzen für den Einbau von Wälzlagern
DIN 7150	ISO-Toleranzen und ISO-Passungen
DIN 7151	ISO-Grundtoleranzen
DIN 7152	Grenzabmaße für Außenmaße
DIN 7154	ISO-Passungen für Einheitsbohrung
DIN 7155	ISO-Passungen für Einheitswelle
DIN 7157	Passungsauswahl, Toleranzfelder, Abmaße, Paßtoleranzen
DIN 7182	Toleranzen und Passungen, Grundbegriffe
DIN 7184	Form- und Lagetoleranzen; Begriffe, Zeichnungseintragungen
DIN 58700	Toleranzfeldauswahl für die Feinwerktechnik
DIN ISO 1101	Form- und Lagetoleranzen

1.1. Normzahlen

Die Normzahlen (DIN 323) sind nach dezimal-geometrischen Reihen gestuft. Die Werte der „niederen" Reihe sollen denen der „höheren" vorgezogen werden.

Reihe	Stufensprung	Rechen-wert	Genauwert	Mantisse
R 5	$q_5 = \sqrt[5]{10}$	1,58	1,5849…	200
R 10	$q_{10} = \sqrt[10]{10}$	1,26	1,2589…	100
R 20	$q_{20} = \sqrt[20]{10}$	1,12	1,1220…	050
R 40	$q_{40} = \sqrt[40]{10}$	1,06	1,0593…	025

Reihe R 5	1,00	1,60	2,50	4,00	6,30	10,00						
Reihe R 10	1,00	1,25	1,60	2,00	2,50	3,15	4,00	5,00	6,30	8,00	10,00	
Reihe R 20	1,00	1,12	1,25	1,40	1,60	1,80	2,00	2,24	2,50	2,80	3,15	3,55
	4,00	4,50	5,00	5,60	6,30	7,10	8,00	9,00	10,00			
Reihe R 40	1,00	1,06	1,12	1,18	1,25	1,32	1,40	1,50	1,60	1,70	1,80	1,90
	2,00	2,12	2,24	2,36	2,50	2,65	2,80	3,00	3,15	3,35	3,55	3,75
	4,00	4,25	4,50	4,75	5,00	5,30	5,60	6,00	6,30	6,70	7,10	7,50
	8,00	8,50	9,00	9,50	10,00							

Die Zahlen sind gerundete Werte. Die Wurzelexponenten 5, 10, 20, 40 geben die Anzahl der Glieder im Dezimalbereich an, z.B. hat die Reihe R 5 (Wurzelexponent 5) fünf Glieder: 1 1,6 2,5 4,0 6,3. Für Dezimalbereiche unter 1 und über 10 wird das Komma jeweils um eine oder mehrere Stellen nach links oder rechts verschoben, z.B. für die Reihe R 5: 0,01 0,016 0,025 0,04 0,063 0,1 oder 10 16 25 40 63 100.

Die schematische Gegenüberstellung einer geometrischen und einer arithmetischen Stufung zeigt, daß bei der geometrischen Stufung die Werte im unteren Bereich fein, im oberen grob gestuft sind. Das ist technisch sinnvoll. Siehe auch Band 1, Abschnitt 1.31.

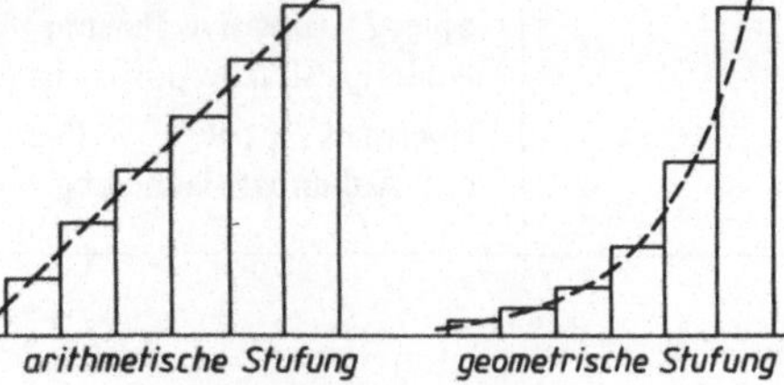

Toleranzen und Passungen

1.2 Grundbegriffe zu Toleranzen und Passungen

1	Bezeichnungen	N Nennmaß, G_o Höchstmaß, G_u Mindestmaß, I Istmaß, A_o oberes Grenzabmaß, A_u unteres Grenzabmaß, T Maßtoleranz, P_s Spiel, $P_ü$ Übermaß, P_o Höchstpassung, P_u Mindestpassung.

2	Toleranz	Bezeichnung für die Differenz von zugelassenem größten und kleinsten Betrag einer meßbaren technisch-physikalischen Größe. *Beispiel:* Größtwert einer Stromstärke 5 Ampere (G_o = 5 A), Kleinstwert der Stromstärke 4 Ampere (G_u = 4 A). Toleranz: $G_o - G_u$ = 5 A − 4 A = 1 A
3	Maßtoleranz T	Bezeichnung für die Differenz von Höchstmaß G_o und Mindestmaß G_u eines Längenmaßes. Bei Wellen (Außenmaßen) werden G_o und G_u mit dem Index A bezeichnet, bei Bohrungen (Innenmaßen) mit I. *Beispiel:* Höchstmaß $\qquad G_{oA}$ = 45,4 mm Mindestmaß $\qquad G_{uA}$ = 45,1 mm Maßtoleranz $\qquad T$ = 0,3 mm Maßtoleranz T ist zugleich die Differenz von oberem Grenzabmaß A_o und unterem Grenzabmaß A_u (siehe Bild).
4	Passung P	Bezeichnung für die Beziehung zwischen den Toleranzfeldern der zu paarenden Teile (siehe 1.5). *Beispiel:* 50 H7/g6 kennzeichnet die Beziehung zwischen dem Toleranzfeld H7 der Bohrung mit 50 mm Nenndurchmesser und dem Toleranzfeld g6 der Welle mit 50 mm Nenndurchmesser.
5	Berechnungen	oberes Grenzabmaß = Höchstmaß − Nennmaß $A_o = G_o - N$ unteres Grenzabmaß = Mindestmaß − Nennmaß $A_u = G_u - N$ Höchstpassung = Höchstmaß Bohrung − Mindestmaß Welle $P_o = G_{oI} - G_{uA}$ $P_o = A_{oI} - A_{uA}$ Mindestpassung = Mindestmaß Bohrung − Höchstmaß Welle $P_u = G_{uI} - G_{oA}$ $P_u = A_{uI} - A_{oA}$ Spiel P_s (positive Passung) liegt vor, wenn die Differenz der Maße von Innen- und Außenpaßfläche positiv ist (siehe Beispiel 1). Übermaß $P_ü$ (negative Passung) liegt vor, wenn die Differenz der Maße von Innen- und Außenpaßfläche negativ ist (siehe Beispiel 1b).

1.3. Paßsysteme Einheitsbohrung und Einheitswelle und Toleranzeinheit

Im Paßsystem *Einheitsbohrung* ist das *untere* Grenzabmaß aller Bohrungen gleich Null ($A_{uI} = 0$).

Die verschiedenen Passungen ergeben sich durch die Wahl verschiedener Toleranzfeldlagen der Wellen und der oberen Abmaße der Bohrungen (A_{oI}).

Passungsbeispiele: H7/s6, H8/f7, H8/e8.

Beachte: Das Paßsystem *Einheitsbohrung* ist erkennbar am Buchstaben H; die untere Begrenzung des Toleranzfeldes der Bohrung deckt sich mit der Nullinie.

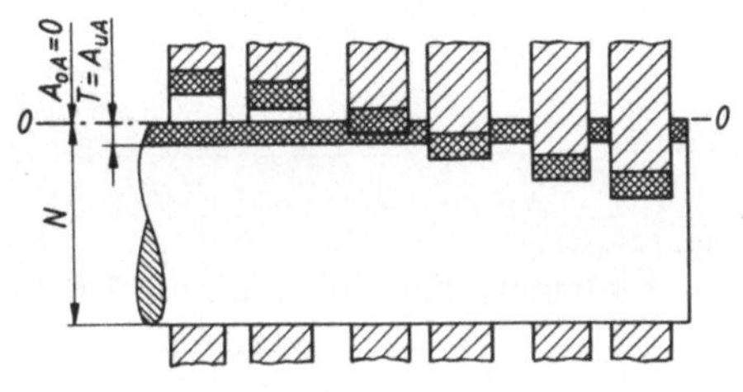

Im Paßsystem *Einheitswelle* ist das *obere* Grenzabmaß aller Wellen gleich Null ($A_{oA} = 0$).

Die verschiedenen Passungen ergeben sich durch die Wahl verschiedener Toleranzfeldlagen der Bohrungen und der unteren Abmaße der Wellen (A_{uA}).

Passungsbeispiele: G7/h6, F8/h6, D10/h9.

Beachte: Das Paßsystem *Einheitswelle* ist erkennbar am Buchstaben h; die obere Begrenzung des Toleranzfeldes der Welle deckt sich mit der Nullinie.

Toleranzeinheit i (Zahlenwertgleichung)	$i = 0{,}45 \sqrt[3]{D} + 0{,}001\,D$ $D = \sqrt{D_1 \cdot D_2}$ D geometrisches Mittel des Nennmaßbereiches nach Tafel 1.4.	i / μm	D / mm

1.4. Grundtoleranzen der Nennmaßbereiche in μm

Qua-lität	Grund-tole-ranz	Nennmaßbereich in mm												
		1...3	über 3...6	über 6...10	über 10...18	über 18...30	über 30...50	über 50...80	über 80...120	über 120...180	über 180...250	über 250...315	über 315...400	über 400...500
01	IT01	0,3	0,4	0,4	0,5	0,6	0,6	0,8	1	1,2	2	2,5	3	4
0	IT0	0,5	0,6	0,6	0,8	1	1	1,2	1,5	2	3	4	5	6
1	IT1	0,8	1	1	1,2	1,5	1,5	2	2,5	3,5	4,5	6	7	8
2	IT2	1,2	1,5	1,5	2	2,5	2,5	3	4	5	7	8	9	10
3	IT3	2	2,5	2,5	3	4	4	5	6	8	10	12	13	15
4	IT4	3	4	4	5	6	7	8	10	12	14	16	18	20
5	IT5	4	5	6	8	9	11	13	15	18	20	23	25	27
6	IT6	6	8	9	11	13	16	19	22	25	29	32	36	40
7	IT7	10	12	15	18	21	25	30	35	40	46	52	57	63
8	IT8	14	18	22	27	33	39	46	54	63	72	81	89	97
9	IT9	25	30	36	43	52	62	74	87	100	115	130	140	155
10	IT10	40	48	58	70	84	100	120	140	160	185	210	230	250
11	IT11	60	75	90	110	130	160	190	220	250	290	320	360	400
12	IT12	90	120	150	180	210	250	300	350	400	460	520	570	630
13	IT13	140	180	220	270	330	390	460	540	630	720	810	890	970
14	IT14	250	300	360	430	520	620	740	870	1000	1150	1300	1400	1550
15	IT15	400	480	580	700	840	1000	1200	1400	1600	1850	2100	2300	2500
16	IT16	600	750	900	1100	1300	1600	1900	2200	2500	2900	3200	3600	4000

Toleranzen und Passungen

1.5. Passungsauswahl für den Maschinenbau

1 Passungsauswahl im System Einheitsbohrung, dargestellt für das Nennmaß 50 mm (vgl. mit 1.8)

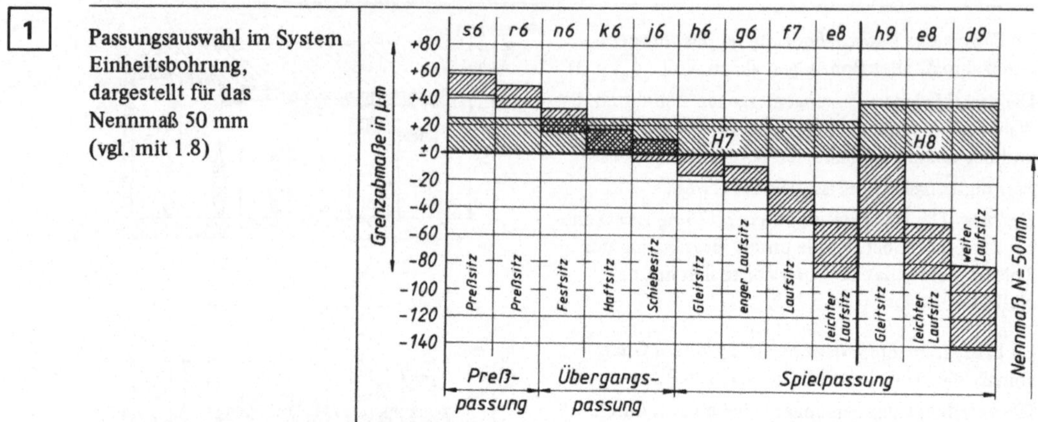

1.6. Eintragung von Toleranzen in Zeichnungen

1 Eintragungsbeispiele für Passungskurzzeichen

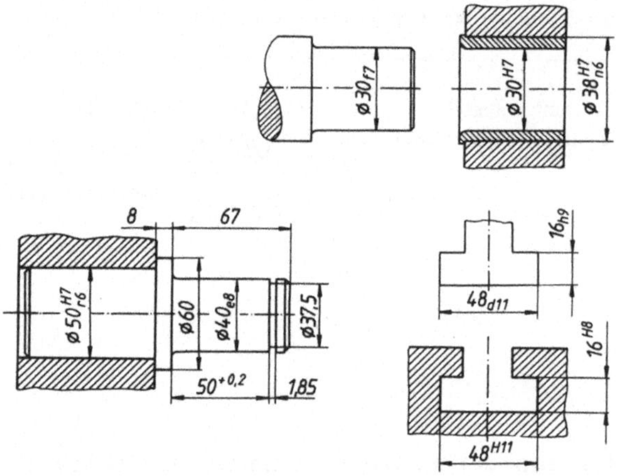

2 Eintragungsbeispiele für Maßtoleranzen

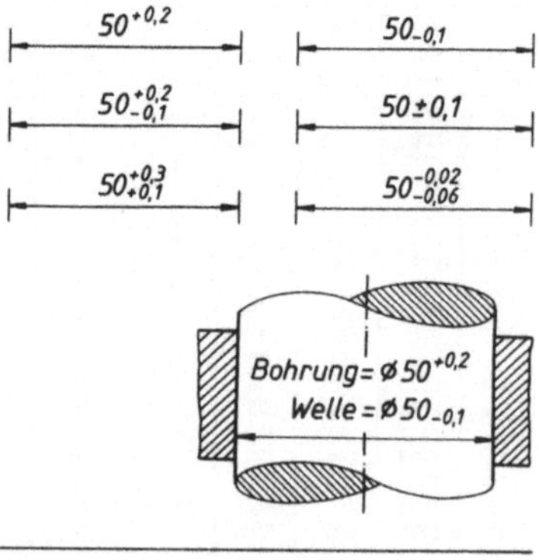

1.7. Anwendungsbeispiele für Passungen

Passungs-bezeichnung	Kennzeichnung, Verwendungsbeispiele, sonstige Hinweise
	Preß- und Übergangspassungen
H 7/x 8 H 7/s 6 H 7/r 6	*Preßsitz:* Teile unter großem Druck mit Presse oder durch Erwärmen/Kühlen fügbar; Bronzekränze auf Zahnradkörpern, Lagerbuchsen in Gehäusen, Radnaben, Hebelnaben, Kupplungen auf Wellenenden; zusätzliche Sicherung gegen Verdrehen nicht erforderlich.
H 7/n 6	*Festsitz:* Teile unter Druck mit Presse fügbar; Radkränze auf Radkörpern, Lagerbuchsen in Gehäusen und Radnaben, Laufräder auf Achsen, Anker auf Motorwellen, Kupplungen und Wellenenden; gegen Verdrehen sichern.
H 7/k 6	*Haftsitz:* Teile leicht mit Handhammer fügbar; Zahnräder, Riemenscheiben, Kupplungen, Handräder, Bremsscheiben auf Wellen; gegen Verdrehen zusätzlich sichern.
H 7/j 6	*Schiebesitz:* Teile mit Holzhammer oder von Hand fügbar; für leicht ein- und auszubauende Zahnräder, Riemenscheiben, Handräder, Buchsen; gegen Verdrehen zusätzlich sichern.
	Spielpassungen
H 7/h 6 H 8/h 9	*Gleitsitz:* Teile von Hand noch verschiebbar; für gleitende Teile und Führungen, Zentrierflansche, Wechselräder, Reitstock-Pinole, Stellringe, Distanzhülsen.
H 7/g 6 G 7/h 6	*Enger Laufsitz:* Teile ohne merkliches Spiel verschiebbar; Wechselräder, verschiebbare Räder und Kupplungen.
H 7/f 7	*Laufsitz:* Teile mit merklichem Spiel beweglich; Gleitlager allgemein, Hauptlager an Werkzeugmaschinen, Gleitbuchsen auf Wellen.
H 7/e 8 H 8/e 8 E 9/h 9	*Leichter Laufsitz:* Teile mit reichlichem Spiel; mehrfach gelagerte Welle (Gleitlager), Gleitlager allgemein, Hauptlager für Kurbelwellen, Kolben in Zylindern, Pumpenlager, Hebellagerungen.
H 8/d 9 F 8/h 9 D 10/h 9 D 10/h 11	*Weiter Laufsitz:* Teile mit sehr reichlichem Spiel; Transmissionslager, Lager für Landmaschinen, Stopfbuchsenteile, Leerlaufscheiben.

1.8. Toleranzfelder und Abmaße (in μm) für das System Einheitsbohrung für den allgemeinen Maschinenbau

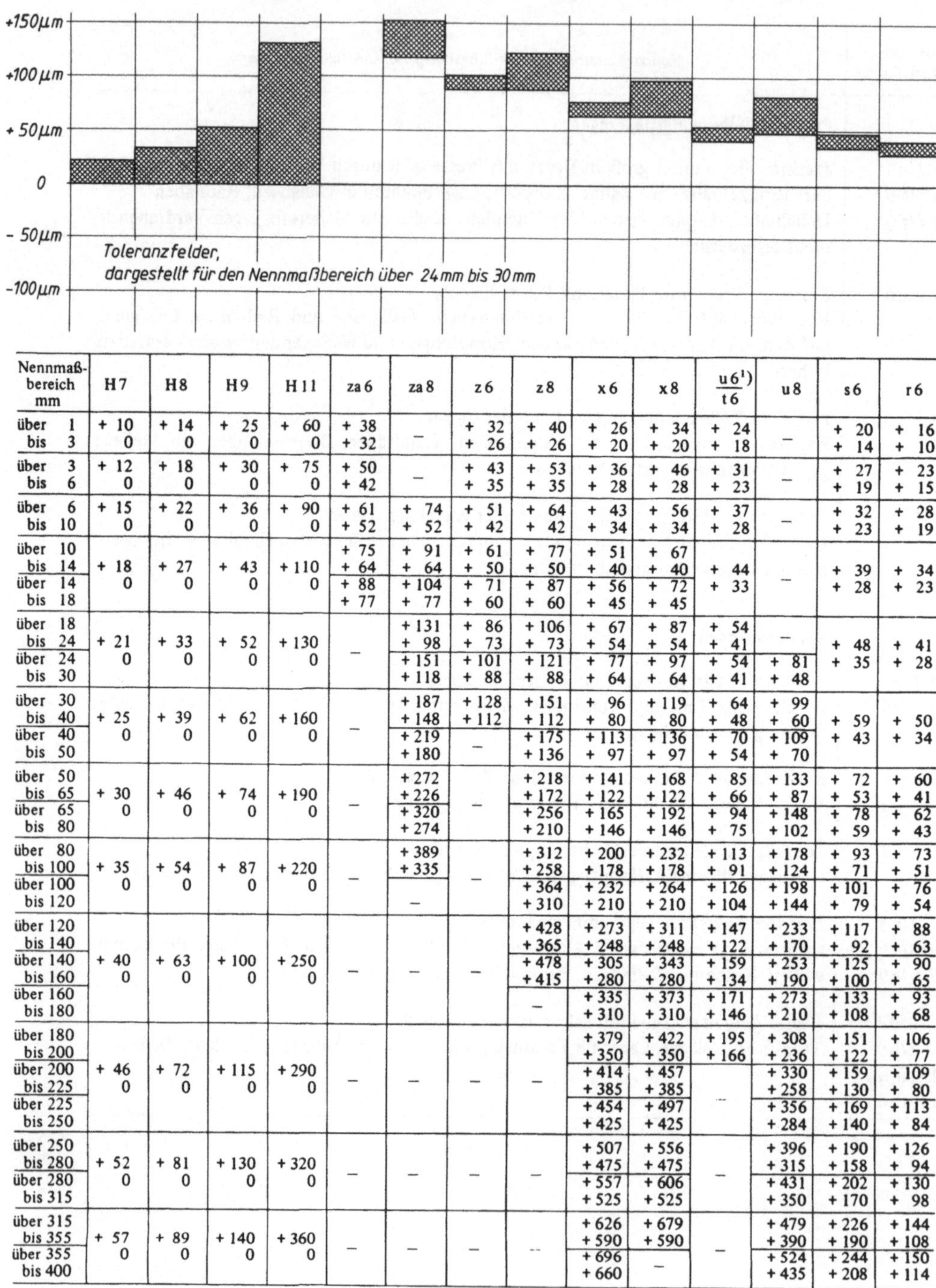

Nennmaß-bereich mm	H7	H8	H9	H11	za6	za8	z6	z8	x6	x8	$\dfrac{u6^{1)}}{t6}$	u8	s6	r6
über 1 bis 3	+10 / 0	+14 / 0	+25 / 0	+60 / 0	+38 / +32	—	+32 / +26	+40 / +26	+26 / +20	+34 / +20	+24 / +18	—	+20 / +14	+16 / +10
über 3 bis 6	+12 / 0	+18 / 0	+30 / 0	+75 / 0	+50 / +42	—	+43 / +35	+53 / +35	+36 / +28	+46 / +28	+31 / +23	—	+27 / +19	+23 / +15
über 6 bis 10	+15 / 0	+22 / 0	+36 / 0	+90 / 0	+61 / +52	+74 / +52	+51 / +42	+64 / +42	+43 / +34	+56 / +34	+37 / +28	—	+32 / +23	+28 / +19
über 10 bis 14	+18 / 0	+27 / 0	+43 / 0	+110 / 0	+75 / +64	+91 / +64	+61 / +50	+77 / +50	+51 / +40	+67 / +40	+44 / +33	—	+39 / +28	+34 / +23
über 14 bis 18	+18 / 0	+27 / 0	+43 / 0	+110 / 0	+88 / +77	+104 / +77	+71 / +60	+87 / +60	+56 / +45	+72 / +45	+44 / +33	—	+39 / +28	+34 / +23
über 18 bis 24	+21 / 0	+33 / 0	+52 / 0	+130 / 0	—	+131 / +98	+86 / +73	+106 / +73	+67 / +54	+87 / +54	+54 / +41	—	+48 / +35	+41 / +28
über 24 bis 30	+21 / 0	+33 / 0	+52 / 0	+130 / 0	—	+151 / +118	+101 / +88	+121 / +88	+77 / +64	+97 / +64	+54 / +41	+81 / +48	+48 / +35	+41 / +28
über 30 bis 40	+25 / 0	+39 / 0	+62 / 0	+160 / 0	—	+187 / +148	+128 / +112	+151 / +112	+96 / +80	+119 / +80	+64 / +48	+99 / +60	+59 / +43	+50 / +34
über 40 bis 50	+25 / 0	+39 / 0	+62 / 0	+160 / 0	—	+219 / +180	—	+175 / +136	+113 / +97	+136 / +97	+70 / +54	+109 / +70	+59 / +43	+50 / +34
über 50 bis 65	+30 / 0	+46 / 0	+74 / 0	+190 / 0	—	+272 / +226	—	+218 / +172	+141 / +122	+168 / +122	+85 / +66	+133 / +87	+72 / +53	+60 / +41
über 65 bis 80	+30 / 0	+46 / 0	+74 / 0	+190 / 0	—	+320 / +274	—	+256 / +210	+165 / +146	+192 / +146	+94 / +75	+148 / +102	+78 / +59	+62 / +43
über 80 bis 100	+35 / 0	+54 / 0	+87 / 0	+220 / 0	—	+389 / +335	—	+312 / +258	+200 / +178	+232 / +178	+113 / +91	+178 / +124	+93 / +71	+73 / +51
über 100 bis 120	+35 / 0	+54 / 0	+87 / 0	+220 / 0	—	—	—	+364 / +310	+232 / +210	+264 / +210	+126 / +104	+198 / +144	+101 / +79	+76 / +54
über 120 bis 140	+40 / 0	+63 / 0	+100 / 0	+250 / 0	—	—	—	+428 / +365	+273 / +248	+311 / +248	+147 / +122	+233 / +170	+117 / +92	+88 / +63
über 140 bis 160	+40 / 0	+63 / 0	+100 / 0	+250 / 0	—	—	—	+478 / +415	+305 / +280	+343 / +280	+159 / +134	+253 / +190	+125 / +100	+90 / +65
über 160 bis 180	+40 / 0	+63 / 0	+100 / 0	+250 / 0	—	—	—	—	+335 / +310	+373 / +310	+171 / +146	+273 / +210	+133 / +108	+93 / +68
über 180 bis 200	+46 / 0	+72 / 0	+115 / 0	+290 / 0	—	—	—	—	+379 / +350	+422 / +350	+195 / +166	+308 / +236	+151 / +122	+106 / +77
über 200 bis 225	+46 / 0	+72 / 0	+115 / 0	+290 / 0	—	—	—	—	+414 / +385	+457 / +385	—	+330 / +258	+159 / +130	+109 / +80
über 225 bis 250	+46 / 0	+72 / 0	+115 / 0	+290 / 0	—	—	—	—	+454 / +425	+497 / +425	—	+356 / +284	+169 / +140	+113 / +84
über 250 bis 280	+52 / 0	+81 / 0	+130 / 0	+320 / 0	—	—	—	—	+507 / +475	+556 / +475	—	+396 / +315	+190 / +158	+126 / +94
über 280 bis 315	+52 / 0	+81 / 0	+130 / 0	+320 / 0	—	—	—	—	+557 / +525	+606 / +525	—	+431 / +350	+202 / +170	+130 / +98
über 315 bis 355	+57 / 0	+89 / 0	+140 / 0	+360 / 0	—	—	—	—	+626 / +590	+679 / +590	—	+479 / +390	+226 / +190	+144 / +108
über 355 bis 400	+57 / 0	+89 / 0	+140 / 0	+360 / 0	—	—	—	—	+696 / +660	—	—	+524 / +435	+244 / +208	+150 / +114

[1]) u6 bei Nennmaß bis 24 mm, t6 darüber

+150 μm
+100 μm
+ 50 μm
0
− 50 μm
−100 μm

a11 und b11 nicht dargestellt

<table>
<thead>
<tr><th>p 6</th><th>n 6</th><th>k 6</th><th>j 6</th><th>h 6</th><th>h 8</th><th>h 9</th><th>h 11</th><th>f 7</th><th>e 8</th><th>d 9</th><th>a 11</th><th>b 11</th><th>c 11</th><th>Nennmaßbereich mm</th></tr>
</thead>
<tbody>
<tr><td>+ 12
+ 6</td><td>+ 10
+ 4</td><td>+ 6
0</td><td>+ 4
− 2</td><td>0
− 6</td><td>0
− 14</td><td>0
− 25</td><td>0
− 60</td><td>− 6
− 16</td><td>− 14
− 28</td><td>− 20
− 45</td><td>− 270
− 330</td><td>− 140
− 200</td><td>− 60
− 120</td><td>über 1
bis 3</td></tr>
<tr><td>+ 20
+ 12</td><td>+ 16
+ 8</td><td>+ 9
+ 1</td><td>+ 6
− 2</td><td>0
− 8</td><td>0
− 18</td><td>0
− 30</td><td>0
− 75</td><td>− 10
− 22</td><td>− 20
− 38</td><td>− 30
− 60</td><td>− 270
− 345</td><td>− 140
− 215</td><td>− 70
− 145</td><td>über 3
bis 6</td></tr>
<tr><td>+ 24
+ 15</td><td>+ 19
+ 10</td><td>+ 10
+ 1</td><td>+ 7
− 2</td><td>0
− 9</td><td>0
− 22</td><td>0
− 36</td><td>0
− 90</td><td>− 13
− 28</td><td>− 25
− 47</td><td>− 40
− 76</td><td>− 280
− 370</td><td>− 150
− 240</td><td>− 80
− 170</td><td>über 6
bis 10</td></tr>
<tr><td rowspan="2">+ 29
+ 18</td><td rowspan="2">+ 23
+ 12</td><td rowspan="2">+ 12
+ 1</td><td rowspan="2">+ 8
− 3</td><td rowspan="2">0
− 11</td><td rowspan="2">0
− 27</td><td rowspan="2">0
− 43</td><td rowspan="2">0
− 110</td><td rowspan="2">− 16
− 34</td><td rowspan="2">− 32
− 59</td><td rowspan="2">− 50
− 93</td><td rowspan="2">− 290
− 400</td><td rowspan="2">− 150
− 260</td><td rowspan="2">− 95
− 205</td><td>über 10
bis 14</td></tr>
<tr><td>über 14
bis 18</td></tr>
<tr><td rowspan="2">+ 35
+ 22</td><td rowspan="2">+ 28
+ 15</td><td rowspan="2">+ 15
+ 2</td><td rowspan="2">+ 9
− 4</td><td rowspan="2">0
− 13</td><td rowspan="2">0
− 33</td><td rowspan="2">0
− 52</td><td rowspan="2">0
− 130</td><td rowspan="2">− 20
− 41</td><td rowspan="2">− 40
− 73</td><td rowspan="2">− 65
− 117</td><td rowspan="2">− 300
− 430</td><td rowspan="2">− 160
− 290</td><td rowspan="2">− 110
− 240</td><td>über 18
bis 24</td></tr>
<tr><td>über 24
bis 30</td></tr>
<tr><td rowspan="2">+ 42
+ 26</td><td rowspan="2">+ 33
+ 17</td><td rowspan="2">+ 18
+ 2</td><td rowspan="2">+ 11
− 5</td><td rowspan="2">0
− 16</td><td rowspan="2">0
− 39</td><td rowspan="2">0
− 62</td><td rowspan="2">0
− 160</td><td rowspan="2">− 25
− 50</td><td rowspan="2">− 50
− 89</td><td rowspan="2">− 80
− 142</td><td>− 310
− 470</td><td>− 170
− 330</td><td>− 120
− 280</td><td>über 30
bis 40</td></tr>
<tr><td>− 320
− 480</td><td>− 180
− 340</td><td>− 130
− 290</td><td>über 40
bis 50</td></tr>
<tr><td rowspan="2">+ 51
+ 32</td><td rowspan="2">+ 39
+ 20</td><td rowspan="2">+ 21
+ 2</td><td rowspan="2">+ 12
− 7</td><td rowspan="2">0
− 19</td><td rowspan="2">0
− 46</td><td rowspan="2">0
− 74</td><td rowspan="2">0
− 190</td><td rowspan="2">− 30
− 60</td><td rowspan="2">− 60
− 106</td><td rowspan="2">− 100
− 174</td><td>− 340
− 530</td><td>− 190
− 380</td><td>− 140
− 330</td><td>über 50
bis 65</td></tr>
<tr><td>− 360
− 550</td><td>− 200
− 390</td><td>− 150
− 340</td><td>über 65
bis 80</td></tr>
<tr><td rowspan="2">+ 59
+ 37</td><td rowspan="2">+ 45
+ 23</td><td rowspan="2">+ 25
+ 3</td><td rowspan="2">+ 13
− 9</td><td rowspan="2">0
− 22</td><td rowspan="2">0
− 54</td><td rowspan="2">0
− 87</td><td rowspan="2">0
− 220</td><td rowspan="2">− 36
− 71</td><td rowspan="2">− 72
− 126</td><td rowspan="2">− 120
− 207</td><td>− 380
− 600</td><td>− 220
− 440</td><td>− 170
− 390</td><td>über 80
bis 100</td></tr>
<tr><td>− 410
− 630</td><td>− 240
− 460</td><td>− 180
− 400</td><td>über 100
bis 120</td></tr>
<tr><td rowspan="3">+ 68
+ 43</td><td rowspan="3">+ 52
+ 27</td><td rowspan="3">+ 28
+ 3</td><td rowspan="3">+ 14
− 11</td><td rowspan="3">0
− 25</td><td rowspan="3">0
− 63</td><td rowspan="3">0
− 100</td><td rowspan="3">0
− 250</td><td rowspan="3">− 43
− 83</td><td rowspan="3">− 85
− 148</td><td rowspan="3">− 145
− 245</td><td>− 460
− 710</td><td>− 260
− 510</td><td>− 200
− 450</td><td>über 120
bis 140</td></tr>
<tr><td>− 520
− 770</td><td>− 280
− 530</td><td>− 210
− 460</td><td>über 140
bis 160</td></tr>
<tr><td>− 580
− 830</td><td>− 310
− 560</td><td>− 230
− 480</td><td>über 160
bis 180</td></tr>
<tr><td rowspan="3">+ 79
+ 50</td><td rowspan="3">+ 60
+ 31</td><td rowspan="3">+ 33
+ 4</td><td rowspan="3">+ 16
− 13</td><td rowspan="3">0
− 29</td><td rowspan="3">0
− 72</td><td rowspan="3">0
− 115</td><td rowspan="3">0
− 290</td><td rowspan="3">− 50
− 96</td><td rowspan="3">− 100
− 172</td><td rowspan="3">− 170
− 285</td><td>− 660
− 950</td><td>− 340
− 630</td><td>− 240
− 530</td><td>über 180
bis 200</td></tr>
<tr><td>− 740
− 1030</td><td>− 380
− 670</td><td>− 260
− 550</td><td>über 200
bis 225</td></tr>
<tr><td>− 820
− 1110</td><td>− 420
− 710</td><td>− 280
− 570</td><td>über 225
bis 250</td></tr>
<tr><td rowspan="2">+ 88
+ 56</td><td rowspan="2">+ 66
+ 34</td><td rowspan="2">+ 36
+ 4</td><td rowspan="2">+ 16
− 16</td><td rowspan="2">0
− 32</td><td rowspan="2">0
− 81</td><td rowspan="2">0
− 130</td><td rowspan="2">0
− 320</td><td rowspan="2">− 56
− 108</td><td rowspan="2">− 110
− 191</td><td rowspan="2">− 190
− 320</td><td>− 920
− 1240</td><td>− 480
− 800</td><td>− 300
− 620</td><td>über 250
bis 280</td></tr>
<tr><td>− 1050
− 1370</td><td>− 540
− 860</td><td>− 330
− 650</td><td>über 280
bis 315</td></tr>
<tr><td rowspan="2">+ 98
+ 62</td><td rowspan="2">+ 73
+ 37</td><td rowspan="2">+ 40
+ 4</td><td rowspan="2">+ 18
− 18</td><td rowspan="2">0
− 36</td><td rowspan="2">0
− 89</td><td rowspan="2">0
− 140</td><td rowspan="2">0
− 360</td><td rowspan="2">− 62
− 119</td><td rowspan="2">− 125
− 214</td><td rowspan="2">− 210
− 350</td><td>− 1200
− 1560</td><td>− 600
− 900</td><td>− 360
− 720</td><td>über 315
bis 355</td></tr>
<tr><td>− 1350
− 1710</td><td>− 680
− 1040</td><td>− 400
− 760</td><td>über 355
bis 400</td></tr>
</tbody>
</table>

Toleranzen und Passungen

1.9. Zuordnung der Rauhtiefen und Oberflächenzeichen

Oberflächenzeichen (zurückgezogen)	Bedeutung des Oberflächenzeichens	gemittelte Rauhtiefe R_z in μm arithm. Mittenrauheit R_a in μm (Klammerwerte) (1 μm = 0,001 mm)			
		Reihe 1	Reihe 2	Reihe 3	Reihe 4
(kein Zeichen)	keine bestimmten Anforderungen an die Oberfläche (z.B. Walzen, Gießen)	beliebige Rauhtiefe			
	gleichmäßige Oberfläche, glattes Aussehen (z.B. Gesenkschmieden)	beliebige Rauhtiefe			
▽	geschruppte Oberfläche, glatt durch Spanabnahme, Riefen sichtbar	160 ... 250 (25)	100 (12,5)	63 (6,3)	25 (3,2)
▽▽	geschlichtete Oberfläche, glatt durch Schlichtspanabnahme, Riefen noch sichtbar	40 (6,3)	25 (3,2)	16 (1,6)	10 (0,8)
▽▽▽	feingeschlichtete Oberfläche, glatt durch Feinbearbeitung	16 (1,6)	6,3 (0,8)	4 (0,4)	2,5 (0,2)
▽▽▽▽	feinstgeschlichtete Oberfläche, besonders glatt durch Feinstbearbeitung	–	1 (0,1)	1 (0,1)	0,4 (0,025)

1.10. Richtwerte der Zuordnung von ISO-Toleranzreihe, Bearbeitungsverfahren und Rauhtiefe R_t

ISO-Toleranzreihe (IT)	Bearbeitungsverfahren	etwa erreichbare Rauhtiefe in μm
IT 4	Feinstläppen, Schwingziehschleifen	0,06
IT 5	Polieren	0,06
IT 6	Läppen, Ziehschleifen, Feinstschleifen	0,12
IT 7 und IT 8	Rollieren, Feinziehen, Schleifen, Diamantdrehen, Feinräumen, Reiben	0,5 ... 1,0
IT 8 und IT 9	Feindrehen, Feinstfräsen, Ziehen, Kaltwalzen	1,0 ... 2,0
IT 10	Drehen, Fräsen, Räumen	4,0
IT 11	Schaben, Prägen	7,0 ... 9,0
IT 12 und IT 13	Hobeln, Senken, Sandstrahlen, Warmwalzen, Genauschmieden, Bohren	12,0
IT 14	Pressen	24,0

2. Schraubenverbindungen

Normen (Auswahl) und Bezugsliteratur

DIN 13 Metrisches ISO-Gewinde
DIN 74 Senkungen
DIN 78 Gewindeenden, Schraubenüberstände
DIN ISO 898 Festigkeitsklassen, Werkstoffe und mechanische Eigenschaften von Schrauben

DIN 103 Metrisches ISO-Trapezgewinde
DIN 259 Whitworth-Rohrgewinde
DIN 475 Schlüsselweiten

[1] VDI-Richtlinie 2230: Systematische Berechnung hochbeanspruchter Schraubenverbindungen. VDI-Verlag GmbH, Düsseldorf
[2] *Kübler, K.-H.:* Vereinfachtes Berechnen von Schraubenverbindungen. Mitteilung aus den KAMAX-Werken, „Verbindungstechnik" (1978)
[3] *Illgner, K.-H.* und *Blume, D.:* Schraubenvademecum. Bauer & Schaurte Karcher GmbH, Neuß 1980
[4] *Galwelat, M.* und *Beitz, W.:* Gestaltungsrichtlinien für unterschiedliche Schraubenverbindungen. Konstruktion 33 (1981) Heft 6, S. 213−218

2.1. Berechnung axialbelasteter Schrauben ohne Vorspannung

erforderlicher Spannungsquerschnitt $A_{S\,erf}$	$A_{S\,erf} \geqslant \dfrac{F}{0,8 \cdot R_{p0,2}}$	F — gegebene Betriebskraft	**1**
Zugspannung σ_z	$\sigma_z = \dfrac{F}{A_S}$	$R_{p0,2}$ — 0,2-Dehngrenze (2.9) A_S — Spannungsquerschnitt (2.18) P — Gewindesteigung (2.18) d_2 — Flankendurchmesser (2.18) H_1 — Tragtiefe (2.18)	**2**
Flächenpressung p im Gewinde	$p = \dfrac{FP}{\pi d_2 H_1 m} \leqslant p_{zul}$	p_{zul} — 150 N/mm² für Stahl σ_A — Ausschlagfestigkeit (2.4, Nr. 23) m — Mutterhöhe	**3**
erforderliche Mutterhöhe m_{erf}	$m_{erf} = \dfrac{FP}{\pi d_2 H_1 p_{zul}}$		**4**
Ausschlagspannung σ_a bei schwingender Belastung	$\sigma_a = \dfrac{F}{2 A_S} \leqslant \sigma_A$	*Spannschloß*	**5**

2.2. Berechnung unter Last angezogener Schrauben

erforderlicher Spannungsquerschnitt $A_{S\,erf}$	$A_{S\,erf} \geqslant \dfrac{F}{0,6 \cdot R_{p0,2}}$	F gegebene Spannkraft	**1**
Zugspannung σ_z	$\sigma_z = \dfrac{F}{A_S}$		**2**
Torsionsspannung τ_t	$\tau_t = \dfrac{F d_2}{2 W_{ps}} \tan(\alpha + \rho')$	Erläuterung aller Größen siehe 2.4, Nr. 17	**3**
Vergleichsspannung σ_{red} (reduzierte Spannung)	$\sigma_{red} = \sqrt{\sigma_z^2 + 3 \tau_t^2} \leqslant 0,9 \cdot R_{p0,2}$ $\sigma_{red} \approx 1,3\,\sigma_z$ (für Überschlagsrechnungen)		**4**
Ausschlagspannung σ_a bei schwingender Belastung	$\sigma_a = \dfrac{F}{2 A_S} \leqslant \sigma_A$	σ_A Ausschlagfestigkeit (2.4, Nr. 23)	**5**

Schraubenverbindungen

2.3. Kräfte und Verformungen in vorgespannten Schraubenverbindungen (Verspannungsschaubild)

1

Verspannungsschaubild für den theoretischen Fall: Betriebskraft F_A greift zentrisch an Schraubenkopf- und Mutterauflagefläche an ($n = 1$)

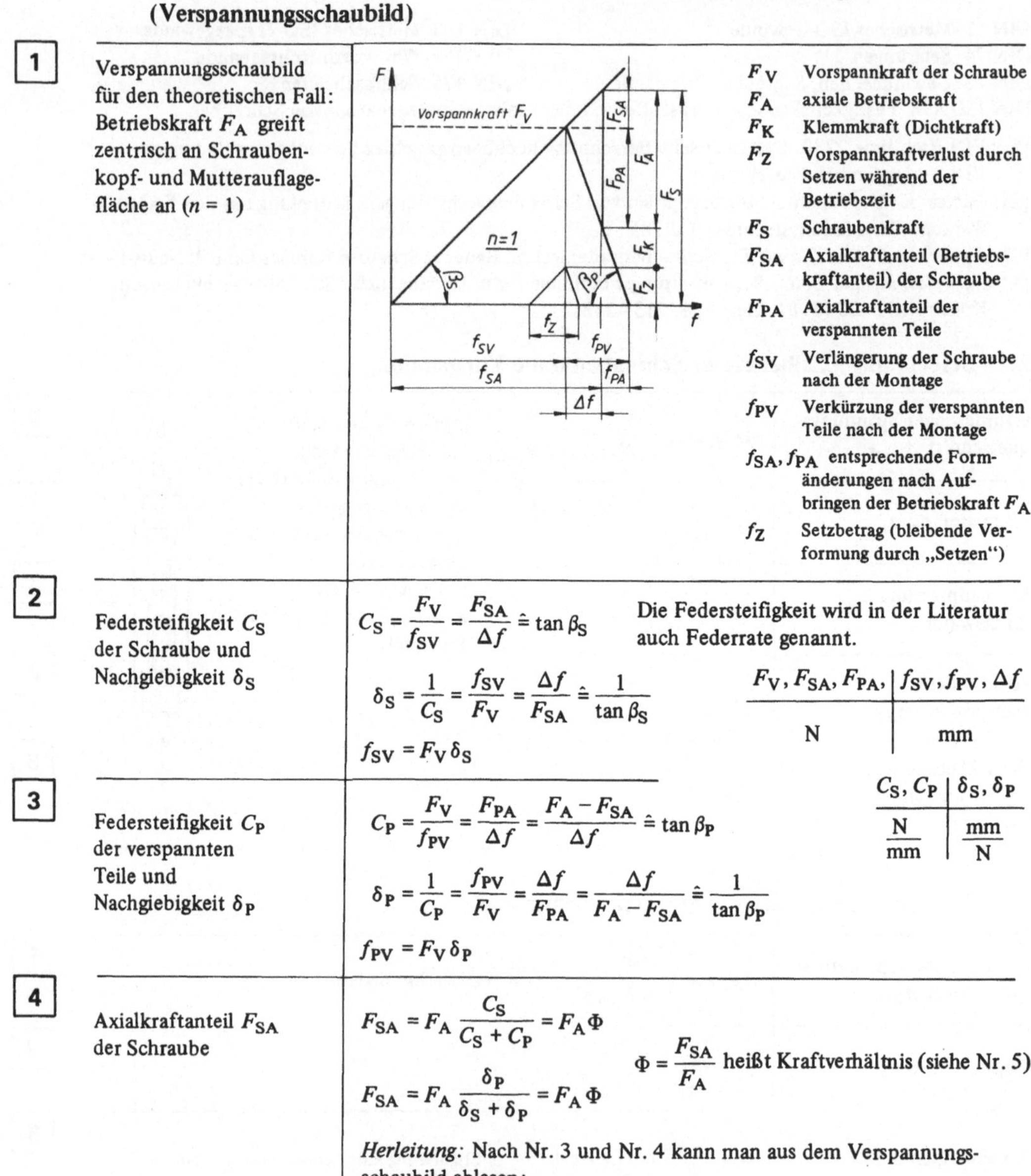

F_V	Vorspannkraft der Schraube
F_A	axiale Betriebskraft
F_K	Klemmkraft (Dichtkraft)
F_Z	Vorspannkraftverlust durch Setzen während der Betriebszeit
F_S	Schraubenkraft
F_{SA}	Axialkraftanteil (Betriebskraftanteil) der Schraube
F_{PA}	Axialkraftanteil der verspannten Teile
f_{SV}	Verlängerung der Schraube nach der Montage
f_{PV}	Verkürzung der verspannten Teile nach der Montage
f_{SA}, f_{PA}	entsprechende Formänderungen nach Aufbringen der Betriebskraft F_A
f_Z	Setzbetrag (bleibende Verformung durch „Setzen")

2

Federsteifigkeit C_S der Schraube und Nachgiebigkeit δ_S

$$C_S = \frac{F_V}{f_{SV}} = \frac{F_{SA}}{\Delta f} \stackrel{\wedge}{=} \tan \beta_S$$

$$\delta_S = \frac{1}{C_S} = \frac{f_{SV}}{F_V} = \frac{\Delta f}{F_{SA}} \stackrel{\wedge}{=} \frac{1}{\tan \beta_S}$$

$$f_{SV} = F_V \delta_S$$

Die Federsteifigkeit wird in der Literatur auch Federrate genannt.

$F_V, F_{SA}, F_{PA},$	$f_{SV}, f_{PV}, \Delta f$
N	mm

3

Federsteifigkeit C_P der verspannten Teile und Nachgiebigkeit δ_P

$$C_P = \frac{F_V}{f_{PV}} = \frac{F_{PA}}{\Delta f} = \frac{F_A - F_{SA}}{\Delta f} \stackrel{\wedge}{=} \tan \beta_P$$

$$\delta_P = \frac{1}{C_P} = \frac{f_{PV}}{F_V} = \frac{\Delta f}{F_{PA}} = \frac{\Delta f}{F_A - F_{SA}} \stackrel{\wedge}{=} \frac{1}{\tan \beta_P}$$

$$f_{PV} = F_V \delta_P$$

C_S, C_P	δ_S, δ_P
$\dfrac{N}{mm}$	$\dfrac{mm}{N}$

4

Axialkraftanteil F_{SA} der Schraube

$$F_{SA} = F_A \frac{C_S}{C_S + C_P} = F_A \Phi$$

$$F_{SA} = F_A \frac{\delta_P}{\delta_S + \delta_P} = F_A \Phi$$

$\Phi = \dfrac{F_{SA}}{F_A}$ heißt Kraftverhältnis (siehe Nr. 5)

Herleitung: Nach Nr. 3 und Nr. 4 kann man aus dem Verspannungsschaubild ablesen:

$$\Delta f = \frac{F_{SA}}{C_S} = \frac{F_{PA}}{C_P} = \frac{F_A - F_{SA}}{C_P}$$

$$F_{SA} C_P = F_A C_S - F_{SA} C_S$$

$$F_{SA} (C_S + C_P) = F_A C_S \Rightarrow F_{SA} = F_A \frac{C_S}{C_S + C_P} = F_A \Phi$$

Analoge Herleitung für die zweite Form der Gleichung mit den Nachgiebigkeiten δ_S und δ_P.

Kraftverhältnis Φ für zentrische Krafteinleitung an Schraubenkopf- und Mutterauflage ($n = 1$)	$\Phi = \dfrac{F_{SA}}{F_A} = \dfrac{C_S}{C_S + C_P} = \dfrac{\delta_P}{\delta_S + \delta_P}$ $\Phi < 1$ (Richtwerte in 2.11) In ausgeführten Konstruktionen liegen die Krafteinleitungsebenen für die Betriebskraft innerhalb der Klemmlänge l_K. Dann wird der Axialkraftanteil F_{SA} kleiner ($n < 1$). Das Kraftverhältnis ist dann $\Phi_n = n\,\Phi < \Phi$ (siehe 2.8).	**5**
Axialkraftanteil F_{PA} der verspannten Teile	$F_{PA} = F_A (1 - \Phi)$ *Herleitung:* Aus dem Verspannungsschaubild liest man ab $F_{PA} = F_A - F_{SA} \qquad\qquad F_{SA} = F_A\,\Phi$ (siehe Nr. 4) $F_{PA} = F_A - F_A\,\Phi = F_A (1 - \Phi)$	**6**
Axialkraftanteile F_{SA} und F_{PA} mit $\Phi_n = n\,\Phi$	$F_{SA} = F_A\,\Phi_n$ $F_{SA} = F_A\,n\,\dfrac{C_S}{C_S + C_p} = F_A\,n\,\dfrac{\delta_P}{\delta_S + \delta_P}$ $F_{PA} = F_A - F_{SA} = F_A - F_A\,\Phi_n$ $F_{PA} = F_A (1 - \Phi_n)$	**7** n Krafteinleitungsfaktor (siehe 2.8)
Klemmkraft F_K bei $n < 1$	$F_K = F_V - F_Z - F_{PA}$ $F_K = F_V - F_Z - F_A (1 - \Phi_n)$	**8**
Schraubenkraft F_S bei $n < 1$	$F_S = F_V + F_{SA}$ $F_S = F_V + F_A\,n\,\Phi = F_V + F_A\,\Phi_n$	**9**

$$\underbrace{F_S = F_Z + F_K}_{} + \underbrace{(1 - \Phi_n)\,F_A + \Phi_n\,F_A}_{}$$

$$\overbrace{}^{\text{Vorspannkraft } F_V}$$

F_S	$= F_Z$	$+\ F_K$	$+\ (1 - \Phi_n)\,F_A$	$+\ \Phi_n\,F_A$
Schraubenkraft	Setzkraft	Klemmkraft	Axialkraftanteil der verspannten Teile	Axialkraftanteil der Schraube

axiale Betriebskraft F_A

Setzkraft F_Z	$F_Z = f_Z\,C_S (1 - \Phi)$ $F_Z = f_Z\,\dfrac{\Phi}{\delta_P}$	**10** f_Z nach 2.4, Nr. 8

Schraubenverbindungen

2.4. Berechnung vorgespannter Schraubenverbindungen bei axial wirkender Betriebskraft

Die Schraubenverbindung hat äußere Kräfte aufzunehmen, die zu einer
statisch oder dynamisch auftretenden Betriebskraft F_A in der Schraube
führen. Die Betriebskraft wirkt als Schraubenlängskraft (axial). Die Verbindung wird mit einer Montagevorspannkraft F_{VM} angezogen, die in
der Schraubenachse wirkt. Die Funktion der Verbindung soll durch eine
erforderliche Klemmkraft F_{Kerf} sichergestellt werden. Eine senkrecht
zur Schraubenachse wirkende Querkraft F_Q (Betriebskraft) tritt nicht
auf. l_K ist die Klemmlänge der Schraubenverbindung.

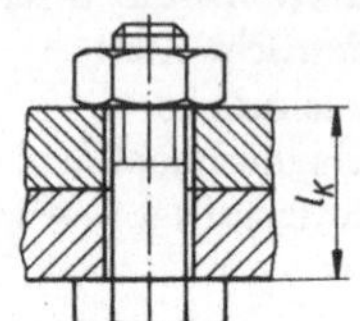

| **1** | | | | |

erforderlicher
Spannungsquerschnitt A_{Serf}
und Wahl des Gewindes
nach 2.18 (Schrauben-
durchmesser d)
und der Festigkeitsklasse
nach 2.9

$$A_{Serf} \geq \frac{\alpha_A (F_{Kerf} + F_A)}{\nu R_{p0,2}}$$

A_{Serf}	F_{Kerf}, F_A	α_A, ν	$R_{p0,2}$
mm^2	N	1	$\dfrac{N}{mm^2}$

A_{Serf} erforderlicher Spannungsquerschnitt nach 2.18
F_{Kerf} erforderliche Klemmkraft (zum Beispiel Dichtkraft)
F_A axiale Betriebskraft
ν Ausnutzungsbeiwert für die Streckgrenze R_e oder für die 0,2-Dehn-
grenze $R_{p0,2}$, zweckmäßig wird hier $\nu = 0,6$ gesetzt (Erfahrungswert)
$R_{p0,2}$ 0,2-Dehngrenze nach 2.9
α_A Anziehfaktor nach 2.10

Herleitung: Es wird reine Zugbeanspruchung im Spannungsquerschnitt A_S angenommen, hervorgerufen durch die Zugkraft $F_{Kerf} + F_A$,
weil die Setzkraft F_Z noch nicht bekannt ist (siehe Verspannungsschaubild 2.3).

Die zulässige Zugspannung σ_{zzul} wird gleich dem ν-fachen (meist 0,6-
fachen) der 0,2-Dehngrenze gesetzt ($\sigma_{zzul} = \nu R_{p0,2}$), so daß mit der
Zug-Hauptgleichung $\sigma_z = F/A = (F_{Kerf} + F_A)/A_S \leq \nu R_{p0,2}$ gilt:

$$A_{Serf} \geq \frac{F_{Kerf} + F_A}{\nu R_{p0,2}}$$

Mit dem Anziehfaktor α_A wird die Streuung der Vorspannkraft bei
den verschiedenen Anziehverfahren berücksichtigt (siehe 2.10).

| **2** | | | | |

Federsteifigkeit C_S
der Schraube und
Nachgiebigkeit δ_S
(Die Federsteifigkeit
wird auch als
Federrate bezeichnet)

$$C_S = \frac{1}{\delta_S} = \frac{E_S}{\dfrac{l_1}{A} + \dfrac{l_2}{A_S} + 2\dfrac{l_3}{A_S}}$$

C_S	δ_S	E_S	A, A_S	l_1, l_2, l_3
$\dfrac{N}{mm}$	$\dfrac{mm}{N}$	$\dfrac{N}{mm^2}$	mm^2	mm

E_S Elastizitätsmodul des Schraubenwerk-
stoffes
($E_{Stahl} = 2,1 \cdot 10^5$ N/mm²) nach 2.16
A Schaftquerschnitt der Schraube nach 2.18
A_S Spannungsquerschnitt nach 2.18
l_1, l_2, l_3 federnde Teillängen an der
Schraube (siehe Herleitung der
Gleichung in Nr. 4)

Mit den Angaben in 2.13 gilt für Durchsteckschrauben:

$$l_1 = l - b \quad \text{und} \quad l_2 = l_K - (l - b)$$

		C_S	δ_S	E_S	A_S	l_K	**3**

Überschlagsformel für die Federsteifigkeit C_S und die Nachgiebigkeit δ_S der Schraube

$$C_S = \frac{E_S A_S}{l_K} = \frac{1}{\delta_S}$$

C_S	δ_S	E_S	A_S	l_K
$\dfrac{N}{mm}$	$\dfrac{mm}{N}$	$\dfrac{N}{mm^2}$	mm^2	mm

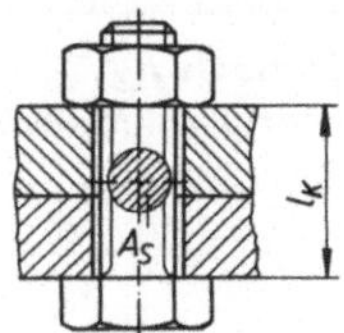

Herleitung: Es liegt elastische Verformung bei Zugbeanspruchung vor. Also gilt das Hookesche Gesetz (E Elastizitätsmodul):

$$\sigma = \frac{F}{A} = \frac{\Delta l}{l_0} E \quad \Rightarrow \quad \frac{F}{\Delta l} = C = \frac{E A}{l_0}$$

Vereinfachend wird angenommen:
Gewindelänge $\approx$ Klemmlänge l_K (durchgehend Spannungsquerschnitt A_S), die mitfedernden Teillängen $l_3 = 0{,}4 \cdot d$ an Kopf und Mutter bleiben unberücksichtig (im Gegensatz zu Nr. 2).

Dann wird mit den Bezeichnungen an der Schraube:

$$C_S = \frac{F_V}{f_{SV}} = \frac{E_S A_S}{l_K} = \frac{1}{\delta_S}$$

Herleitung der Gleichung $\boxed{2}$ für die Federsteifigkeit C_S der Schraube

4

Es gilt die Grundüberlegung und Entwicklung von $C = E A / l_0$ nach Nr. 3. Entsprechend den unterschiedlichen Querschnitten A und A_S wird hier mit den Teillängen l_1 und l_2 gearbeitet. Es ergeben sich daher die Teilfedersteifigkeiten (Teilfederraten) C_1 und C_2. Aus Versuchen ist bekannt, daß die Teillängen l_3 beim Schraubenkopf und an der Mutter als federnd anzusehen sind. Als zugehörigen Querschnitt nimmt man vereinfachend den Spannungsquerschnitt A_S an und erhält damit insgesamt vier Teilfedersteifigkeiten. Die Gesamtsteifigkeit von hintereinandergeschalteten Federn ergibt sich aus der Beziehung

$$\frac{1}{C_{ges}} = \frac{1}{C_1} + \frac{1}{C_2} + \ldots + \frac{1}{C_n} \qquad \text{(siehe Abschnitt Federn)}$$

Die algebraische Behandlung dieser allgemeingültigen Beziehung führt dann zu Gleichung Nr. 2.

Querschnitt A_{ers} des Ersatz-Hohlzylinders der verspannten Teile

5

$$A_{ers} = \frac{\pi}{4} \left[\left(d_a + \frac{l_K}{a} \right)^2 - D_B^2 \right]$$

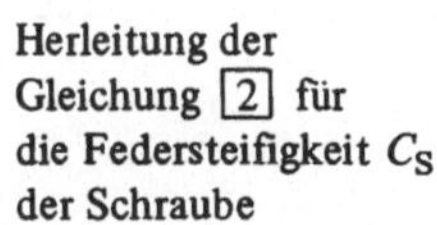

d_a Außendurchmesser der Kopf- oder Mutterauflage nach 2.13

D_B Durchmesser der Durchgangsbohrung nach 2.13

l_K Klemmlänge

$a = 10$ für Stahl, $a = 8$ für Grauguß, $a = 6$ für Al-Legierungen

---

Federsteifigkeit C_P der verspannten Teile und Nachgiebigkeit δ_P

6

$$C_P = \frac{E_P A_{ers}}{l_K} = \frac{1}{\delta_P}$$

C_P	δ_P	E_P	A_{ers}	l_K
$\dfrac{N}{mm}$	$\dfrac{mm}{N}$	$\dfrac{N}{mm^2}$	mm^2	mm

E_P Elastizitätsmodul der verspannten Teile (siehe 2.16)

l_K Klemmlänge

A_{ers} Querschnitt des Ersatz-Hohlzylinders (siehe Nr. 5)

Schraubenverbindungen

7	Kraftverhältnisse Φ und Φ_n für zentrische Krafteinleitung	$\Phi = \dfrac{C_S}{C_S + C_P} = \dfrac{\delta_P}{\delta_S + \delta_P}$ $\Phi_n = n\,\Phi$	n Krafteinleitungsfaktor nach 2.8 empfohlener Richtwert: $n = 0{,}5$

8	Setzkraft F_Z (Vorspannkraftverlust durch Setzen)	$F_Z = f_Z\,C_S\,(1 - \Phi)$ $F_Z = f_Z\,\dfrac{\Phi}{\delta_P}$	f_Z Setzbetrag (bleibende Verformung durch Setzen)

Richtwerte für den Setzbetrag f_Z in mm in Abhängigkeit vom Klemmlängenverhältnis l_K/d nach [2]:

$\dfrac{l_K}{d} = 1$	2,5	5	10
$f_Z = 0{,}003$	0,005	0,006	0,008

9	Montagevorspannkraft F_{VM}	$F_{VM} = \alpha_A\,[F_{K\,erf} + F_Z + (1 - \Phi_n)\,F_A]$

10	Schraubenkraft F_S (größte Schraubenzugkraft, siehe Verspannungsschaubild in 2.3)	$F_S = F_{VM} + F_{SA} = F_{VM} + \Phi_n F_A$ $F_S = \alpha_A\,[F_{K\,erf} + F_Z + (1 - \Phi_n)\,F_A] + \Phi_n\,F_A$

11	Kraftnachweis zur ersten Kontrolle	$F_S \leqslant F_{0,2}$ $F_{0,2} = A_S\,R_{p\,0,2}$ $F_{0,2}$ Streckgrenzkraft (Schraubenkraft an der Streckgrenze R_e oder 0,2-Dehngrenze $R_{p\,0,2}$)

Wird die Bedingung $F_S \leqslant F_{0,2}$ nicht eingehalten, muß die Rechnung mit dem nächstgrößeren Schraubendurchmesser d wiederholt werden.

12	Längenänderungen f_S, f_P nach der Montage (siehe Verspannungsschaubild 2.3 und 2.8)	$f_S = \dfrac{F_{VM}}{C_S} = F_{VM}\,\delta_S \qquad f_P = \dfrac{F_{VM}}{C_P} = F_{VM}\,\delta_P$

13	erforderliches Anziehdrehmoment M_A	$M_A = F_{VM}\left[\dfrac{d_2}{2}\tan(\alpha + \rho') + \mu_A \cdot 0{,}7\,d\right]$

M_A	F_{VM}	d_2, d	μ_A
Nmm	N	mm	1

F_{VM} Montagevorspannkraft

d_2 Flankendurchmesser am Gewinde nach 2.18

d Gewindedurchmesser nach 2.18 (zum Beispiel ist für das Gewinde M10 der Durchmesser $d = 10$ mm)

α Steigungswinkel am Gewinde nach 2.18

ρ' Reibwinkel am Gewinde nach Nr. 14

μ_A Gleitreibzahl der Kopf- oder Mutterauflagefläche

$\mu_A \approx 0{,}1$ für St/St, trocken   ($\approx 0{,}05$ geölt)

$\mu_A \approx 0{,}15$ für St/GG, trocken   ($\approx 0{,}05$ geölt)

Richtwerte für Reib- zahlen μ' und Reibwinkel ρ' für metrisches ISO-Regelgewinde	Reibungs- verhältnisse Behandlungsart	trocken		geschmiert		MoS$_2$-Paste		**14**
		μ'	ρ'	μ'	ρ'	μ'	ρ'	
	ohne Nachbehandlung	0,16	9°	0,14	8°			
	phosphatiert	0,18	10°	0,14	8°			
	galvanisch verzinkt	0,14	8°	0,13	7,5°	0,1	6°	
	galvanisch verkadmet	0,1	6°	0,09	5°			

Herleitung der Gleichung |13| für das Anziehdrehmoment M_A

Die Abwicklung einer Linie des Gewindeganges am Flankendurchmesser d_2 führt zu dem skizzierten rechtwinkligen Dreieck mit dem Steigungswinkel α und der Steigung P. Beim Anziehen wirken auf ein kleines Mutterstück die Kräfte: Normalkraft F_N, Reibkraft F_R, Montagevorspannkraft F_{VM} und Umfangskraft F_u.

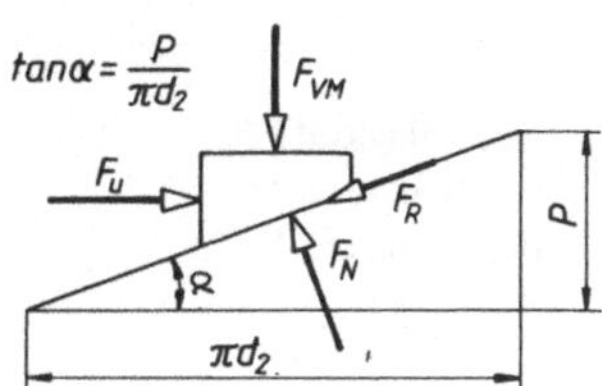

Die trigonometrische Auswertung der Krafteckskizze ergibt $F_u = F_{VM} \tan(\alpha + \rho)$. Für Spitzgewinde ist an Stelle des Reibwinkels ρ der Gewindereibwinkel $\rho' > \rho$ einzusetzen: $F_u = F_{VM} \tan(\alpha + \rho')$. Das Produkt aus der Umfangskraft F_u und dem Flankenradius $r_2 = d_2/2$ ergibt das

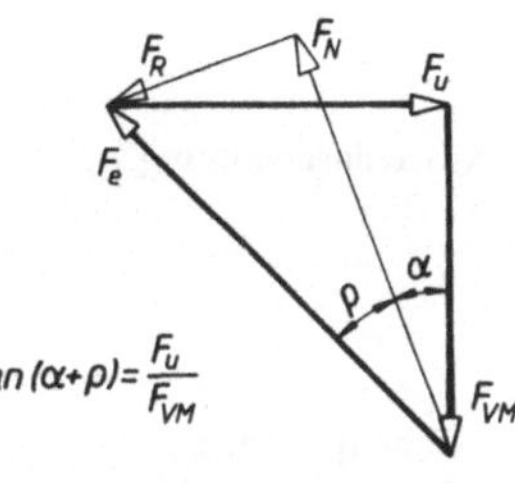

Gewindereibmoment $M_{RG} = F_{VM}\,\dfrac{d_2}{2}\,\tan(\alpha + \rho')$

Außer dem Gewindereibmoment M_{RG} ist beim Anziehen noch das sich an der Mutter- oder Kopfauflage einstellende Auflagereibmoment M_{RA} zu überwinden:

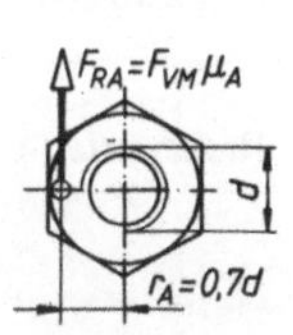

Auflagereibmoment $M_{RA} = F_{RA}\,r_A = F_{VM}\mu_A\,r_A$

Nach Versuchsergebnissen kann bei Sechskantschrauben der Reibkraftradius $r_A \approx 0,7\,d$ gesetzt werden, so daß sich für das Anziehdrehmoment M_A abschließend ergibt:

$$M_A = M_{RG} + M_{RA} = F_{VM}\,\frac{d_2}{2}\,\tan(\alpha + \rho') + F_{VM}\mu_A \cdot 0,7\,d$$

$$M_A = F_{VM}\left[\frac{d_2}{2}\,\tan(\alpha + \rho') + \mu_A \cdot 0,7\,d\right]$$

16

Montagevorspannung σ_{VM}

$$\sigma_{VM} = \frac{F_{VM}}{A_S}$$

F_{VM} Montagevorspannkraft
A_S Spannungsquerschnitt

17

Torsionsspannung τ_t

$$\tau_t = \frac{M_{RG}}{W_{ps}}$$

$$\tau_t = \frac{F_{VM}\,d_2\,\tan(\alpha + \rho')}{2\,W_{ps}}$$

M_{RG} Gewindereibmoment
d_2 Flankendurchmesser
$W_{ps} = \dfrac{\pi}{16}\,d_s^3$ polares Widerstandsmoment der Schraube
d_s Durchmesser des Spannungsquerschnitts A_S
α Steigungswinkel des Gewindes aus $\tan\alpha = P/\pi d_2$
P Gewindesteigung
ρ' Reibwinkel nach Nr. 14

nach 2.18

Schraubenverbindungen

18	Vergleichsspannung σ_{red} (reduzierte Spannung)	$\sigma_{red} = \sqrt{\sigma_{VM}^2 + 3\,\tau_t^2} \leqslant 0,9 \cdot R_{p0,2}$

$R_{p0,2}$ 0,2-Dehngrenze nach 2.9

Ist die Bedingung $\sigma_{red} \leqslant 0,9 \cdot R_{p0,2}$ nicht erfüllt, muß die Schraubenberechnung mit einem größeren Schraubendurchmesser d oder mit einer höheren Festigkeitsklasse wiederholt werden.

19	Ausschlagkraft F_a bei dynamischer Betriebskraft F_A

$$F_a = \frac{F_{SAmax} - F_{SA\,min}}{2} = \frac{F_{A\,max} - F_{A\,min}}{2}\, n\,\Phi$$

$$F_a = \frac{F_{SA}}{2} \quad \text{bei } F_{SA\,min} = 0$$

$$F_m = F_{VM} + F_{SA\,min} + F_a$$

20	Ausschlagspannung σ_a

$$\sigma_a = \frac{F_a}{A_S} \leqslant 0,9 \cdot \sigma_A$$

σ_A Ausschlagfestigkeit der Schraube nach Nr. 23

A_S Spannungsquerschnitt nach 2.18

21	Flächenpressung p (Nachweis erforderlich ab Festigkeitsklasse 8.8)

$$p = \frac{F_S}{A_p} \leqslant p_G$$

A_p gepreßte Auflagefläche nach 2.13

p_G Grenzflächenpressung nach Nr. 22

22 Richtwerte für p_G

Anziehart	Grenzflächenpressung p_G in N/mm² bei Werkstoff der Teile						
	St 37 St 42	St 50 St 60	C 45	Stahl, vergütet	Stahl, einsatzgehärtet	GG-25 GG-30	GK-AlSiCu
motorisch	200	350	600	–	–	500	120
von Hand (drehmomentgesteuert)	300	500	900	ca. 1000	ca. 1500	750	180

23 Ausschlagfestigkeit $\pm\,\sigma_A$ in N/mm²

Festigkeitsklasse	Gewinde			
	< M8	M8 ... M12	M14 ... M20	> M20
4.6 und 5.6	50	40	35	35
8.8 bis 12.9	60	50	40	35
10.9 und 12.9 schlußgerollt	100	90	70	60

Eingehende Betrachtungen und Untersuchungen zur Dauerhaltbarkeit von Schraubenverbindungen in [3].

2.5. Berechnung vorgespannter Schraubenverbindungen bei Aufnahme einer Querkraft

Die Schraubenverbindung überträgt die gesamte statisch oder dynamisch wirkende Querkraft $F_{Q\,ges}$ allein durch Reibungsschluß: Reibkraft $F_R = F_{Q\,ges}$. Die erforderliche Vorspannkraft F_V (Schraubenlängskraft) setzt sich zusammen aus der erforderlichen Klemmkraft $F_{K\,erf}$ und der Setzkraft F_Z. Eine axiale Betriebskraft F_A nach 2.4 tritt nicht auf ($F_A = 0$).

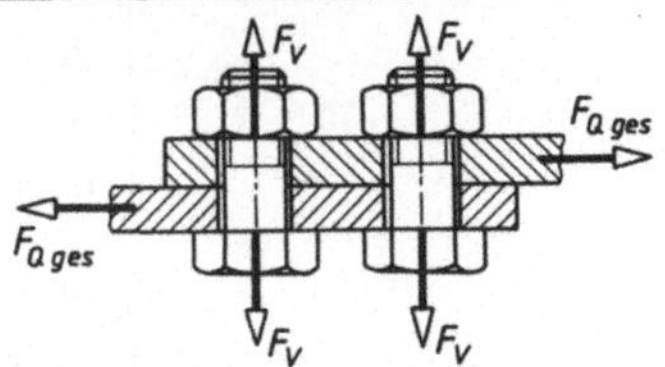

erforderliche Klemmkraft $F_{K\,erf}$ je Schraube	$F_{K\,erf} \geqslant \dfrac{F_{Q\,ges}}{n\,\mu_A}$	n Anzahl der Schrauben, die $F_{Q\,ges}$ aufnehmen sollen μ_A Gleitreibzahl zwischen den Bauteilen nach 2.4, Nr. 13	**1**

2

erforderliche Klemmkraft $F_{K\,erf}$ je Schraube bei Drehmomentübertragung

$$F_{K\,erf} = \frac{2M}{n\,\mu_A\,d_L}$$

M zu übertragendes Drehmoment
d_L Lochkreisdurchmesser

Die Anzahl n der Schrauben ergibt sich aus dem zum Anziehen der Schraubenverbindung erforderlichen Mindestabstand auf dem Lochkreis.

3

erforderlicher Spannungsquerschnitt $A_{S\,erf}$ und Wahl des Gewindes (siehe auch 2.4, Nr. 1)

$$A_{S\,erf} \geqslant \frac{\alpha_A\,F_{K\,erf}}{0{,}6 \cdot R_{p\,0,2}}$$

α_A und $R_{p\,0,2}$ siehe 2.4, Nr. 1
α_A nach 2.10, $R_{p\,0,2}$ nach 2.9

Eigentlich müßte der erforderliche Spannungsquerschnitt $A_{S\,erf}$ mit der Kraftsumme $F_{K\,erf} + F_Z$ berechnet werden. Die Setzkraft F_Z ist jedoch noch unbekannt, sie läßt sich erst nach der Festlegung des Gewindes und der Ermittlung der Federsteifigkeiten berechnen (siehe 2.4).

4

Die gewählte Schraube (Schraubendurchmesser d und Festigkeitsklasse) wird nun nach 2.4 ab Nr. 2 überprüft. Wegen der fehlenden axialen Betriebskraft gelten die Gleichungen mit $F_A = 0$, so wird beispielsweise die Montagevorspannkraft nach Nr. 9: $F_{VM} = \alpha_K (F_{K\,erf} + F_Z)$.

2.6. Berechnung von Bewegungsschrauben

Für Bewegungsschrauben soll Trapezgewinde (2.19) verwendet werden. Es wird dann mit dem Kernquerschnitt A_3 gerechnet, nicht wie bei Befestigungsschrauben mit dem Spannungsquerschnitt A_S. Wird die Bewegungsschraube auf Druck beansprucht, muß auf Knickung nachgerechnet werden (siehe Band 1, 9.16).

1

erforderlicher Kernquerschnitt $A_{3\,erf}$ (überschlägig)

$$A_{3\,erf} \geqslant \frac{F}{0{,}45 \cdot R_e}$$

F Zug- oder Druckkraft in der Schraube (Spindel)
R_e siehe Nr. 3
A_3 nach 2.19 wählen

2

Vergleichsspannung σ_{red} (reduzierte Spannung)

$$\sigma_{red} = \sqrt{\sigma_{z,d}^2 + 3\,\tau_t^2} \qquad \sigma_{z,d} = \frac{F}{A_3} \qquad \tau_t = \frac{M_{RG}}{W_p}$$

$$W_p = \frac{\pi}{16}\,d_3^3 \text{ nach 2.19}$$

$$M_{RG} = F\,\frac{d_2}{2}\,\tan(\alpha + \rho') \text{ siehe 2.4, Nr. 15}$$

Schraubenverbindungen

<table>
<tr><td>3</td><td>Festigkeitsnachweise</td><td>

für ruhende Belastung:

$$\sigma_{red} \leqslant 0{,}9 \cdot R_e \quad (\text{oder } R_{p\,0{,}2})$$

Beide Festigkeitswerte können den Dauerfestigkeitsschaubildern 12.6 oder Tafel 12.4 entnommen werden.

für schwellende Belastung:

$$\sigma_a = \frac{F}{2A_3} \leqslant \sigma_A$$

$$\sigma_A = \frac{\sigma_{Sch}\, b_1 b_2}{\beta_k}$$

</td><td>

R_e Streckgrenze
$R_{p\,0{,}2}$ 0,2-Dehngrenze

σ_a Ausschlagspannung
σ_A Ausschlagfestigkeit
σ_{Sch} Schwellfestigkeit nach 12.6 oder 12.4
b_1 Oberflächenbeiwert nach 12.1
b_2 Größenbeiwert nach 12.1
β_k Kerbwirkungszahl $\approx$ 2 für Trapezgewinde

</td></tr>
</table>

für ruhende Belastung:

$$\sigma_{red} \leqslant 0{,}9 \cdot R_e \quad (\text{oder } R_{p\,0{,}2})$$

R_e Streckgrenze
$R_{p\,0{,}2}$ 0,2-Dehngrenze

Beide Festigkeitswerte können den Dauerfestigkeitsschaubildern 12.6 oder Tafel 12.4 entnommen werden.

für schwellende Belastung:

$$\sigma_a = \frac{F}{2A_3} \leqslant \sigma_A$$

$$\sigma_A = \frac{\sigma_{Sch}\, b_1 b_2}{\beta_k}$$

σ_a Ausschlagspannung
σ_A Ausschlagfestigkeit
σ_{Sch} Schwellfestigkeit nach 12.6 oder 12.4
b_1 Oberflächenbeiwert nach 12.1
b_2 Größenbeiwert nach 12.1
β_k Kerbwirkungszahl $\approx$ 2 für Trapezgewinde

4   erforderliche Mutterhöhe m_{erf}

$$m_{erf} = \frac{FP}{\pi d_2 H_1 p_{zul}}$$

Gewindegrößen P, d_2, H_1 nach 2.19
p_{zul} = 2 ... 7 N/mm² für Graugußmuttern/St
= 5 ... 15 N/mm² für Bronzemuttern/St
= 7 N/mm² für St/St

5   Wirkungsgrad η

$$\eta = \frac{\tan \alpha}{\tan (\alpha + \rho')}$$

α Steigungswinkel nach 2.19
ρ' Reibwinkel nach 2.4, Nr. 14

2.7. Berechnung vorgespannter, durch Betriebskraft und Wärmedehnung längsbelasteter Schraubenverbindungen bei unterschiedlichen Temperaturen

1   zusätzliche Druckspannung $\Delta\sigma_P$ in den Flanschen

$$\Delta\sigma_P = E_P \, \frac{\alpha_P \vartheta_P - \alpha_S \vartheta_S}{1 + \dfrac{C_P}{C_S}}$$

2   zusätzliche Zugspannung $\Delta\sigma_S$ in der Schraube

$$\Delta\sigma_S = \frac{C_P l_K}{A_T} \cdot \frac{\alpha_P \vartheta_P - \alpha_S \vartheta_S}{1 + \dfrac{C_P}{C_S}}$$

3   vorhandene Vorspannung $\sigma_{v\vartheta}$ in der Schraube

$$\sigma_{v\vartheta} = \frac{F_V}{A_T} + \Delta\sigma_S \leqslant 0{,}7\, R_{p\,0{,}2}$$

4   vorhandene Ausschlagspannung σ_a bei häufigem Anfahren und Abkühlen

$$\sigma_a = \frac{\sigma_{v\vartheta}}{2} \leqslant \sigma_A$$

E_P Elastizitätsmodul der Flanschen (2.16)
α_P, α_S Längenausdehnungskoeffizient von Flansch und Schraube (2.16)
C_S, C_P Federsteifigkeiten (2.4)
ϑ_S, ϑ_P Temperatur von Schraube und Flansch
l_K Klemmlänge
A_T Dehnschaftquerschnitt (Taillenquerschnitt) der Schraube
$R_{p\,0{,}2}$ (2.17)
σ_A (2.4, Nr. 23)

2.8. Krafteinleitungsfaktoren *n*

Krafteinleitungsfall	I	II	III	IV
entlastete Klemmlänge	l_k; $n=1$	$\frac{3}{4} l_k$; $n=\frac{3}{4}$	$\frac{1}{2} l_k$; $n=\frac{1}{2}$	$\frac{1}{4} l_k$; $n=\frac{1}{4}$
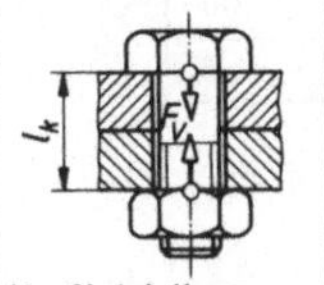 *Krafteinleitung Durchsteckschraube*	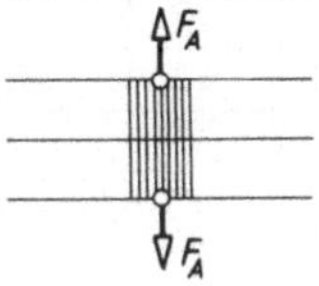	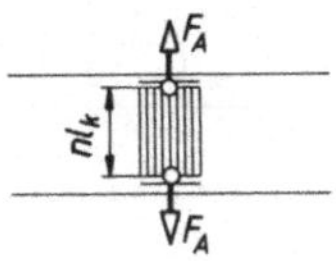	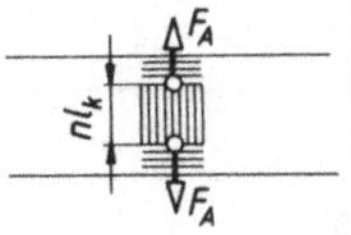	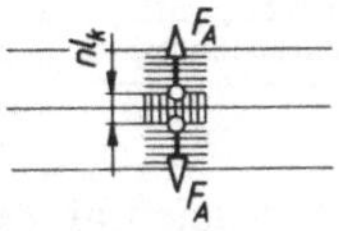
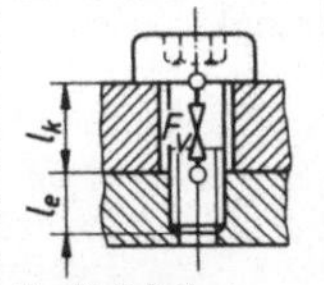 *Krafteinleitung Kopfanziehschraube*	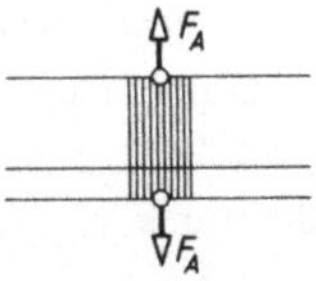	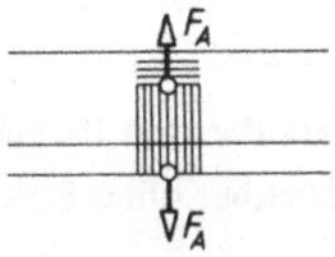	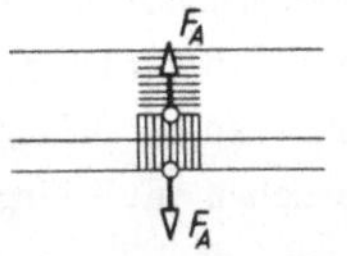	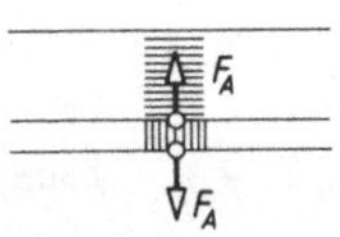
schematisiertes Konstruktions-beispiel	*seltener Fall*	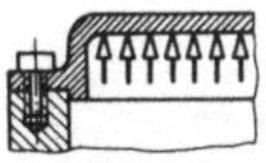	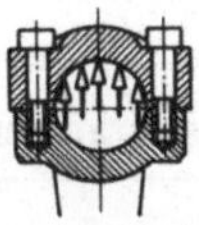	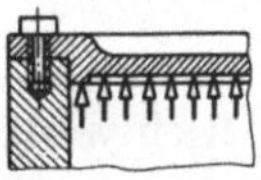
Kraftverhältnisse $\Phi_n = n \cdot \Phi$	$1 \cdot \Phi$	$\frac{3}{4} \cdot \Phi$	$\frac{1}{2} \cdot \Phi$	$\frac{1}{4} \cdot \Phi$
Verspannungs-Schaubilder ohne Berück-sichtigung der Setzkraft	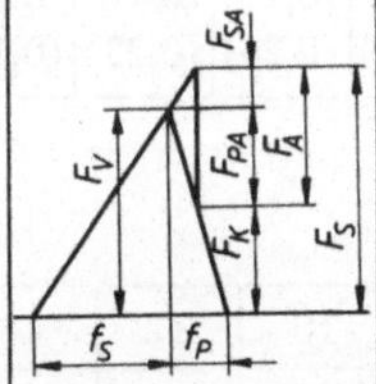 $F_{SA} = F_A \frac{\delta_P}{\delta_P + \delta_S} = F_A \Phi$ $F_{PA} = F_A \left(1 - \frac{\delta_P}{\delta_P + \delta_S}\right)$ $F_{PA} = F_A (1 - \Phi)$	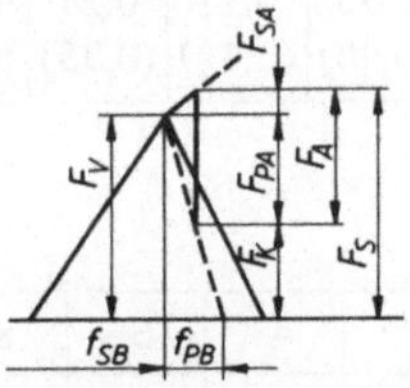 $\delta_{SB} = \delta_S + (1-n)\,\delta_P$ $\delta_{PB} = n\,\delta_P$	$F_{SA} = F_A \frac{\delta_{PB}}{\delta_{PB} + \delta_{SB}} = F_A n \Phi$ $F_{PA} = F_A \left(1 - \frac{\delta_{PB}}{\delta_{PB} + \delta_{SB}}\right) = F_A (1 - n\Phi)$ C_{SB} *Betriebsnachgiebigkeit der spannenden Teile* C_{PB} *Betriebsnachgiebigkeit der durch die Betriebskraft entlasteten Teile* *Die gestrichelten Kennlinien für Schraube und Teile kennzeichnen die Krafteinleitungsfälle für n<1*	
Längen-änderungen f	$f_S = F_V \delta_S$; $f_P = F_V \delta_P$	$f_{SB} = F_V \delta_{SB}$; $f_{PB} = F_V \delta_{PB}$		

Anmerkung: **Das Produkt $n \cdot l_K$ gibt an, in welchem Klemmlängenanteil die verspannten Teile von der Axialkraft entlastet sind. Im Fall III beispielsweise ist die Hälfte der Flanschendicke entlastet, d. h. der Abstand der axialen Betriebskräfte beträgt $n = l_K/2$.**

Die tatsächliche Lage der Krafteinleitungsebenen kann nur durch Messungen an der ausgeführten Konstruktion ermittelt werden. Zur Berechnung einer Schraubenverbindung wird $n = 1/2$ empfohlen.

Vorteilhaft sind Konstruktionen mit Krafteinleitungsebenen, die in Höhe der Trennebene liegen (Fall IV). Weitere Gestaltungsrichtlinien in [4].

Schraubenverbindungen

2.9. Festigkeitseigenschaften der Schraubenstähle

Festigkeitsklasse	4.6	4.8	5.6	5.8	6.8	8.8	10.9	12.9
Zugfestigkeit R_m in N/mm²	400		500		600	800	1000	1200
Streckgrenze R_e	240	320	300	400	480	640	900	1080
$R_{p\,0,2}$-Dehngrenze in N/mm²	240	340	300	420	480	660	940	1100
Bruchdehnung A_5 in %	22	14	20	10	8	12	9	8

2.10. Anziehfaktor α_A

$\alpha_A = 1$ bei genauesten Anziehverfahren (geringste Streuung des Anziehdrehmomentes M_A) wie beim Winkelanziehverfahren (Drehwinkel ist Maß für Schraubenverlängerung)

$\alpha_A = 1,25...1,8$ beim Anziehen mit Drehmomentenschlüssel[1]) oder Drehschrauber

$\alpha_A = 1,6...2$ beim Anziehen mit Schlagschrauber mit Einstellkontrolle[1])

$\alpha_A = 3...4$ beim Anziehen mit Schlagschrauber ohne Einstellkontrolle

[1]) kleinere Werte für kleinere, größere Werte für größere Reibzahlen μ'

2.11. Richtwerte für das Kraftverhältnis Φ

Kraftverhältnis Φ für Sechskantschrauben nach 2.13 und Stahlflanschen; Klammerwerte für GG-Flanschen

$l_K/d =$	2	4	6	8	10	12	14	16	18
$\Phi =$	0,35 (0,48)	0,27 (0,42)	0,24 (0,35)	0,2 (0,3)	0,17 (0,26)	0,14 (0,23)	0,12 (0,19)	0,1 (0,17)	0,09 (0,15)

Kraftverhältnis Φ für Dehnschrauben mit $d_T = 0,9\,d_3$ bei Stahlflanschen (d_3 Kerndurchmesser), Klammerwerte für GG-Flanschen

$l_K/d =$	2	4	6	8	10	12	14	16	18
$\Phi =$	0,23 (0,36)	0,19 (0,31)	0,15 (0,24)	0,12 (0,2)	0,1 (0,17)	0,08 (0,14)	0,07 (0,12)	0,06 (0,1)	0,05 (0,09)

2.12. Berechnung der Federsteifigkeit C_S von Dehnschrauben

$$C_S = \frac{E_S}{2\dfrac{l'}{A_S} + \dfrac{l_1 + l_3 + l_5}{A_T} + \dfrac{l_2 + l_4}{A_B} + \dfrac{l_6}{A_S}}$$

A_S Spannungsquerschnitt (2.18)

$$A_T = \frac{\pi}{4}\,d_T^2 \qquad A_B = \frac{\pi}{4}\,d_B^2$$

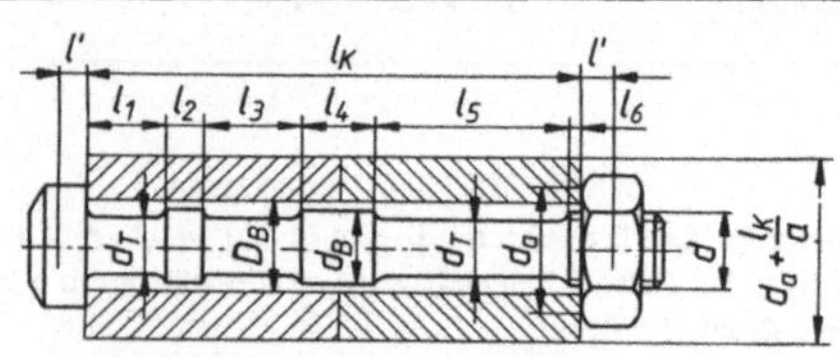

Dehnschraube mit Ersatz-Hohlzylinder
$l' = 0,4\,d$ (federnder Anteil von Schraubenkopf und Mutter)

2.13. Geometrische Größen an Sechskantschrauben

Bezeichnung einer Sechskantschraube M10, Länge l = 90 mm,
Festigkeitsklasse 8.8:
Sechskantschraube M10 × 90 DIN 931−8.8

Maße in mm, Kopfauflagefläche A_p in mm²

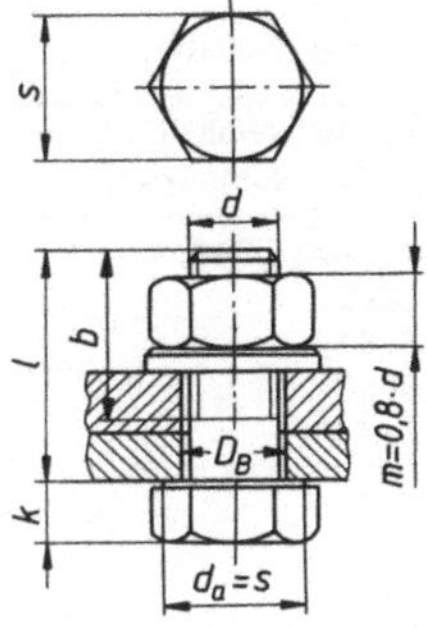

Gewinde	$d_a \triangleq s$	k	l-Bereich [1]	b [2]	b [3]	D_B fein	D_B mittel	A_p [4]	A_p [5]
M 5	8	3,5	22 ... 80	16	22	5,3	5,5	26,5	30
M 6	10	4	28 ... 90	18	24	6,4	6,6	44,3	41
M 8	13	5,5	35 ... 110	22	28	8,4	9	69,1	64
M10	17	7	45 ... 160	26	32	10,5	11	132	100
M12	19	8	45 ... 180	30	36	13	13,5	140	93
M14	22	9	45 ... 200	34	40	15	15,5	191	134
M16	24	10	50 ... 200	38	44	17	17,5	212	185
M18	27	12	55 ... 210	42	48	19	20	258	244
M20	30	13	60 ... 220	46	52	21	22	327	311
M22	32	14	60 ... 220	50	56	23	24	352	383
M24	36	15	70 ... 220	54	60	25	26	487	465
M27	41	17	80 ... 240	60	66	28	30	613	525
M30	46	19	80 ... 260	66	72	31	33	806	707

[1]) gestuft: 18, 20, 25, 28, 30, 35, 40, ...
[2]) für $l < 125$ mm
[3]) für $l > 125$ mm ... 200 mm
[4]) für Sechskantschrauben
[5]) für Innen-Sechskantschrauben

Anmerkung: Die Kopfauflagefläche A_p für 4) wurde als Kreisringfläche berechnet mit $A_p = \pi/4\,(d_a^2 - D_B^2 \text{ mittel})$,
für 5) aus den Maßen nach DIN. Aussenkungen der Durchgangsbohrungen (D_B) verringern die Auflagefläche A_p
unter Umständen erheblich.

2.14. Maße an Senkschrauben mit Schlitz und an Senkungen für Durchgangsbohrungen

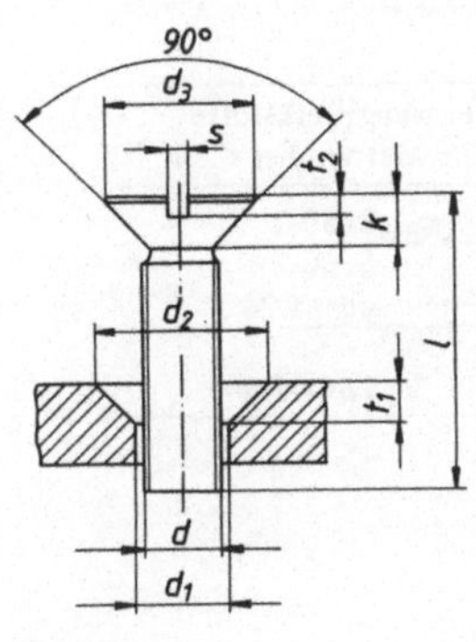

Bezeichnung einer Senkschraube M10
Länge l = 20 mm, Festigkeitsklasse 5.8:

Senkschraube M10 × 20 DIN 963−5.8

Bezeichnung der zugehörigen Senkung der
Form A mit Bohrungsausführung mittel (m):

Senkung A m 10 DIN 74

Maße in mm

Gewinde-durchmesser $d = M$ ...	1	1,2	1,4	1,6	2	2,5	3	4	5	6	8	10	12	16	20
k_{max}	0,6	0,72	0,84	0,96	1,2	1,5	1,65	2,2	2,5	3	4	5	6	8	10
d_3	1,9	2,3	2,6	3	3,8	4,7	5,6	7,5	9,2	11	14,5	18	22	29	36
$t_{2\,max}$	0,3	0,35	0,4	0,45	0,6	0,7	0,85	1,1	1,3	1,6	2,1	2,6	3	4	5
s	0,25	0,3	0,3	0,4	0,5	0,6	0,8	1	1,2	1,6	2	2,5	3	4	5
d_1	1,2	1,4	1,6	1,8	2,4	2,9	3,4	4,5	5,5	6,6	9	11	14	18	22
d_2	2,4	2,8	3,3	3,7	4,6	5,7	6,5	8,6	10,4	12,4	16,4	20,4	24,4	32,4	40,4
t_1	0,6	0,7	0,8	0,9	1,1	1,4	1,6	2,1	2,5	2,9	3,7	4,7	5,2	7,2	9,2

Schraubenverbindungen

2.15. Einschraublänge l_e für Sacklochgewinde

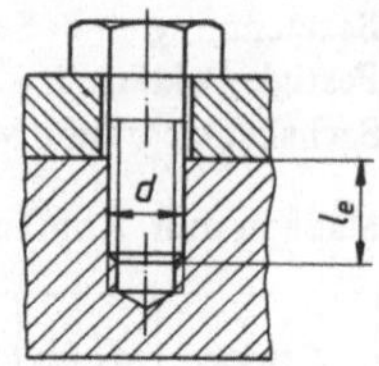

Festigkeitsklasse	8.8	8.8	10.9	10.9
Gewindefeinheit d/P (P Gewindesteigung)	< 9	⩾ 9	< 9	⩾ 9
AlCuMg 1 F 40	1,1 d	1,4 d		
GG-22	1,0 d	1,2 d		1,4 d
St 37	1,0 d	1,25 d		1,4 d
St 50	0,9 d	1,0 d		1,2 d
C 45 V	0,8 d	0,9 d		1,0 d

2.16. Temperaturabhängigkeit[1] von Elastizitätsmodul und Längenausdehnungskoeffizient α_P, α_S

Stahlsorte	Elastizitätsmodul[2] in 10^5 N/mm² bei				Längenausdehnungskoeffizient[2] in 10^{-6}/°C bei		
	20 °C	300 °C	500 °C	700 °C	20 °C	400 °C	600 °C
25 CrMo 4 24 CrMoV 5.5 21 CrMoV 5.11	2,1	1,85	1,65	1,44	11,1	13,5	14,1

[1] Auszug nach: Taschenbuch Maschinenbau, VEB-Verlag Berlin
[2] Zwischenwerte linear beim E-Modul, parabolisch beim Längenausdehnungskoeffizienten α

2.17. Warmstreckgrenze $R_{p0,2}$ in N/mm² von Schraubenwerkstoffen[1]

Stahlsorte	Warmstreckgrenze $R_{p0,2}$ (Zustand nach Vergütung) bei					Paarungswerkstoffe für Muttern bei < 540 °C
	20 °C	200 °C	300 °C	400 °C	500 °C	
C 35, C 35 K	280	220	190	150		St 50-2
C 45, C 45 K	360	290	250	190		St 50-2
25 CrMo 5	450	420	370	310	240	oder C 35
24 CrMoV 5.5	550	500	460	410	350	
21 CrMoV 5.11	550	520	490	440	380	25 CrMo 4

[1] Auszug nach: Taschenbuch Maschinenbau, VEB-Verlag Berlin

2.18. Metrisches ISO-Gewinde nach DIN 13

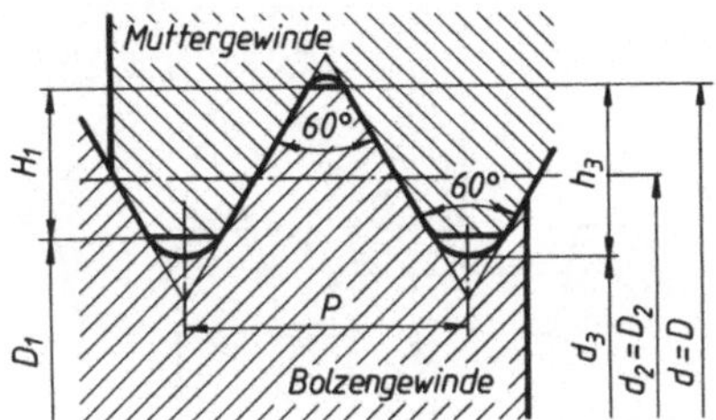

Bezeichnung des metrischen Regelgewindes z.B.

$\boxed{\text{M12}}$ Gewinde-Nenndurchmesser $d = D = 12$ mm

Maße in mm

Gewinde-Nenndurchmesser $d = D$ Reihe 1	Reihe 2	Steigung P	Steigungswinkel α in Grad	Flankendurchmesser $d_2 = D_2$	Kerndurchmesser d_3	Kerndurchmesser D_1	Gewindetiefe [1] h_3	H_1	Spannungsquerschnitt A_S mm²	polares Widerstandsmoment W_{pS} mm³	Schaftquerschnitt A mm²
3		0,5	3,40	2,675	2,387	2,459	0,307	0,271	5,03	3,18	7,07
	3,5	0,6	3,51	3,110	2,764	2,850	0,368	0,325	6,78	4,98	9,62
4		0,7	3,60	3,545	3,141	3,242	0,429	0,379	8,73	7,28	12,6
	4,5	0,75	3,40	4,013	3,580	3,688	0,460	0,406	11,3	10,72	15,9
5		0,8	3,25	4,480	4,019	4,134	0,491	0,433	14,2	15,09	19,6
6		1	3,40	5,350	4,773	4,917	0,613	0,541	20,1	25,42	28,3
8		1,25	3,17	7,188	6,466	6,647	0,767	0,677	36,6	62,46	50,3
10		1,5	3,03	9,026	8,160	8,376	0,920	0,812	58,0	124,6	78,5
12		1,75	2,94	10,863	9,853	10,106	1,074	0,947	84,3	218,3	113
	14	2	2,87	12,701	11,546	11,835	1,227	1,083	115	347,9	154
16		2	2,48	14,701	13,546	13,835	1,227	1,083	157	554,9	201
	18	2,5	2,78	16,376	14,933	15,294	1,534	1,353	192	750,5	254
20		2,5	2,48	18,376	16,933	17,294	1,534	1,353	245	1082	314
	22	2,5	2,24	20,376	18,933	19,294	1,534	1,353	303	1488	380
24		3	2,48	22,051	20,319	20,752	1,840	1,624	353	1871	452
	27	3	2,18	25,051	23,319	23,752	1,840	1,624	459	2774	573
30		3,5	2,30	27,727	25,706	26,211	2,147	1,894	561	3748	707
	33	3,5	2,08	30,727	28,706	29,211	2,147	1,894	694	5157	855
36		4	2,18	33,402	31,093	31,670	2,454	2,165	817	6588	1020
	39	4	2,00	36,402	34,093	34,670	2,454	2,165	976	8601	1190
42		4,5	2,10	39,077	36,479	37,129	2,760	2,436	1120	10574	1390
	45	4,5	1,95	42,077	39,479	40,129	2,760	2,436	1300	13222	1590
48		5	2,04	44,752	41,866	42,587	3,067	2,706	1470	15899	1810
	52	5	1,87	48,752	45,866	46,587	3,067	2,706	1760	20829	2120
56		5,5	1,91	52,428	49,252	50,046	3,374	2,977	2030	25801	2460
	60	5,5	1,78	56,428	53,252	54,046	3,374	2,977	2360	32342	2830
64		6	1,82	60,103	56,639	57,505	3,681	3,248	2680	39138	3220
	68	6	1,71	64,103	60,639	61,505	3,681	3,248	3060	47750	3630

[1] H_1 ist die Tragtiefe zur Berechnung der Flächenpressung im Gewinde

Schraubenverbindungen

2.19. Metrisches ISO-Trapezgewinde nach DIN 103

Bezeichnung für

a) eingängiges Gewinde z.B.

$\boxed{\text{Tr}\,75 \times 10}$ Gewindedurchmesser d = 75 mm,
Steigung P = 10 mm = Teilung

b) zweigängiges Gewinde z.B.

$\boxed{\text{Tr}\,75 \times 20\,\text{P}10}$ Gewindedurchmesser d = 75 mm,
Steigung P_h = 20 mm
Teilung P = 10 mm

Gangzahl $z = \dfrac{\text{Steigung } P_h}{\text{Teilung } P} = \dfrac{20\text{ mm}}{10\text{ mm}} = 2$

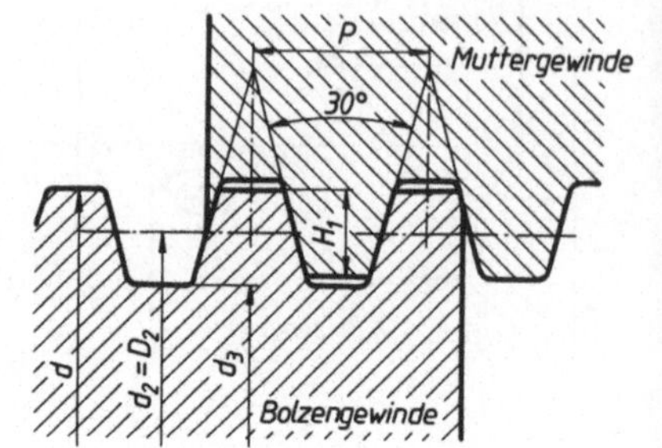

Gewinde-durchmesser	Steigung	Steigungs-winkel	Tragtiefe	Flanken-durchmesser	Kern-durchmesser	Kern-querschnitt	polares Wider-standsmoment
d	P	α in Grad	H_1 $H_1 = 0{,}5\,P$	$D_2 = d_2$ $D_2 = d - H_1$	d_3	$A_3 = \frac{\pi}{4}\,d_3^2$ mm²	$W_p = \frac{\pi}{16}\,d_3^3$ mm³
8	1,5	3,77	0,75	7,25	6,2	30,2	46,8
10	2	4,05	1	9	7,5	44,2	82,8
12	3	5,20	1,5	10,5	9	63,6	143
16	4	5,20	2	14	11,5	104	299
20	4	4,05	2	18	15,5	189	731
24	5	4,23	2,5	21,5	18,5	269	1243
28	5	3,57	2,5	25,5	22,5	398	2237
32	6	3,77	3	29	25	491	3068
36	6	3,31	3	33	29	661	4789
40	7	3,49	3,5	36,5	32	804	6434
44	7	3,15	3,5	40,5	36	1018	9161
48	8	3,31	4	44	39	1195	11647
52	8	3,04	4	48	43	1452	15611
60	9	2,95	4,5	55,5	50	1963	24544
65	10	3,04	5	60	54	2290	30918
70	10	2,80	5	65	59	2734	40326
75	10	2,60	5	70	64	3217	51472
80	10	2,43	5	75	69	3739	64503
85	12	2,77	6	79	72	4071	73287
90	12	2,60	6	84	77	4656	89640
95	12	2,46	6	89	82	5281	108261
100	12	2,33	6	94	87	5945	129297
110	12	2,10	6	104	97	7390	179203
120	14	2,26	7	113	104	8495	220867

3. Schweißverbindungen im Maschinenbau

Schweißverbindungen im Stahlbau siehe Abschnitt 10

Normen (Auswahl)

DIN 1910	Schweißen; Begriffe, Einteilung der Schweißverfahren
DIN 1912 T1	Zeichnerische Darstellung, Schweißen, Löten; Begriffe und Benennung für Schweißstöße, -fugen, -nähte
T2	Zeichnerische Darstellung, Schweißen, Löten; Schweißpositionen, Nahtneigungswinkel, Nahtdrehwinkel
T3	Metallschweißen; Schmelzschweißen, Auftragsschweißen
T5	Zeichnerische Darstellung, Schweißen, Löten; Grundsätze für Schweiß- und Lötverbindungen, Symbole
T6	Zeichnerische Darstellung; Schweißen, Löten, Grundsätze für die Bemaßung

DIN-Taschenbuch, Band 8: Schweißtechnik 1 sowie Band 65: Schweißtechnik 2, Beuth-Vertrieb GmbH, Berlin/Köln/Frankfurt

3.1. Berechnung von Schmelzschweißverbindungen

Es gelten die im Maschinenbau üblichen Verfahren zur Ermittlung innerer Kräfte- und Spannungssysteme sowie die Gleichungen aus der Festigkeitslehre (Band 1). Bleiben Massenkräfte zunächst unberücksichtigt, dann sollten die ermittelten inneren Kräfte, Biege- und Torsionsmomente um den Faktor *Stoßzahl* $c_B > 1$ vergrößert zur Festigkeitsrechnung angesetzt werden (siehe Nr. 1).

Stoßzahlen c_B (Richtwerte)	$c_B = 1{,}1$	für Systeme mit gleichförmiger Drehbewegung (Turbinen, Schleifmaschinen, Elektromotore, Kreiselverdichter)	**1**
	$c_B = 1{,}3$	für Systeme mit gleichförmig hin- und hergehender Bewegung (Kolbenkraft- und Arbeitsmaschinen, Hobelmaschinen)	
	$c_B = 1{,}4$	für Systeme mit stoßüberlagerten Bewegungen (Biegemaschinen, Walzwerksgetriebe, Kunststoffpressen)	
	$c_B = 1{,}7$	für Systeme mit stoßartiger Bewegung (Profilstahlscheren, Abkantpressen, Schlagmühlen)	
	$c_B = 2{,}5$	für Systeme mit schlagartiger Beanspruchung (Steinbrecher, Hämmer)	

rechnerische Nahtdicke a — **2**

Bei *Stumpfnähten* ist die rechnerische Nahtdicke a gleich der kleinsten Fügeteildicke s_{min} (Blechdicke) unmittelbar neben der betrachteten Naht:

$$a = s_{min}$$

Bei *Kehlnähten* ist die rechnerische Nahtdicke a gleich der Höhe des gleichschenkligen Dreiecks, das in die Naht eingezeichnet werden kann:

$$a = 0{,}7 \cdot s_{min}$$

Wie bei Stumpfnähten ist s_{min} die kleinste Fügeteildicke (Blechdicke).

Schweißverbindungen im Maschinenbau

3	rechnerische Nahtlänge l (tragende Nahtlänge)	$l = l_1 - 2a$	l_1 ausgeführte Nahtlänge $2a$ Endkraterabzug

Endkraterabzüge entfallen bei umlaufenden, geschlossenen Schweißnähten, beim Nahtauszug auf Endkraterblech und wenn durch Sonderverfahren ein einwandfreies Nahtende gewährleistet ist.

4 — Beispiele für die Schweißnahtfläche A_w Index w von englisch: to weld (schweißen)

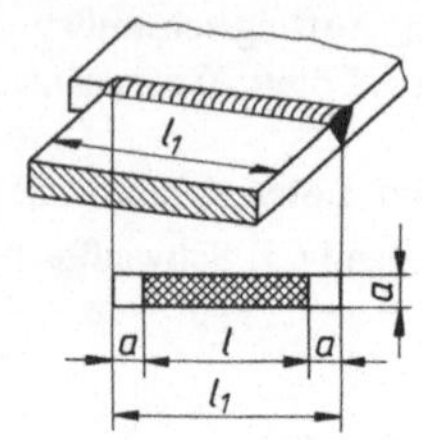

$$A_w = l\,a$$
$$A_w = (l_1 - 2a)\,a$$

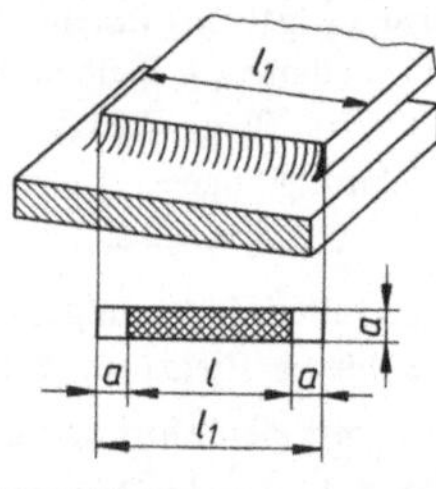

$$A_w = l\,a$$
$$A_w = (l_1 - 2a)\,a$$

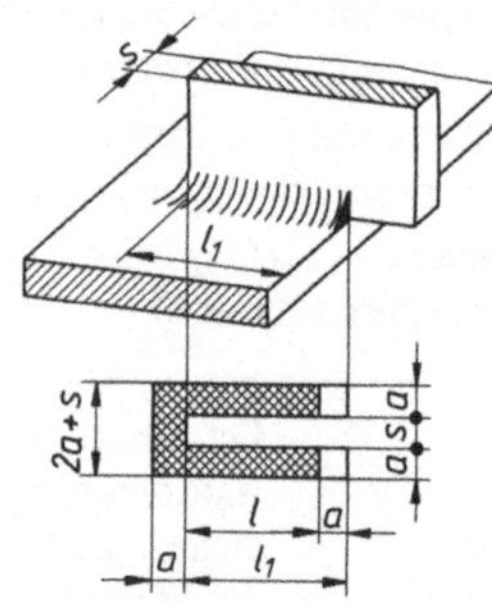

$$A_w = 2\,l\,a + (2a + s)\,a$$
$$A_w = (2\,l + 2a + s)\,a$$

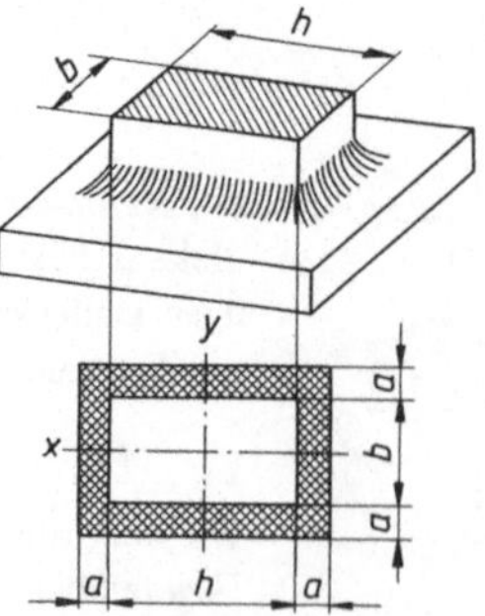

$$A_w = 2\,a\,h + (b + 2a)\,2a$$
$$A_w = 2\,a\,h + 2\,a\,b + 4a^2$$
$$A_w = 2\,a\,(h + b + 2a)$$

Das axiale Widerstandsmoment der Schweißnaht gegen Biegung ist hier:

$$W_{wx} = \frac{(h + 2a)\,(b + 2a)^3 - b\,h^3}{6\,(b + 2a)}$$

$$W_{wy} = \frac{(b + 2a)\,(h + 2a)^3 - b\,h^3}{6\,(h + 2a)}$$

(vergleiche mit Band 1, 9.8)

		σ_w, τ_w	F	$A_w = \Sigma\, a\, l$	**5**
Nahtspannung σ_w bei Zug- oder Druckbeanspruchung	$\sigma_w = \dfrac{F}{A_w} \leqslant \sigma_{w\,zul}$	$\dfrac{N}{mm^2}$	N	mm^2	

$\sigma_{w\,zul}$ und $\tau_{w\,zul}$ sind die zulässigen Schweißnahtspannungen nach Nr. 11, 12 und 13. **6**

Nahtspannung τ_w bei Abscherbeanspruchung (Schubbeanspruchung)	$\tau_w = \dfrac{F}{A_w} \leqslant \tau_{w\,zul}$

		σ_{wb}, τ_{wt}	M_b, T	W_w, W_{wp}	**7**
Nahtspannung σ_{wb} bei Biegebeanspruchung	$\sigma_{wb} = \dfrac{M_b}{W_w} \leqslant \sigma_{w\,zul}$	$\dfrac{N}{mm^2}$	Nmm	mm^3	

8

Nahtspannung τ_{wt} bei Torsionsbeanspruchung	$\tau_{wt} = \dfrac{T}{W_{wp}} \leqslant \tau_{w\,zul}$

M_b vorhandenes Biegemoment
T vorhandenes Torsionsmoment
W_w axiales Widerstandsmoment der Naht
W_{wp} polares Widerstandsmoment der Naht

9

Nahtspannung $\sigma_{w\,max}$ bei zusammengesetzter Beanspruchung: Biegung + Zug oder Druck	$\sigma_{w\,max} = \sigma_{wb} + \sigma_w \leqslant \sigma_{w\,zul}$

Tritt bei Biegung + Zug (Druck) oder bei Biegung + Torsion noch eine Schubspannung τ_w auf, wird sie vernachlässigt.

α_0 ist das Anstrengungsverhältnis (Band 1, 9.22). Für die hier verwendete Gestaltänderungshypothese setzt man: **10**

Nahtspannung σ_{wv} (Vergleichsspannung) bei zusammengesetzter Beanspruchung: Biegung + Torsion sowie Zug/Druck + Schub	$\sigma_{wv} = \sqrt{\sigma_{wb}^2 + 3\,(\alpha_0 \tau_{wt})^2} \leqslant \sigma_{w\,zul}$ $\sigma_{wv} = \sqrt{\sigma_w^2 + 3\,(\alpha_0 \tau_w)^2} \leqslant \sigma_{w\,zul}$

$$\alpha_0 = \frac{1}{\sqrt{3}} \cdot \frac{\sigma_D}{\tau_D} = \frac{\sigma_D}{1{,}7 \cdot \tau_D}$$

(σ_D, τ_D siehe Nr. 11 und Nr. 13)

11

zulässige Nahtspannungen $\sigma_{w\,zul}$ und $\tau_{w\,zul}$ bei vorwiegend dynamischer Belastung	$\sigma_{w\,zul}\,(\tau_{w\,zul}) = \dfrac{\sigma_D\,(\tau_D)\, b_1\, b_2}{\nu}$

σ_D und τ_D sind die übergeordneten Bezeichnungen für die Dauerfestigkeitswerte des Grundwerkstoffes aus den Dauerfestigkeitsschaubildern. Je nach Beanspruchungsart und Belastungsfall stehen in den Rechnungen also die Werte für $\sigma_{b\,Sch}, \tau_{t\,Sch}, \sigma_{bW}, \tau_{tW}$ (siehe Nr. 13). **12**

zulässige Nahtspannungen $\sigma_{w\,zul}$ und $\tau_{w\,zul}$ bei vorwiegend statischer Belastung	$\sigma_{w\,zul}\,(\tau_{w\,zul}) = \dfrac{R_e,\, \sigma_{bF}\,(\tau_{tF})\, b_1\, b_2}{\nu}$

Anstelle der Dauerfestigkeitswerte steht hier die Streck- oder Fließgrenze des Grundwerkstoffes aus den Dauerfestigkeitsschaubildern (siehe auch Nr. 13).

b_1 Minderungswert nach Nr. 14, 18
b_2 Gütebeiwert nach Nr. 15
ν Sicherheit nach Nr. 16, 17

Schweißverbindungen im Maschinenbau

13 | Dauerfestigkeitswerte σ_D, τ_D in N/mm² (für andere Werkstoffe siehe Dauerfestigkeitsschaubilder nach Abschnitt 12)

Festigkeitswerte ╲ Werkstoff	St 37	St 42	St 50 ($\approx$ St 52)
Streckgrenze R_e (Fließgrenze) und Schwellfestigkeit $\sigma_{z\,Sch}$	240	260	300
Wechselfestigkeit σ_{zW}	175	190	230
Biege-Fließgrenze σ_{bF} und Schwellfestigkeit $\sigma_{b\,Sch}$	340	360	420
Biege-Wechselfestigkeit σ_{bW}	200	220	260
Torsions-Fließgrenze τ_{tF} und Schwellfestigkeit $\tau_{t\,Sch}$	170	180	210
Torsions-Wechselfestigkeit τ_{tW}	140	175	180

Beachte: Für die hier aufgeführten Werkstoffe sind die Werte für die Fließgrenze und für die Schwellfestigkeit gleich groß ($R_e = \sigma_F = \sigma_{z\,Sch}$, $\sigma_{bF} = \sigma_{b\,Sch}$, $\tau_{tF} = \tau_{t\,Sch}$).

Für Schubbeanspruchung (Abscherbeanspruchung) können die Festigkeitswerte für Torsion verwendet werden, also $\tau_F = \tau_{tF} = \tau_{t\,Sch}$ und $\tau_W = \tau_{tW}$.

---

14 | Minderungsbeiwerte b_1 bei vorwiegend statischer Belastung (bei dynamischer Belastung siehe **18**)

$b_1 = 0{,}75$ für Zugbeanspruchung
$b_1 = 0{,}85$ für Druckbeanspruchung
$b_1 = 0{,}8$ für Biegebeanspruchung
$b_1 = 0{,}6$ für Torsions- und Schubbeanspruchung (Abscherbeanspruchung)

---

15 | Gütebeiwerte b_2

$b_2 = 1$ für Güteklasse I: Sonderschweißung für höchste Anforderungen an Festigkeit und Werkstoffgüte mit dem Nachweis einer fehlerfreien Ausführung z. B. durch Röntgenprüfung.

$b_2 = 0{,}8$ für Güteklasse II: Normale Festigkeitsschweißung ohne den Nachweis einer fehlerfreien Ausführung.

$b_2 = 0{,}5$ für Güteklasse III: Schweißkonstruktionen mit geringeren Beanspruchungen.

---

16 | Sicherheit ν bei vorwiegend statischer Belastung

$\nu = 1{,}5$

---

17 | Sicherheit ν bei dynamischer Belastung

nach der Häufigkeit der Höchstbelastung:

$\nu = 1{,}5$ bei   25 % Höchstbelastung
$\nu = 2$ bei   50 % Höchstbelastung
$\nu = 2{,}5$ bei   100 % Höchstbelastung

Minderungsbeiwerte b_1 bei dynamischer Belastung

18

Zeile	Nahtart	Nahtform	Nahtbild	Beiwert b_1		
				Zug, Druck	Biegung	Schub, Torsion
1	Stumpfnaht	I-Naht		0,45	0,55	0,4
2		V- und HV-Naht		0,55	0,65	0,5
3		Doppel-V-Naht		0,65	0,75	0,55
4		Y- und U-Naht		0,6	0,7	0,55
5	Kehlnaht	einseitige Flachkehlnaht		0,35	0,2	0,35
6		einseitige Hohlkehlnaht		0,4	0,2	0,4
7		zweiseitige (auch umlaufende) Flachkehlnaht		0,55	0,7	0,55
8		zweiseitige (auch umlaufende) Hohlkehlnaht		0,65	0,8	0,65
9		HV- und Doppel-HV-Naht (K-Naht)		0,7	0,9	0,7
10		Ecknaht (äußere Kehlnaht)		0,35	0,2	0,35
11		zweiseitige Ecknaht		0,55	0,7	0,55

4. Achsen, Wellen, Zapfen

Größen und bevorzugte Einheiten

Kräfte F in N, Spannung σ, τ und Festigkeitswerte in N/mm^2, Drehmoment M, Biegemoment M_b und Torsionsmoment T in Nmm, Widerstandsmoment W in mm^3, Flächenmoment 2. Grades I in mm^4, Länge jeder Art ($d, l, r, m, ...$) in mm, Querschnitt (Flächeninhalt) A in mm^2.

Alle Grundlagen zur Berechnung von Achsen, Wellen und Zapfen sind im Band 1, Abschnitt 9. Festigkeitslehre ausführlich behandelt, einschließlich des Mohrschen Verfahrens zur Bestimmung der Durchbiegung. Vor allem können die umfangreichen Tafeln in Band 1 alle erforderlichen Rechnungen übersichtlicher und einfacher machen. Für Entwurfsrechnungen geben die Nomogramme 9.34 und 9.37 in Band 1 eine gute Hilfe.

Normen (Auswahl)

DIN 509	Freistiche	DIN 1448, 1449	Kegelige Wellenenden mit
DIN 668, 670, 671	Blanker Rundstahl		Außen-, Innengewinde
DIN 669	Blanke Stahlwellen	DIN 59 360, 59 361	Geschliffen-polierter
DIN 748	Zylindrische Wellenenden		Rundstahl

4.1. Überschlägige Durchmesserbestimmung von Wellen aus St 50

Siehe auch Nomogramme in Band 1, 9.34 und 9.37 sowie *H. Rentsch*: Konstruktion 18 (1966) Heft 9.

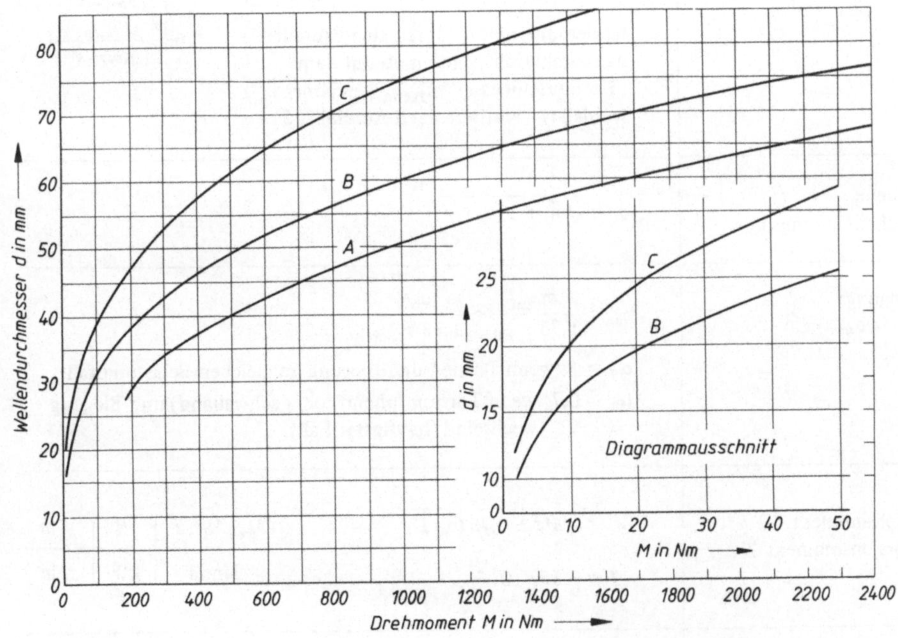

A für reine Torsionsbeanspruchung (selten), B für Torsion und geringe Biegung,
C für Torsion und stärkere Biegung

Ablesebeispiel:

Das Wellenende eines Elektromotors trägt eine Riemenscheibe, die ein Drehmoment von 1000 Nm überträgt. Mit Kurve C wird der Durchmesser $d \approx 75$ mm gefunden.

Achsen, Wellen, Zapfen

4.2. Spannungsnachweis, zulässige Spannung und Sicherheit gegen Dauerbruch

Spannungsnachweis: Im Entwurf werden unter Berücksichtigung von Lagern (Gleit- oder Wälzlager), Nabensitzen, Stellringen, Montage usw. die wichtigsten Maße festgelegt.

Damit kann die M_b-Linie entwickelt (eventuell in zwei Ebenen) und der Spannungsnachweis geführt werden, und zwar an jeder Knickstelle der M_b-Linie sowie an jeder Kerbstelle (Wellenabsatz, Nabensitz, Nut, Bohrung, Einstich usw.).

Für bestimmte Fälle können $M_{b\,max}$ und die Stützkräfte F Tafel 4.6 entnommen werden (siehe auch Band 1, 9.7).

1

vorhandene Biegespannung σ_b

$$\sigma_b = \frac{M_b}{W}$$

M_b Biegemoment
W axiales Widerstandsmoment

2

vorhandene Torsionspannung τ_t

$$\tau_t = \frac{T}{W_p}$$

T Torsionsmoment (siehe Nr. 6)
W_p polares Widerstandsmoment

3

Widerstandsmomente W, W_p für Kreis- und Kreisringquerschnitt (siehe auch Band 1, 9.8, 9.9, 9.10 und 9.20)

$$W_O = \frac{\pi}{32} d^3 \qquad W_\odot = \frac{\pi}{32} \cdot \frac{D^4 - d^4}{D}$$

$$W_{pO} = \frac{\pi}{16} d^3 \qquad W_{p\odot} = \frac{\pi}{16} \cdot \frac{D^4 - d^4}{D}$$

Ist der Querschnitt durch eine Paßfedernut geschwächt, dann muß mit dem „Kerndurchmesser" d_{rechn} gerechnet werden (t_1 Nuttiefe nach Abschnitt 5).

4

vorhandene Vergleichsspannung σ_v

$$\sigma_v = \sqrt{\sigma_b^2 + 3\,(\alpha_0 \tau_t)^2}$$

5

Anstrengungsverhältnis α_0

$$\alpha_0 = \frac{\sigma_{b\,zul}}{1{,}73\,\tau_{t\,zul}} \approx \frac{\sigma_{bW}}{1{,}73\,\tau_{t\,Sch}}$$

$\alpha_0 \approx 1$, wenn Torsion und Biegung im gleichen Belastungsfall;

$\alpha_0 \approx 0{,}7$, wenn Torsion ruhend (oder schwellend) und Biegung wechselnd (häufigster Fall).

6

Vergleichsmoment M_v und Torsionsmoment T

$$M_v = \sqrt{M_b^2 + 0{,}75\,(\alpha_0\,T)^2}$$

$$T = 9{,}55 \cdot 10^6 \frac{P}{n}$$

M_v, M_b, T	P	n
Nmm	kW	min^{-1}

7

erforderlicher Wellendurchmesser d_{erf}

$$d_{erf} = \sqrt[3]{\frac{32\,M_v}{\pi\,\sigma_{b\,zul}}}$$

Wellendurchmesser d gegebenenfalls unter Berücksichtigung der Wellennuttiefe t_1 festlegen (Nr. 3).

---

zulässige Biege- spannung $\sigma_{b\,zul}$	$\sigma_{b\,zul} = \dfrac{\sigma_{bW}\,b_1\,b_2}{\beta_k\,\nu}$	Sicherheit $\nu = 1,5$ oder nach betrieblichen Vorschriften. Die anderen Größen nach Abschnitt 12 festlegen:	**8**
zulässige Torsions- spannung $\tau_{t\,zul}$	$\tau_{t\,zul} = \dfrac{\tau_{t\,Sch}\,b_1\,b_2}{\beta_k\,\nu}$	σ_{bW} Biegewechselfestigkeit $\tau_{t\,Sch}$ Torsionsschwellfestigkeit b_1 Oberflächenbeiwert	**9**
Sicherheit gegen Dauerbruch ν	$\nu = \dfrac{\sigma_{bW}\,b_1\,b_2}{\beta_k\,\sigma_v}$	b_2 Größenbeiwert β_k Kerbwirkungszahl	**10**

4.3. Überprüfung der Flächenpressung an ruhenden Achsen

an Abstützstellen ruhender Achsen im Gehäuse	$p = \dfrac{F_r}{b\,d} \leqslant p_{zul}$ F_r Radialkraft b Breite der Stützstelle d Durchmesser	$\begin{array}{c\|c\|c\|c} p & F_r & b,\,d & R_e, R_{p0,2}, R_m \\ \hline \dfrac{N}{mm^2} & N & mm & \dfrac{N}{mm^2} \end{array}$	**1**
zulässige Flächenpressung p_{zul} bei ruhender oder schwellender Belastung	$p_{zul} = \dfrac{R_e\ (\text{oder } R_{p0,2})}{1,5}$ für zähe gehärtete Werkstoffe $p_{zul} = \dfrac{R_m\,b_p}{3,5}$ für spröde Werkstoffe	$b_p = 0,25$ für geschlichtete, $\ \ \ \ = 0,5$ für feingeschlichtete, $\ \ \ \ = 0,75$ für geschabte Oberflächen Festigkeitswerte $R_e, R_{p0,2}, R_m$ nach Abschnitt 12	**2**
bei wechselnder Belastung	$p_{zul} = 50 \dots 100 \ \dfrac{N}{mm^2}$		**3**

4.4. Überprüfung der Verformung

Durchbiegung f und Neigung der Biegelinie nach Band 1, 9.7 oder Verfahren nach *Mohr* (Band 1, 9.3).
Bei Biegekräften in verschiedenen Ebenen: Kräfte in zwei Komponenten zerlegen (x, y-Ebene und x, z-Ebene), in jeder Ebene Verformungen ermitteln und diese geometrisch addieren (siehe auch 4.6).

resultierende Durchbiegung f_r	$f_r = \sqrt{f_x^2 + f_y^2}$	resultierende Neigung aus $\ \tan\alpha_r = \sqrt{\tan\alpha_x^2 + \tan\alpha_y^2}$	**1**
Richtwerte für Verformungen	Gleitlager mit einstellbaren Schalen Gleitlager mit festen Schalen Wälzlager (außer Pendellager)	$\tan\alpha_r \leqslant 0,001$ $\tan\alpha_r \leqslant 0,0003$ $\tan\alpha_r \leqslant 0,001$	**2**

Achsen, Wellen, Zapfen

4.5. Biegekritische Schwingungen

<table>
<tr><td>1</td><td>ungefähre
biegekritische Drehzahl n_{kr}
in min^{-1}</td><td colspan="2">$n_{kr} = 950 \sqrt{\dfrac{1}{f_G^*}}$ ideelle Durch-
biegung f_G^*
in mm $f_G^* = \dfrac{f_{G1}^2\, G_1 + f_{G2}^2\, G_2 + \ldots}{f_{G1}\, G_1 + f_{G2}\, G_2 + \ldots}$</td></tr>
</table>

G Gewichtskraft in N
f_G Durchbiegung unter G
S Schwerpunkt

Welle selbst masselos gedacht,
beim Einmassesystem ist
$f_G^* = f_G$

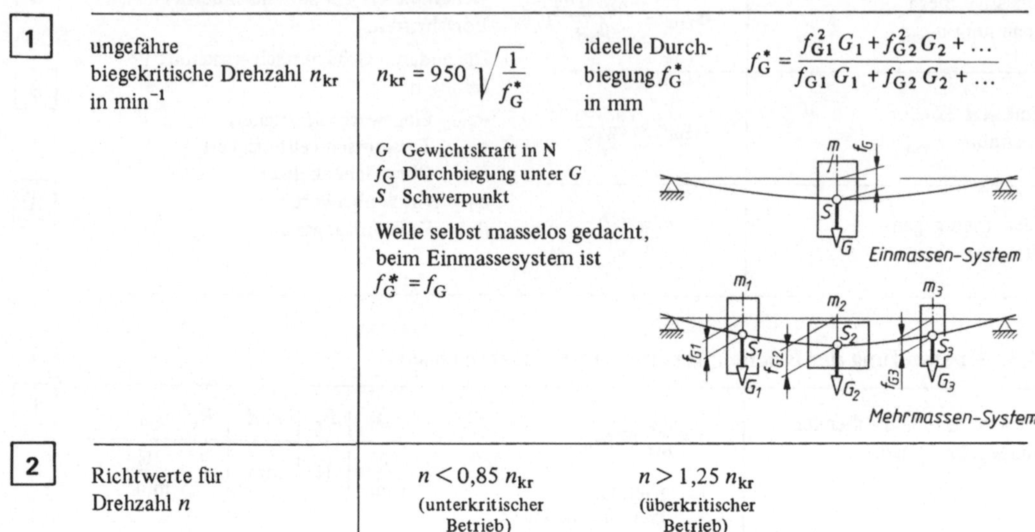

<table>
<tr><td>2</td><td>Richtwerte für
Drehzahl n</td><td>$n < 0{,}85\, n_{kr}$
(unterkritischer
Betrieb)</td><td>$n > 1{,}25\, n_{kr}$
(überkritischer
Betrieb)</td></tr>
</table>

4.6. Stützkräfte und Biegemomente an Getriebewellen [1]

(siehe auch 8.1. Kräfte am Zahnrad)

Bezeichnungen: Umfangskraft $F_t = M/r$; Radialkraft F_r; Axialkraft F_a; F_V Vorspannkraft für Riemen nach 9.1; Biegemomente M_b in Nmm, alle Längenmaße l und r in mm.

<table>
<tr><td>1</td><td>resultierende Radial-
kraft F_{Ar} in A</td><td>$F_{Ar} = \dfrac{1}{l}\sqrt{(F_r\, l_2 + F_a\, r)^2 + (F_t\, l_2)^2}$</td></tr>
<tr><td></td><td>resultierende Radial-
kraft F_{Br} in B</td><td>$F_{Br} = \dfrac{1}{l}\sqrt{(F_r\, l_1 + F_a\, r)^2 + (F_t\, l_1)^2}$</td></tr>
<tr><td></td><td>maximales
Biegemoment
$M_{b\,max}$ in B</td><td>$M_{b\,max} = F_{Ar}\, l = \sqrt{(F_r\, l_2 + F_a\, r)^2 + (F_t\, l_2)^2}$ $r = \dfrac{z_1\, m_n}{2\cos\beta}$</td></tr>
<tr><td>2</td><td>Diese Gleichungen
gelten für entgegen-
gesetzten Richtungs-
sinn der Axial-
kraft F_a in ☐1</td><td>$F_{Ar} = \dfrac{1}{l}\sqrt{(F_r\, l_2 - F_a\, r)^2 + (F_t\, l_2)^2}$

$F_{Br} = \dfrac{1}{l}\sqrt{(F_r\, l_1 - F_a\, r)^2 + (F_t\, l_1)^2}$

$M_{b\,max} = F_{Ar}\, l = \sqrt{(F_r\, l_2 - F_a\, r)^2 + (F_t\, l_2)^2}$</td></tr>
</table>

[1] Herleitung der Gleichungen siehe: Das Techniker Handbuch, 13. Auflage, Vieweg 1992

resultierende Radialkraft F_{Ar} in A	$F_{\mathrm{Ar}} = \dfrac{1}{l} \sqrt{(F_{\mathrm{r}} l_2 + F_{\mathrm{a}} r)^2 + (F_{\mathrm{t}} l_2)^2}$	**3**
resultierende Radialkraft F_{Br} in B	$F_{\mathrm{Br}} = \dfrac{1}{l} \sqrt{(F_{\mathrm{r}} l_1 - F_{\mathrm{a}} r)^2 + (F_{\mathrm{t}} l_1)^2}$ $$r = \frac{z_1 \, m_{\mathrm{n}}}{2 \cos \beta}$$	
maximales Biegemoment $M_{\mathrm{b\,max}}$ in C	$M_{\mathrm{b\,max\,1}} = F_{\mathrm{Ar}} l_1$ oder $M_{\mathrm{b\,max\,2}} = F_{\mathrm{Br}} l_2$ (beide Beträge ausrechnen und mit dem größeren Betrag weiterrechnen!)	

4

Diese Gleichungen gelten für entgegengesetzten Richtungssinn der Axialkraft F_{a} in $\boxed{3}$	$F_{\mathrm{Ar}} = \dfrac{1}{l} \sqrt{(F_{\mathrm{r}} l_2 - F_{\mathrm{a}} r)^2 + (F_{\mathrm{t}} l_2)^2}$ $$F_{\mathrm{Br}} = \dfrac{1}{l} \sqrt{(F_{\mathrm{r}} l_1 + F_{\mathrm{a}} r)^2 + (F_{\mathrm{t}} l_1)^2}$$

$$M_{\mathrm{b\,max\,1}} = F_{\mathrm{Ar}} l_1 \quad \text{oder} \quad M_{\mathrm{b\,max\,2}} = F_{\mathrm{Br}} l_2$$
(beide Beträge ausrechnen und mit dem größeren Betrag weiterrechnen!)

5

resultierende Radialkraft F_{Ar} in A	$F_{\mathrm{Ar}} = \dfrac{1}{l} \sqrt{\left[F_{\mathrm{r}}(l_2 - l_3) - F_{\mathrm{v}} \cos\alpha \, l_3 + F_{\mathrm{a}} r\right]^2 + \left[F_{\mathrm{t}}(l_2 - l_3) - F_{\mathrm{v}} l_3 \sin\alpha\right]^2}$
resultierende Radialkraft F_{Br} in B	$F_{\mathrm{Br}} = \dfrac{1}{l} \sqrt{\left[F_{\mathrm{r}} l_1 + F_{\mathrm{v}} \cos\alpha (l_1 + l_2) - F_{\mathrm{a}} r\right]^2 + \left[F_{\mathrm{t}} l_1 + F_{\mathrm{v}} \sin\alpha (l_1 + l_2)\right]^2}$
Biegemomente M_{b} in B und C	$M_{\mathrm{b(B)}} = F_{\mathrm{v}} l_3$ $$M_{\mathrm{b(C)}} = F_{\mathrm{Ar}} l_1$$

$$r = \frac{z_1 \, m_{\mathrm{n}}}{2 \cos \beta}$$

| 6 | resultierende Radial-
kraft F_{Ar} in A | $$F_{Ar} = \frac{1}{l} \sqrt{\begin{aligned}&[F_{r1}(l_2 + l_3) - F_{r2}l_3 \cos\alpha - F_{t2}\,l_3 \sin\alpha - F_{a1}\,r_1 -\\ &- F_{a2}\,r_2 \cos\alpha]^2 + [\,F_{t1}\,(l_2 + l_3) + F_{t2}\,l_3 \cos\alpha -\\ &- F_{r2}\,l_3 \sin\alpha - F_{a2}\,r_2 \sin\alpha]^2\end{aligned}}$$ |

resultierende Radialkraft F_{Br} in B

$$F_{Br} = \frac{1}{l} \sqrt{\begin{aligned}&[F_{r1}l_1 - (l_1 + l_2)(F_{t2}\sin\alpha + F_{r2}\cos\alpha) + F_{a1}\,r_1 +\\ &+ F_{a2}\,r_2 \cos\alpha]^2 + [F_{t1}\,l_1 - (l_1 + l_2)(F_{r2}\sin\alpha -\\ &- F_{t2}\cos\alpha) + F_{a2}\,r_2 \sin\alpha]^2\end{aligned}}$$

Biegemomente M_b
in C und D

$$M_{b(C)} = F_{Ar}l_1$$

$$M_{b(D)} = F_{Br}l_3$$

$$r = \frac{z_1\,m_n}{2 \cos\beta}$$

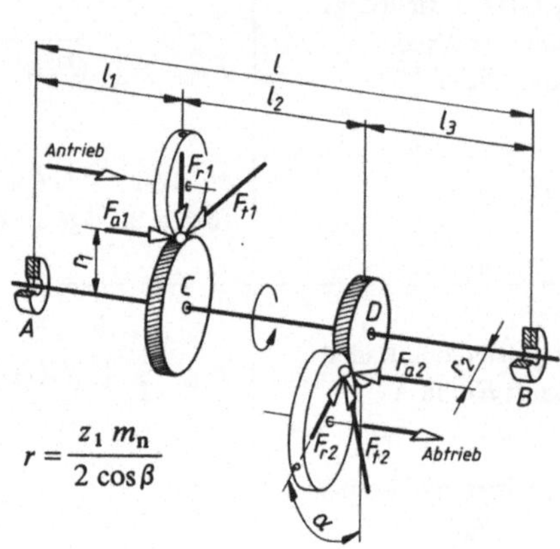

4.7. Zusammenstellung wichtiger Normen für den Konstruktionsentwurf einer Getriebewelle

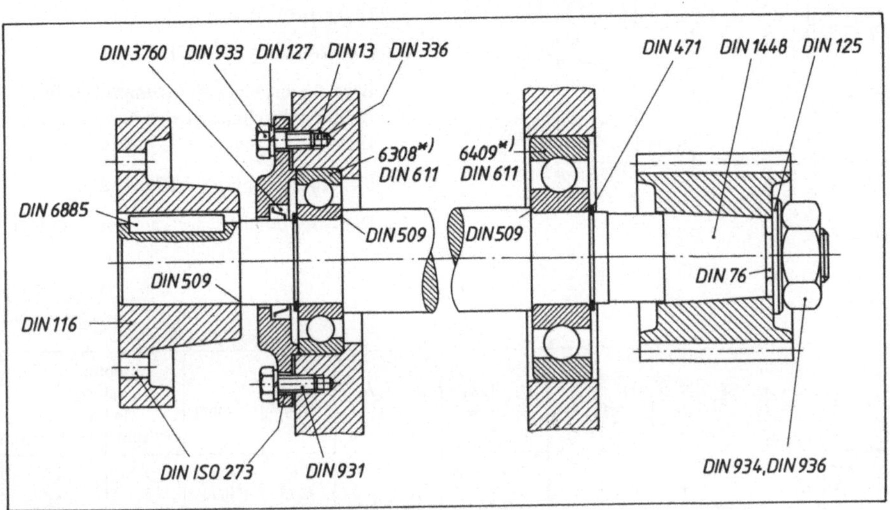

*) 6308 und 6409 sind die Bezeichnungen für die Wälzlager

DIN 13 Teil 1	Metrisches ISO-Gewinde, Regelgewinde
DIN 76 Teil 1	Gewindeausläufe; Gewindefreistiche für Metrisches ISO-Gewinde
DIN 116	Antriebselemente; Scheibenkupplungen, Maße, Drehmomente, Drehzahlen
DIN 125	Scheiben
DIN 127	Federringe
DIN ISO 273	Durchgangslöcher für Schrauben
DIN 336 Teil 1	Durchmesser für Bohrwerkzeuge für Gewindekernlöcher
DIN 471 Teil 1	Sicherungsringe für Wellen
DIN 509	Freistiche
DIN 611	Wälzlagerteile, Wälzlagerzubehör und Gelenklager
DIN 931, DIN 933	Sechskantschrauben
DIN 1448 Teil 1	Kegelige Wellenenden mit Außengewinde
DIN 3760	Radial-Wellendichtringe
DIN 6885 Teil 1	Paßfedern, Nuten

Achsen, Wellen, Zapfen

4.8. Sicherungsringe für Wellen und Bohrungen

Maße für den Sicherungsring

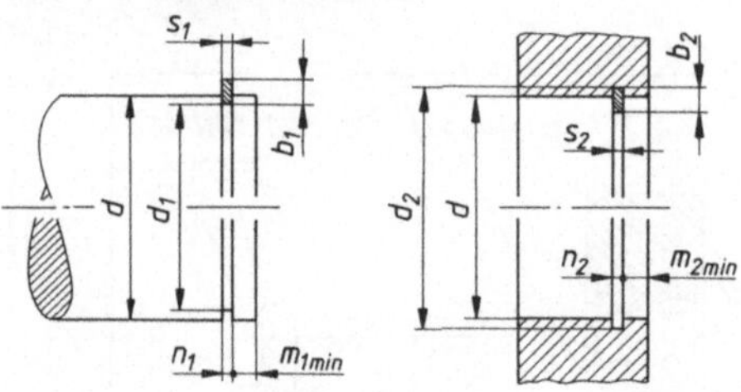

Maße für die Nut

Bezeichnung eines Sicherungsringes für Wellendurchmesser d = 50 mm und Dicke s_1 = 2 mm:

Sicherungsring 50 × 2 DIN 471

Bezeichnung eines Sicherungsringes für Bohrungsdurchmesser d = 50 mm und Dicke s_2 = 2 mm:

Sicherungsring 50 × 2 DIN 472

Der Nutgrund ist scharfkantig auszuführen

Maße in mm

d	d_1		d_2		s_1 (h11)	s_2	b_1 ≈	b_2 ≈	n_1 (H13)	n_2	$m_{1\,min}$	$m_{2\,min}$	größte Axialkraft [1] in kN (Welle)	(Bohrung)
10	9,6		10,4				1,8	1,4			0,6	0,6	1,5	1,6
12	11,5	h11	12,5	H11	1		1,8	1,7	1,1		0,75	0,75	2,3	2,4
15	14,3		15,7			1	2,2	2		1,1	1,1	1,1	4	4,2
20	19		21		1,2		2,6	2,3	1,3		1,5	1,5	7,7	7,8
25	23,9		26,2			1,2	3	2,7		1,3	1,7	1,8	10,6	12
30	28,6		31,4		1,5		3,5	3	1,6		2,1	2,1	16,2	13,7
35	33		37			1,5	3,9	3,4		1,6	3	3	26,7	26,9
40	37,5		42,5		1,75	1,75	4,4	3,9	1,85	1,85	3,8	3,8	38,1	40,5
45	42,5		47,5				4,7	4,3					43	43,1
50	47		53				5,1	4,6					57	60,7
55	52	h12	58	H12	2	2	5,4	5	2,15	2,15			63	63,5
60	57		63				5,8	5,4			4,5	4,5	69	62,1
65	62		68				6,3	5,8					75	78,2
70	67		73		2,5	2,5	6,6	6,2	2,65	2,65			80,5	84,2
75	72		78				7	6,6					86	90
80	76,5		83,5				7,4	7					107	112
90	86,5		93,5		3	3	8,2	7,6	3,15	3,15	5,3	5,3	121	126
100	96,5		103,5				9	8,4					135	140
110	106		114				9,6	9					170	176
120	116		124				10,2	9,7			6	6	185	192
140	136	h13	144	H13	4	4	11,2	10,7	4,15	4,15			217	223
160	155		165				12,2	11,6					310	319
180	175		185				13,5	13,2			7,5	7,5	345	345
200	195		205				14	14					319	325

[1] für schwellende Belastung (ohne Sicherheit), scharfkantig anliegendes Bauteil und Wellen- oder Bohrungswerkstoff mit $R_e \geqslant 300$ N/mm²

5. Nabenverbindungen

5.1. Kraftschlüssige (reibschlüssige) Nabenverbindungen (Beispiele)

Hauptvorteil: Spielfreie Übertragung wechselnder Drehmomente

Bild	Art	Beschreibung
zylindrischer Preßverband	Preßverband (Preßsitzverbindung)	Vorwiegend für nicht zu lösende Verbindung und zur Aufnahme großer, wechselnder und stoßartiger Drehmomente und Axialkräfte. *Verbindungsbeispiele:* Riemenscheiben, Zahnräder, Kupplungen, Schwungräder, im Großmaschinenbau, aber auch in der Feinwerktechnik. Ausführung als Längs- und Querpreßverband (Schrumpfverbindung). Besonders wirtschaftliche Verbindungsart.
kegliger Preßverband (Wellenkegel) / kegliger Preßverband (Kegelbuchse)		Leicht lösbare und in Drehrichtung nachstellbare Verbindung auf dem Wellenende zur Aufnahme großer, wechselnder und stoßartiger Drehmomente. *Verbindungsbeispiele:* Wie beim zylindrischen Preßverband, außerdem bei Werkzeugen und in den Spindeln von Werkzeugmaschinen und bei Wälzlagern mit Spannhülse und Abziehhülse. Wegen der Herstellwerkzeuge und der Lehren möglichst genormte Kegel verwenden (siehe keglige Wellenenden mit Kegel 1 : 10 nach DIN 1448). Die Naben werden durch Schrauben oder Muttern aufgepreßt, die Werkzeuge durch die Axialkraft beim Fertigen (zum Beispiel Bohrer). Kegelbuchsen sind meist geschlitzt.
geteilte Nabe	Klemmsitzverbindung	Leicht lösbare und in Längs- und Drehrichtung nachstellbare Verbindung zur Aufnahme wechselnder kleinerer Drehmomente. Bei größerer Drehmomentenaufnahme werden zusätzlich Paßfedern oder Tangentkeile angebracht. *Verbindungsbeispiele:* Riemen- und Gurtscheiben, Hebel auf glatten Wellen. Die Nabe ist geschlitzt oder geteilt.
Einlegekeil	Keilsitzverbindung	Lösbare Verbindung zur Aufnahme wechselnder Drehmomente. Kleinere Drehmomentaufnahme beim Flach- und Hohlkeil, große und stoßartige Drehmomentenaufnahme beim Tangentkeil. Die Keilneigung beträgt meistens 1 : 100. *Verbindungsbeispiele:* Schwere Scheiben, Räder und Kupplungen, im Bagger- und im Landmaschinenbau, insgesamt bei schwererem und rauhem Betrieb. Die Verbindung mit dem Hohlkeil ist nachstellbar.
Ringfederspannelement	Ringfeder-Spannverbindung	Leicht lösbare und in Längs- und Drehrichtung nachstellbare Verbindung zur Aufnahme großer, wechselnder und stoßartiger Drehmomente. Das übertragbare Drehmoment ist abhängig von der Anzahl der Spannelemente. Hierzu sind die Angaben der Herstellerfirmen zu beachten, zum Beispiel Fa. Ringfeder GmbH, Krefeld-Uerdingen.

Nabenverbindungen

5.2. Formschlüssige Nabenverbindungen (Beispiele)

Hauptvorteil: Lagesicherung

Querstiftverbindung Längsstiftverbindung	Stiftverbindung	Lösbare Verbindung zur Aufnahme meist richtungskonstanter kleinerer Drehmomente. *Verbindungsbeispiele:* Bunde an Wellen, Stellringe, Radnaben, Hebel, Buchsen. Verwendet werden Kegelstifte nach DIN 1 mit Kegel 1 : 50, Zylinderstifte nach DIN 7, für hochbeanspruchte Teile auch gehärtete Zylinderstifte nach DIN 6325. Hinzu kommen Kerbstifte und Spannhülsen.
Einlegepaßfeder	Paßfederverbindung	Leicht lösbare und verschiebbare Verbindung zur Aufnahme richtungskonstanter Drehmomente. *Verbindungsbeispiele:* Riemenscheiben, Kupplungen, Zahnräder. Gegen axiales Verschieben ist eine zusätzliche Sicherung vorzusehen (Wellenbund, Axialsicherungsring). *Gleitpaßfedern* werden zum Beispiel bei Verschieberädern in Getrieben verwendet.
Polygonprofil Kerbzahnprofil Vielnutprofil	Profilwellenverbindung	Profilwellenverbindungen sind Formschlußverbindungen für hohe und höchste Belastungen. Das *Polygonprofil* ist nicht genormt. Hierzu sind die Angaben der Hersteller zu verwenden, zum Beispiel: Fortuna-Werke, Stuttgart-Bad Cannstadt oder Fa. Manurhin, Mühlhausen (Elsaß). Das *Kerbzahnprofil* ist nach DIN 5481 genormt. Die Verbindung ist leicht lösbar und feinverstellbar. Verwendung zum Beispiel bei Achsschenkeln und Drehstabfedern an Kraftfahrzeugen. Ein Sonderfall ist die Stirnverzahnung (Hirthverzahnung) als Plan-Kerbverzahnung. Hersteller: A. Hirth AG, Stuttgart-Zuffenhausen. Das *Vielnutprofil* ist als „Keilwellenprofil" genormt. Die Bezeichnung „Keilwellenprofil" ist irreführend, weil die Wirkungsweise der Paßfederverbindung (Formschluß) entspricht, nicht aber der Keilverbindung. Die Verbindung ist leicht lösbar und verschiebbar. Verwendung zum Beispiel bei Verschieberädergetrieben, bei Kraftfahrzeugkupplungen und Antriebswellen von Fahrzeugen.

5.3. Zylindrische Preßverbände

Normen (Auswahl)

DIN 7190   Berechnung und Anwendung von Preßverbänden
DIN 4768   Ermittlung der Rauhheitsmeßgrößen R_a, R_z, R_{max}

5.3.1. Begriffe an Preßverbänden

Preßverband	ist eine kraftschlüssige (reibschlüssige) Nabenverbindung ohne zusätzliche Bauteile wie Paßfedern und Keile. Außenteil (Nabe) und Innenteil (Welle) erhalten eine *Preß*passung, sie haben also vor dem Einfügen immer ein Übermaß $P_ü$. Nach dem Fügen stehen sie unter einer Normalspannung σ mit der Fugenpressung p_F in der Fuge.	**1**
Preßpassung	ist eine Passung, bei der stets ein Übermaß $P_ü$ vorhanden ist. Das Höchstmaß der Bohrung G_o ist also stets kleiner als das Mindestmaß der Welle G_u $(G_o < G_u)$. Zur Preßpassung zählt auch der Fall $P_ü = 0$.	**2**
Herstellen von Preßverbänden (Fügeart)	durch Einpressen (Längseinpressen des Innenteils): Längspreßverband durch Erwärmen des Außenteils (Schrumpfen des Außenteils) ⎫ durch Unterkühlen des Innenteils (Dehnen des Innenteils) ⎬ Querpreßverbände durch hydraulisches Fügen und Lösen (Dehnen des Außenteils) ⎭	**3**
Durchmesserbezeichungen und Fugenlänge l_F	d_F Fugendurchmesser (ungefähr gleich dem Nenndurchmesser der Passung) d_{Ii} Innendurchmesser des Innenteils I (Welle) d_{Ia} Außendurchmesser des Innenteils I, $d_{Ia} \approx d_F$ d_{Ai} Innendurchmesser des Außenteils A (Nabe), $d_{Ai} \approx d_F$ d_{Aa} Außendurchmesser des Außenteils A l_F Fugenlänge $(l_F < 1,5\,d_F)$	**4**
Durchmesserverhältnis Q	$$Q_A = \frac{d_F}{d_{Aa}} < 1 \qquad Q_I = \frac{d_{Ii}}{d_F} < 1$$	**5**
Übermaß $P_ü$	ist die Differenz des Außendurchmessers des Innenteils I und des Innendurchmessers des Außenteils A: $$P_ü = d_{Ia} - d_{Ai}$$	**6**
Glättung G	ist der Übermaßverlust $\Delta P_ü = G$, der beim Fügen durch Glätten der Fügeflächen auftritt: $$G \approx 0,8\,(R_{zAi} + R_{zIa}) \qquad R_z \text{ gemittelte Rauhtiefe nach DIN 4768 Teil 1}$$	**7**

Nabenverbindungen

8	wirksames Übermaß Z (Haftmaß)	ist das um $G = \Delta P_{\text{ü}}$ verringerte Übermaß, also das Übermaß nach dem Fügen: $Z = P_{\text{ü}} - G$
9	Fugenpressung p_F	ist die nach dem Fügen in der Fuge auftretende Flächenpressung.
10	Fasenlänge l_e und Fasenwinkel φ	$l_e = \sqrt[3]{d_F}$

5.3.2. Berechnen von Preßverbänden

1

erforderliche Fugenpressung p_F (Pressungsgleichung) und zulässige Flächenpressung p_{zul}

$$p_F \geqslant \frac{2M}{\pi d_F^2 l_F \mu} \leqslant p_{zul}$$

p	M	d_F, l_F	μ	P	n
$\dfrac{\text{N}}{\text{mm}^2}$	Nmm	mm	1	kW	min^{-1}

Anhaltswerte für p_{zul}:

Belastung	Stahl	Grauguß
ruhend und schwellend	$p_{zul} = \dfrac{R_e}{1,5}$	$p_{zul} = \dfrac{R_m}{3}$
wechselnd und stoßartig	$p_{zul} = \dfrac{R_e}{2,5}$	$p_{zul} = \dfrac{R_m}{4}$

R_e (oder $R_{p0,2}$) sowie R_m aus den Dauerfestigkeitsschaubildern in Abschnitt 12.

M Wellendrehmoment; $M = 9,55 \cdot 10^6 \, P/n$
d_F Fugendurchmesser
l_F Fugenlänge
μ Haftbeiwert
p_{zul} zulässige Flächenpressung

2

Haftbeiwert μ und Rutschbeiwert μ_e (Mittelwerte)

Der Rutschbeiwert μ_e wird zur Berechnung der Einpreßkraft F_e gebraucht (Nr. 10).

Längspreßverband

Werkstoffe Welle/Nabe	Haftbeiwert μ (Rutschbeiwert μ_e)	
	trocken	geschmiert
St/St St/GS	0,1 (0,1)	0,08 (0,06)
St/GG	0,12 (0,1)	0,06
St/G-AlSi12	0,07 (0,03)	0,05

Querpreßverband

Werkstoffe, Fügeart, Schmierung	Haftbeiwert μ
St/St, hydraulisches Fügen, Mineralöl	0,12
St/St, hydraulisches Fügen, entfettete Fügeflächen, Glyzerin aufgetragen	0,18
St/St, Schrumpfen des Außenteils	0,14
St/GG, hydraulisches Fügen, Mineralöl	0,1
St/GG, hydraulisches Fügen, entfettete Fügeflächen	0,16

Herleitung der Pressungsgleichung	Normalkraft $F_N = p_F A_F = p_F \pi d_F l_F$ Fugenfläche $A_F = \pi d_F l_F$ Haftkraft $F_H = F_N \mu = p_F \pi d_F l_F \mu$ Haftmoment $M_H = F_H \dfrac{d_F}{2} = \dfrac{\pi}{2} p_F d_F^2 l_F \mu \geqslant M$ $p_F \geqslant \dfrac{2M}{\pi d_F^2 l_F \mu}$	**3**

Formänderungs- Hauptgleichung	$Z = p_F d_F \left[\dfrac{1}{E_A} \left(\dfrac{1+Q_A^2}{1-Q_A^2} + \nu_A \right) + \dfrac{1}{E_I} \left(\dfrac{1+Q_I^2}{1-Q_I^2} - \nu_I \right) \right]$	**4**

Z, d_F	p_F, E_A, E_I	Q_A, Q_I, ν_A, ν_I
mm	$\dfrac{N}{mm^2}$	1

Z	wirksames Übermaß nach dem Fügen (auch Haftmaß genannt)
p_F	Fugenpressung (Flächenpressung in den Fügeflächen)
l_F	Fugenlänge
E_A, E_I	Elastizitätsmodul des Außenteils A (Nabe) und des Innenteils I (Welle)
ν_A, ν_I	Querdehnzahl des Außenteils A (Nabe) und des Innenteils I (Welle)
Q_A, Q_I	Durchmesserverhältnis: $Q_A = \dfrac{d_F}{d_{Aa}} < 1 \qquad Q_I = \dfrac{d_{Ii}}{d_F} < 1$

Die Gleichung wird z. B. in dem Buch „Festigkeitslehre" von *M. M. Filonenko-Boroditsch* entwickelt (Verlag Technik, Ausgabe 1952, Band 2).

Die Querdehnzahl ν ist das Verhältnis der Querdehnung ϵ_q eines zugbeanspruchten Stabes zur Längsdehnung ϵ ($\nu = \epsilon_q / \epsilon$) und hat somit die Einheit 1. Die Querdehnung ist stets kleiner als die Längsdehnung, folglich ist stets $\nu < 1$ (Beispiel: $\nu_{Stahl} \approx 0{,}3$). Nach DIN 1304 steht der griechische Buchstabe μ sowohl für die Querdehnzahl als auch für die Reibungszahl an erster Stelle. Zur Unterscheidung wird hier der Buchstabe ν für die Querdehnzahl verwendet. Er wird in DIN 1304 als zweites Formelzeichen vorgeschlagen.

Elastizitätsmodul E und Querdehnzahl ν (Mittelwerte)		**5**

Werkstoff	Elastizitätsmodul E $\dfrac{N}{mm^2}$	Querdehnzahl ν Einheit 1
Stahl	210 000	0,3
GG-20	105 000	0,25
GGG-50	150 000	0,28
Bronze, Rotguß	80 000	0,35
Al-Legierungen	70 000	0,33

Formänderungs- gleichung für Vollwelle ($Q_I = 0$)	$Z = p_F d_F \left[\dfrac{1}{E_A} \left(\dfrac{1+Q_A^2}{1-Q_A^2} + \nu_A \right) + \dfrac{1}{E_I} (1 - \nu_I) \right]$	**6**

Z, d_F	p_F, E_A, E_I	Q_A, ν_A, ν_I
mm	$\dfrac{N}{mm^2}$	1

Nabenverbindungen

| 7 | Formänderungs-gleichung für Vollwelle und gleichelastische Werkstoffe ($E_A = E_I = E$) | $$Z = \dfrac{2 p_F d_F}{E(1 - Q_A^2)}$$ | $\begin{array}{c c c} Z, d_F & p_F, E & Q_A \\ \hline mm & \dfrac{N}{mm^2} & 1 \end{array}$ |

| 8 | Übermaß $P_{ü}$ | |

$$P_{ü} \quad = \quad Z \quad + \quad G$$

| gemessenes Übermaß vor dem Fügen | = | wirksames Übermaß (Haftmaß) | + | Glättung (Übermaßverlust $\Delta P_{ü}$ beim Fügen der Teile) |

| 9 | Glättung G | |

$$G = 0{,}8\,(R_{z\,Ai} + R_{z\,Ia}) \qquad R_z \quad \text{gemittelte Rauhtiefe nach DIN 4768 Teil 1}$$

Beispiele für G (Mittelwerte):

polierte Oberfläche	$G = 0{,}002$ mm $= \;\;2\ \mu m$
feingeschliffene Oberfläche	$G = 0{,}005$ mm $= \;\;5\ \mu m$
feingedrehte Oberfläche	$G = 0{,}010$ mm $= 10\ \mu m$

| 10 | Einpreßkraft F_e | |

$$F_e = p_{Fg}\,\pi d_F\,l_F\,\mu_e$$

p_{Fg} größte vorhandene Fugenpressung
d_F Fugendurchmesser
l_F Fugenlänge
μ_e Rutschbeiwert nach Nr. 2

Herleitung:
$$F_R = F_N \mu_e; \quad F_N = p_{Fg} A_F$$
$$A_F = \pi d_F l_F$$
$$F_e = F_R = p_{Fg}\,\pi d_F\,l_F\,\mu_e$$

| 11 | Spannungsverteilung im Preßverband (Spannungsbild) | |

σ_{zmA} mittlere tangentiale Zugspannung im Außenteil
σ_{dmI} mittlere tangentiale Druckspannung im Innenteil
F_S Nabensprengkraft

| σ_{tA} | Tangentialspannung im Außenteil | σ_{rA} | Radialspannung im Außenteil |
| σ_{tI} | Tangentialspannung im Innenteil | σ_{rI} | Radialspannung im Inntenteil |

Für Überschlagsrechnungen kann man sich die Tangentialspannungen σ_{tA} und σ_{tI} gleichmäßig verteilt vorstellen (σ_{zmA} und σ_{dmI}).

<table>
<tr><td rowspan="2">Spannungs-
gleichungen
(siehe Spannungsbild
und Beispiel 1, Nr. 8)</td><td colspan="2">Tangentialspannung σ_t</td><td colspan="2">Radialspannung σ_r</td></tr>
<tr><td>Außenteil</td><td>Innenteil</td><td>Außenteil</td><td>Innenteil</td></tr>
<tr><td></td><td>$\sigma_{tAi} = p_F \dfrac{1 + Q_A^2}{1 - Q_A^2}$</td><td>$\sigma_{tIi} = p_F \dfrac{2}{1 - Q_I^2}$</td><td>$\sigma_{rAi} = p_F$</td><td>$\sigma_{rIi} = 0$</td></tr>
<tr><td></td><td>$\sigma_{tAa} = p_F \dfrac{2 Q_A^2}{1 - Q_A^2}$</td><td>$\sigma_{tIa} = p_F \dfrac{1 + Q_I^2}{1 - Q_I^2}$</td><td>$\sigma_{rAa} = 0$</td><td>$\sigma_{rIa} = p_F$</td></tr>
</table>

$\boxed{12}$

---

mittlere tangentiale
Zugspannung σ_{zmA}
im Außenteil
(siehe Spannungsbild)

$$\sigma_{zmA} = \frac{F_S}{A_{Nabe}} = \frac{p_F\, d_F\, l_F}{(d_{Aa} - d_{Ai})\, l_F}$$

$$\sigma_{zmA} = \frac{p_F\, d_F}{d_{Aa} - d_{Ai}} \approx \frac{p_F\, d_F}{d_{Aa} - d_F}$$

$$\begin{array}{c|c} \sigma_{zmA},\, p_F & d_F,\, d_{Aa} \\ \hline \dfrac{N}{mm^2} & mm \end{array}$$

$\boxed{13}$

Nabensprengkraft F_S

$$F_S = p_F\, d_F\, l_F$$

$\boxed{14}$

---

mittlere tangentiale
Druckspannung σ_{dmI}
im Innenteil
(siehe Spannungsbild)

$$\sigma_{dmI} = \frac{F_S}{A_{Welle}} = \frac{p_F\, d_F\, l_F}{(d_F - d_{Ii})\, l_F}$$

$$\sigma_{dmI} = \frac{p_F\, d_F}{d_F - d_{Ii}}$$

Für die *Voll*welle gilt mit $d_{Ii} = 0$:

$$\sigma_{dmI} = \frac{p_F\, d_F}{d_F - 0} = p_F$$

$\boxed{15}$

Fügetemperatur-
differenz Δt in °C
für Schrumpfen

$$\Delta t = \frac{P_ü + P_s}{\alpha\, d_F}$$

$$P_ü \geqslant \frac{d_F}{1000}$$

$P_ü$ Größtübermaß in mm
P_s erforderliches Fügespiel in mm
α Längenausdehnungskoeffizient des Werkstoffes:

$$\alpha_{Stahl} = 11 \cdot 10^{-6}\, \frac{1}{°C}$$

$$\alpha_{GG} = 9 \cdot 10^{-6}\, \frac{1}{°C}$$

Herleitung der Gleichung:
Mit dem Längenausdehnungskoeffizienten α in $m/(m \cdot °C) = 1/°C$ beträgt
die Verlängerung Δl eines Metallstabes der Ursprungslänge l_0 bei seiner
Erwärmung um die Temperaturdifferenz Δt:

$$\Delta l = \alpha \Delta t\, l_0.$$

Für das Außenteil (Nabe) eines Preßverbandes ist $\Delta l = P_ü + P_s$ und
$l_0 = d_F$. Damit wird analog zu $\Delta l = \alpha \Delta t\, l_0$:

$$P_ü + P_s = \alpha \Delta t\, d_F$$

und daraus die obige Gleichung für Δt.

$\boxed{16}$

Nabenverbindungen

| 17 | Arbeitsdiagramm für Preßverbände mit Vollwelle aus Stahl (Darstellung der Gleichungen in Nr. 6 und Nr. 7) |

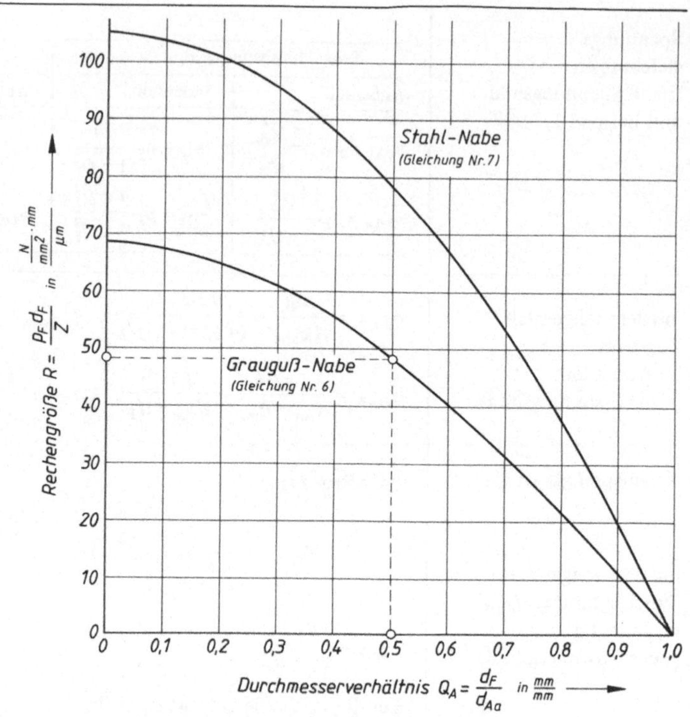

Das Arbeitsdiagramm zeigt den Graphen der Formänderungsgleichungen Nr. 6 und Nr. 7 in der Form $p_F \, d_F / Z = f(Q_A)$. Das Schaubild gilt also ebenso wie Gleichung 6 für den häufigsten Fall eines Preßverbandes mit Vollwelle. Die obere Kurve für die Stahlnabe wurde mit $E_A = 210\,000\ \text{N/mm}^2$ und $\nu_A = 0{,}3$ gezeichnet, die untere für die Graugußnabe mit $E_A = 105\,000\ \text{N/mm}^2$ (etwa GG-20) und $\nu_A = 0{,}25$.

Für andere Wellen- und Nabenwerkstoffe können solche Arbeitsdiagramme leicht konstruiert werden, auch für den allgemeinsten Fall nach Gleichung Nr. 4.

Ablesebeispiel:

Für einen zylindrischen Preßverband sind die folgenden Daten gegeben:

Fugendurchmesser	d_F	$=$	$80\ \text{mm}$
Nabendurchmesser	d_{Aa}	$=$	$160\ \text{mm}$
Werkstoff der Welle	St 50		
Werkstoff der Nabe	GG-20		

Man berechnet das Durchmesserverhältnis Q_A:

$$Q_A = \frac{d_F}{d_{Aa}} = \frac{80\ \text{mm}}{160\ \text{mm}} = 0{,}5$$

Aus dem Arbeitsdiagramm kann nun mit $Q_A = 0{,}5$ über die Kurve für die GG-Nabe die Rechengröße R abgelesen werden:

$$R = 48{,}5\ \frac{\frac{\text{N}}{\text{mm}^2} \cdot \text{mm}}{\mu\text{m}}$$

Festlegen der Preßpassung

Bei Einzelfertigung kann man die Nabenbohrung ausführen und nach deren Istmaß die Welle für das errechnete Übermaß $P_{ü}$ fertigen. Bei Serienfertigung müssen größere Toleranzen zugelassen werden. Man muß also eine Preßpassung festlegen. Eine Auswahl der ISO-Toleranzlagen und -Qualitäten zeigt Tafel 1.8 für das im Maschinenbau übliche System der Einheitsbohrung.

Da sich kleinere Toleranzen bei Wellen leichter einhalten lassen als bei Bohrungen, wählt man zweckmäßig:

> Bohrung H7 mit Wellen der Qualität 6
> Bohrung H8 mit Wellen der Qualität 7 usw.

Hat man sich für ein Toleranzfeld für die Bohrung entschieden, zum Beispiel Bohrung H7, dann findet man das Toleranzfeld für die Welle folgendermaßen:

Man setzt das erreichte Übermaß gleich dem Kleinstübermaß P_u und addiert die Toleranz der Bohrung T_B. Damit hat man das vorläufige untere Abmaß A_{uA} der Welle:

$$A_{uA} = P_u + T_B \qquad\qquad P_u = P_{ü}$$

Mit diesem Wert geht man in der Tafel 1.8 in die Zeile für den vorliegenden Nennmaßbereich und wählt dort für die vorher festgelegte Qualität ein Toleranzfeld für die Welle, bei dem das angegebene untere Abmaß dem errechneten am nächsten kommt (siehe Beispiele).

Beispiel:

Nennmaßbereich	35 mm
Toleranzfeld für die Bohrung	H7
Qualität für die Welle	6
Toleranz der Bohrung	$T_B = 25\ \mu m$
errechnetes Übermaß	$P_{ü} = 60\ \mu m = P_u$

unteres Abmaß der Welle: $A_{uA} = P_u + T_B = 60\ \mu m + 25\ \mu m = 85\ \mu m$

Toleranzfeld der Welle: x6 mit $A_{uA} = 80\ \mu m$ und $A_{oA} = 96\ \mu m$

Damit können die Höchstpassung P_o und die Mindestpassung P_u berechnet werden:

$$P_o = A_{oI} - A_{uA} = 25\ \mu m - 80\ \mu m = -55\ \mu m$$

$$P_u = A_{uI} - A_{oA} = 0 - 96\ \mu m = -96\ \mu m$$

Nabenverbindungen

5.4. Keglige Preßverbände (Kegelsitzverbindungen)

Normen (Auswahl)

DIN 254	Kegel
DIN 1448, 1449	Kegelige Wellenenden
DIN 7178	Kegeltoleranz- und Kegelpaßsystem
ISO 3040	Eintragung von Maßen und Toleranzen für Kegel

---

1 | Begriffe am Kegel

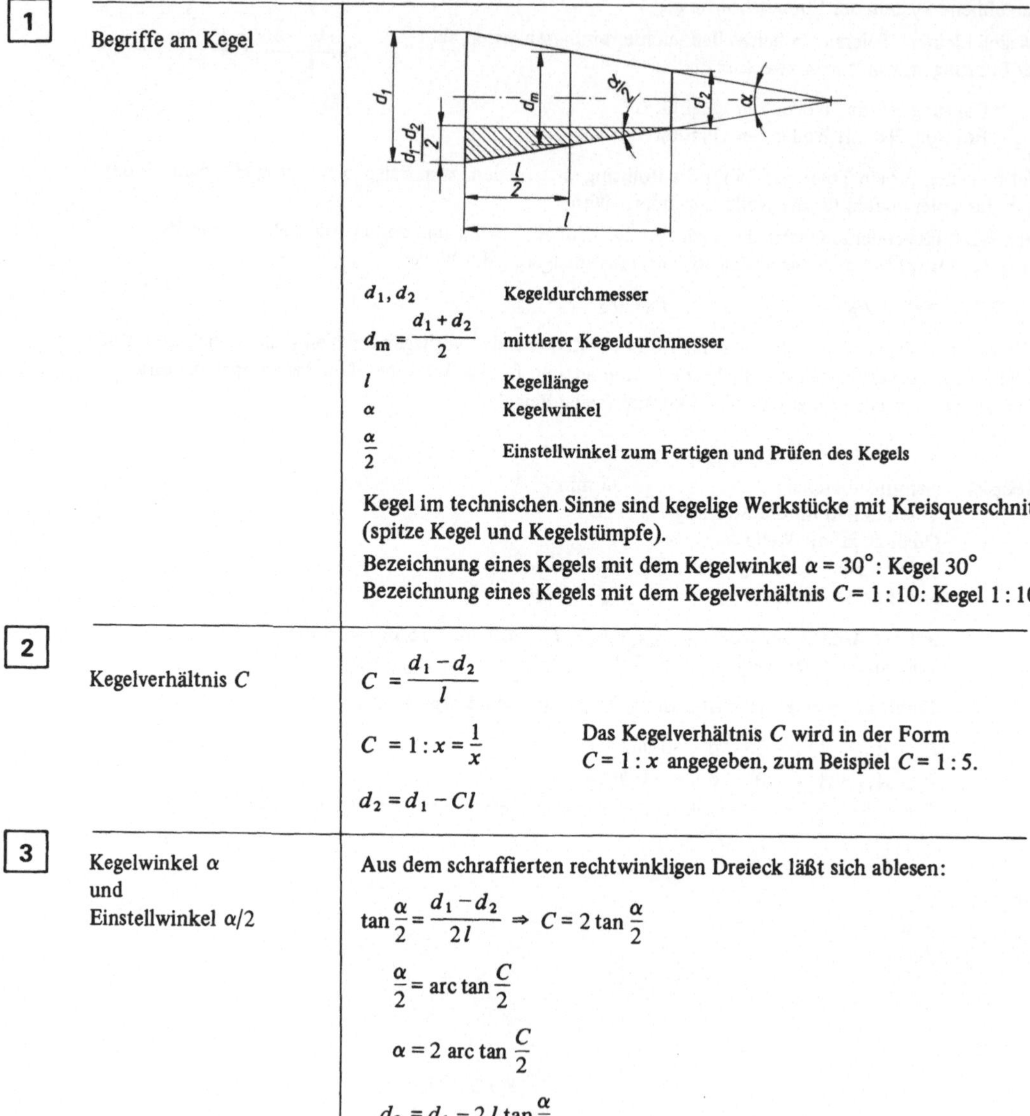

d_1, d_2 — Kegeldurchmesser

$d_m = \dfrac{d_1 + d_2}{2}$ — mittlerer Kegeldurchmesser

l — Kegellänge

α — Kegelwinkel

$\dfrac{\alpha}{2}$ — Einstellwinkel zum Fertigen und Prüfen des Kegels

Kegel im technischen Sinne sind kegelige Werkstücke mit Kreisquerschnitt (spitze Kegel und Kegelstümpfe).

Bezeichnung eines Kegels mit dem Kegelwinkel $\alpha = 30°$: Kegel 30°
Bezeichnung eines Kegels mit dem Kegelverhältnis $C = 1:10$: Kegel $1:10$

---

2 | Kegelverhältnis C

$$C = \frac{d_1 - d_2}{l}$$

$$C = 1 : x = \frac{1}{x}$$

Das Kegelverhältnis C wird in der Form $C = 1 : x$ angegeben, zum Beispiel $C = 1 : 5$.

$$d_2 = d_1 - Cl$$

---

3 | Kegelwinkel α und Einstellwinkel $\alpha/2$

Aus dem schraffierten rechtwinkligen Dreieck läßt sich ablesen:

$$\tan\frac{\alpha}{2} = \frac{d_1 - d_2}{2l} \;\Rightarrow\; C = 2\tan\frac{\alpha}{2}$$

$$\frac{\alpha}{2} = \arctan\frac{C}{2}$$

$$\alpha = 2\arctan\frac{C}{2}$$

$$d_2 = d_1 - 2\,l\tan\frac{\alpha}{2}$$

4

Berechnungsbeispiel	*Gegeben:* Kegeldurchmesser $d_1 = 30$ mm

Gegeben: Kegeldurchmesser $d_1 = 30$ mm
           Kegel $1 : 10$
           Kegellänge $l = 25$ mm

Gesucht: Einstellwinkel $\alpha/2$ und Kegeldurchmesser d_2

Lösung: $\dfrac{\alpha}{2} = \arctan\dfrac{C}{2}; \quad C = 1:10 = \dfrac{1}{10}$

$$\frac{\alpha}{2} = \arctan\frac{1}{2\cdot 10} = 2,8624\ldots° = 2°51'45''$$

$$d_2 = d_1 - 2l\tan\frac{\alpha}{2} = d_1 - 2l\frac{C}{2} = 30\text{ mm} - 2\cdot 25\text{ mm}\cdot\frac{1}{2\cdot 10}$$

$$d_2 = 27,5\text{ mm}$$

oder einfacher:

$$d_2 = d_1 - Cl$$

$$d_2 = 30\text{ mm} - \frac{1}{10}\cdot 25\text{ mm}$$

$$d_2 = 27,5\text{ mm}$$

Probe: $\dfrac{\alpha}{2} = \arctan\dfrac{\alpha}{2} = \arctan\dfrac{d_1 - d_2}{2l} = \arctan\dfrac{30\text{ mm} - 27,5\text{ mm}}{2\cdot 25\text{ mm}}$

$$\frac{\alpha}{2} = 2,8624\ldots° = 2°51'45'' \text{ (wie oben)}$$

5

Vorzugswerte für Kegel

Kegelverhältnis $C = 1:x$	Kegelwinkel α	Einstellwinkel $\alpha/2$
1: 0,2886751	120°	60°
1: 0,5	90°	45°
1: 1,8660254	30°	15°
1: 3	$18°55'29'' \approx 18,925°$	$9°27'44''$
1: 5	$11°25'16'' \approx 11,421°$	$5°42'38''$
1: 10	$5°43'29'' \approx 5,725°$	$2°51'45''$
1: 20	$2°51'51'' \approx 2,864°$	$1°25'56''$
1: 50	$1°\ 8'45'' \approx 1,146°$	$34'23''$
1: 100	$34'22'' \approx 0,573°$	$17'11''$

Werkzeugkegel und die Aufnahmekegel an Werkzeugmaschinenspindeln, die sogenannten Morsekegel (DIN 228), heben ein Kegelverhältnis von ungefähr $1:20$.

6

erforderliche Einpreßkraft F_e

$$F_e = \frac{2M}{d_m\,\mu_e}\cdot\sin\left(\frac{\alpha}{2} + \rho_e\right)$$

$$M = 9,55\cdot 10^6\,\frac{P}{n}$$

F_e	M	d_m, l_F	μ_e	P	n	p
N	Nmm	mm	1	kW	min^{-1}	$\dfrac{N}{mm^2}$

M	Drehmoment
P	Wellenleistung
n	Drehzahl
$\alpha/2$	Einstellwinkel
ρ_e	Reibwinkel aus $\tan\rho_e = \mu_e$ $\rho_e = \arctan\mu_e$
μ_e	Rutschbeiwert aus 5.3.2
d_m	mittlerer Kegeldurchmesser
l_F	Fugenlänge
p_{zul}	nach 5.3.2

7

vorhandene Fugenpressung p_F

$$p_F = \frac{2M\cos(\alpha/2)}{\pi\mu_e d_m^2\,l_F} \leq p_{zul}$$

8

Einpreßkraft F_e für eine bestimmte Fugenpressung p_F

$$F_e = \pi p_F d_m l_F\cdot\sin\left(\frac{\alpha}{2} + \rho_e\right)$$

Herleitung der
Gleichungen
Nr. 6 und Nr. 7

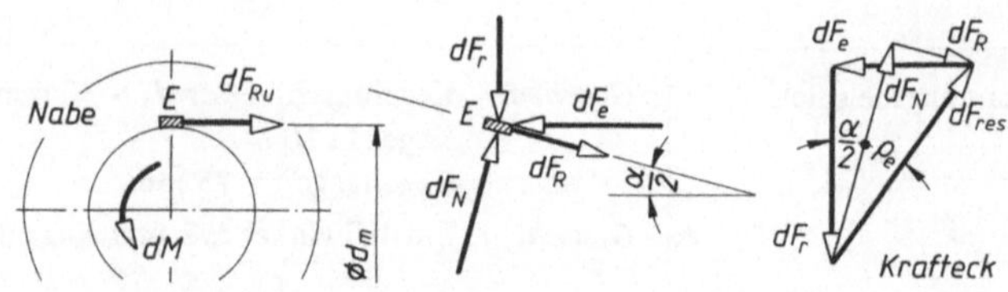

Das Nabenelement E wird beim Einpressen der Nabe belastet durch die Elementarkräfte

dF_e Elementar-Einpreßkraft
dF_N Elementar-Normalkraft
dF_R Elementar-Reibkraft $= dF_N \mu_e$
dF_r Elementar-Radialkraft
dF_{res} Elementar-Resultierende aus dF_N und dF_R

Aus den rechtwinkligen Dreiecken im Krafteck können die Beziehungen abgelesen werden:

$$\text{(I)} \quad \sin\left(\frac{\alpha}{2} + \rho_e\right) = \frac{dF_e}{dF_{res}} \Rightarrow dF_e = dF_{res} \cdot \sin\left(\frac{\alpha}{2} + \rho_e\right)$$

$$\text{(II)} \quad \cos\rho_e = \frac{dF_N}{dF_{res}} \Rightarrow dF_{res} = \frac{dF_N}{\cos\rho_e} \qquad dF_e = dF_N \cdot \frac{\sin\left(\frac{\alpha}{2} + \rho_e\right)}{\cos\rho_e}$$

$$\text{(III)} \quad F_e = \Sigma\, dF_e = \Sigma\, dF_N \cdot \frac{\sin\left(\frac{\alpha}{2} + \rho_e\right)}{\cos\rho_e} = F_N \cdot \frac{\sin\left(\frac{\alpha}{2} + \rho_e\right)}{\cos\rho_e}$$

Für den Betriebsfall würde an Stelle des Rutschbeiwertes μ_e der Haftbeiwert μ wirksam (siehe 5.3.2). Sicherheitshalber wird aber auch hier mit dem Rutschbeiwert μ_e gerechnet, also mit $dF_R = dF_N \mu_e$.

$$dM = dF_R\, \frac{d_m}{2} = dF_N \mu_e\, \frac{d_m}{2}$$

$$M = \Sigma\, dM = \Sigma\, F_N \mu_e\, \frac{d_m}{2} \Rightarrow F_N = \frac{2M}{\mu_e\, d_m} \quad \text{wird in (III) eingesetzt:}$$

$$F_e = \frac{2M}{\mu_e\, d_m} \cdot \frac{\sin\left(\frac{\alpha}{2} + \rho_e\right)}{\cos\rho_e}$$

Für übliche Reibwinkel ρ_e wird $\cos\rho_e \approx 1$, so daß vereinfacht werden kann

$$F_e = \frac{2M}{\mu_e\, d_m} \cdot \sin\left(\frac{\alpha}{2} + \rho_e\right)$$

Mit der Fugenpressung p_F und dem Fugenflächenteilchen dA_F wird die Elementar-Normalkraft $dF_N = p_F\, dA_F$ und damit $F_N = p_F\, A_F$. Die Fugenfläche A_F kann nach der Guldinschen Regel ausgedrückt werden

durch $A_F = 2\pi\, \frac{d_m}{2} \cdot \frac{l_F}{\cos(\alpha/2)} = \pi d_m l_F / \cos(\alpha/2)$. Bringt man außerdem von oben $F_N = 2M/\mu_e\, d_m$ ein, dann ergibt sich:

$$\frac{2M}{\mu_e\, d_m} = \frac{p_F \pi d_m l_F}{\cos\alpha/2} \quad \text{und daraus die Gleichung}$$

$$p_F = \frac{2M \cos(\alpha/2)}{\pi \mu_e d_m^2 l_F}$$

Beachte: Für den Fall $\cos(\alpha/2) = 0$ liegt der zylindrische Preßverband vor. Dann ergibt sich mit $\cos 0° = 1$ und $d_m = d_F$ die Gleichung in 5.3.2.

5.5. Maße für keglige Wellenenden mit Außengewinde

Bezeichnung eines langen kegligen Wellenendes
mit Paßfeder und Durchmesser $d_1 = 40$ mm:

Wellenende 40 × 82 DIN 1448

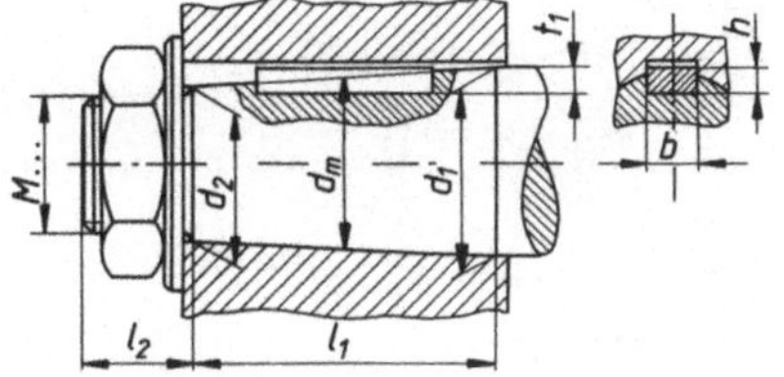

Maße in mm

Durchmesser d_1	6	7	8	9	10	11	12	14	16	19	20	22	24	25	28
Kegellänge l_1 lang	10		12		15		18		28		36		42		
Kegellänge l_1 kurz	–		–		–		–		16		22		24		
Gewindelänge l_2	6		8		8		12				14		18		
Gewinde	M4		M6				M8×1		M10×1,25		M12×1,25		M16×1,5		
Paßfeder[1] $b \times h$							2×2		3×3		4×4		5×5		
Nuttiefe t_1 lang	–						1,6	1,7	2,3	2,5	3,2	3,4	3,9	4,1	
Nuttiefe t_1 kurz	–						–	–	–	2,2	2,9	3,1	3,6	3,6	

Durchmesser d_1	30	32	35	38	40	42	45	48	50	55	60	65	70	75	80
Kegellänge l_1 lang	58				82						105				130
Kegellänge l_1 kurz	36				54						70				90
Gewindelänge l_2	22				28						35				40
Gewinde	M20×1,5		M24×2		M30×2			M36×3			M42×3		M48×3		M56×4
Paßfeder $b \times h$	5×5	6×6			10×8			12×8			14×9	16×10	18×11		20×12
Nuttiefe t_1 lang	4,5	5						7,1			7,6	8,6	9,6		10,8
Nuttiefe t_1 kurz	3,9	4,4						6,4			6,9	7,8	8,8		9,8

[1]) Paßfeder nach 5.12.1

5.6. Richtwerte für Nabenabmessungen

Verbindungsart	Nabendurchmesser d_{Aa} Naben aus		Nabenlänge l	
	GG	St oder GS	GG	St oder GS
zylindrische und keglige Preßverbände und Spannverbindungen	2,2 … 2,6 d	2 … 2,5 d	1,2 … 1,5 d	0,8 … 1 d
Klemmsitz- und Keilsitzverbindungen	2 … 2,2 d	1,8 … 2 d	1,6 … 2 d	1,2 … 1,5 d
Keilwelle, Kerbverzahnung	1,8 … 2 d_1	1,6 … 1,8 d_1	0,8 … 1 d_1	0,6 … 0,8 d_1
Paßfederverbindungen	1,8 … 2 d	1,6 … 1,8 d	1,8 … 2 d	1,6 … 1,8 d
längsbewegliche Naben	1,8 … 2 d	1,6 … 1,8 d	2 … 2,2 d	1,8 … 2 d
lose sitzende (sich drehende) Naben	1,8 … 2 d	1,6 … 1,8 d	2 … 2,2 d	

Die Werte für Keilwelle und Kerbverzahnung sind Mindestwerte (d_1 „Kerndurchmesser"). Bei größeren Scheiben oder Rädern mit seitlichen Kippkräften ist die Nabenlänge noch zu vergrößern.

Allgemein gelten die größeren Werte bei Werkstoffen geringerer Festigkeit, die kleineren Werte bei Werkstoffen höherer Festigkeit.

Nabenverbindungen

5.7. Klemmsitzverbindungen

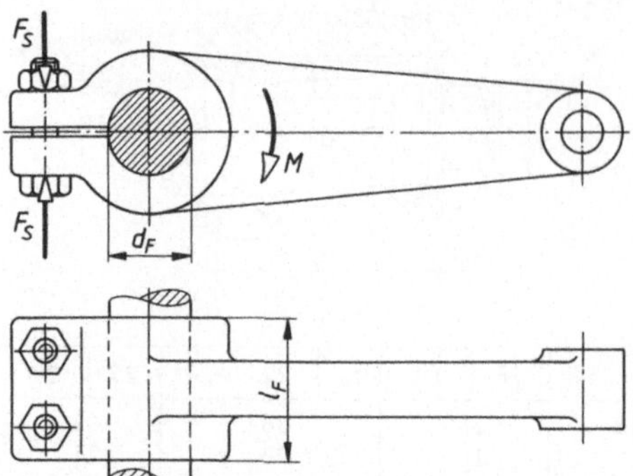

Klemmsitzverbindungen werden mit geteilter oder mit geschlitzer Nabe hergestellt.

Mit Schrauben, Schrumpfringen oder Kegelringen werden die beiden Nabenhälften so auf die Welle gepreßt, daß ohne Rutschen ein gegebenes Drehmoment M übertragen werden kann. Die dazu erforderliche Verspannkraft wird hier *Sprengkraft* F_S genannt. Die in der Fugenfläche entstehende Flächenpressung heißt *Fugenpressung* p_F. Der errechnete Betrag ist mit der zulässigen Flächenpressung für den Werkstoff mit der geringeren Festigkeit zu vergleichen.

Die beiden folgenden Gleichungen gelten unter der Annahme, daß die Spannungsverteilung bei der Klemmsitzverbindung die gleiche ist wie beim zylindrischen Preßverband. Insbesondere wird von einer gleichmäßigen Verteilung der Fugenpressung in der Fugenfläche ausgegangen. Die Berechnungsgleichungen ergeben sich dann aus der Herleitung in 5.3.2, Nr. 3 in Verbindung mit der Gleichung in Nr. 14.

Vor allem bei der geschlitzten Nabe ist eine gleichmäßige Verteilung der Fugenpressung kaum zu erzielen. Die zulässige Flächenpressung p_{zul} sollte daher kleiner angesetzt werden als beim zylindrischen Preßverband.

Sicherheitshalber ist in der Gleichung für die Sprengkraft F_S der Rutschbeiwert μ_e (siehe 5.3.2) zu verwenden, der kleiner ist als der Haftbeiwert μ, der in den Gleichungen für den zylindrischen Preßverband verwendet wird.

1	Sprengkraft F_S (gesamte Verspannkraft)	$F_S = \dfrac{2M}{\pi \mu_e d_F}$ $M = 9{,}55 \cdot 10^6 \dfrac{P}{n}$							
			F_S	p_F, p_{zul}	M	d_F, l_F	μ_e	P	n
2	vorhandene Fugenpressung p_F	$p_F = \dfrac{F_S}{d_F\, l_F} \leqslant p_{zul}$ $p_F = \dfrac{2M}{\pi \mu_e d_F^2\, l_F} \leqslant p_{zul}$	N	$\dfrac{\text{N}}{\text{mm}^2}$	Nmm	mm	1	kW	min^{-1}
3	zulässige Flächenpressung p_{zul}	für St-Nabe: $\quad p_{zul} = \dfrac{R_e}{3}$ oder $\dfrac{R_{p0,2}}{3}$ für GG-Nabe: $\quad p_{zul} = \dfrac{R_m}{5}$							

5.8. Keilsitzverbindungen

Keilsitzverbindungen werden in der Praxis nicht berechnet, weil die Eintreibkraft, von der die Zuverlässigkeit des Reibschlusses abhängt, rechnerisch kaum erfaßt werden kann.

Für bestimmte Wellen- und Nabenabmessungen sind die Abmessungen der Keile den Normen zu entnehmen, die in der folgenden Darstellung angegeben sind. Die Paßfeder ist hier zur Vervollständigung noch einmal aufgenommen worden:

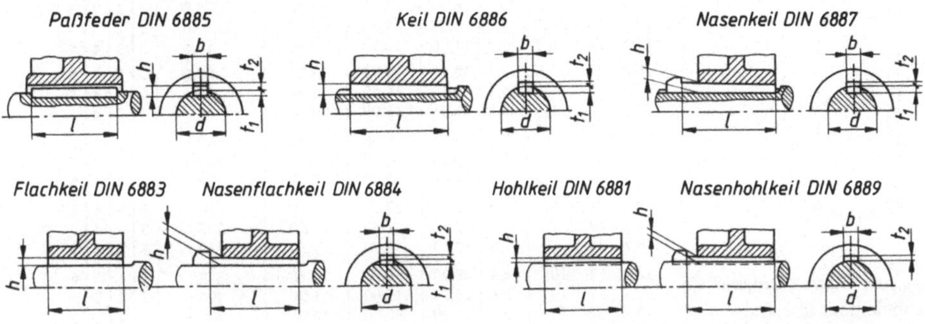

5.9. Ringfederspannverbindungen

Ringfederspannverbindungen werden in der Praxis nicht berechnet. Die Hersteller liefern Tabellen für die Abmessungen und die übertragbaren Drehmomente, die aus Versuchsergebnissen zusammengestellt worden sind.

Man verwendet *Ringfeder-Spannelemente* und *-Spannsätze*. Die Kraftumsetzung von Axial- in Radialspannkräfte an den keglig aufeinandergeschobenen Ringen erfolgt wie bei Keilen. Die Neigungswinkel der kegligen Flächen sind so groß, daß keine Selbsthemmung auftritt. Wird die Verbindung gelöst, läßt sich die Spannverbindung leicht ausbauen.

5.9.1. Aufbau und Einbaubeispiel für Ringfederspannverbindungen

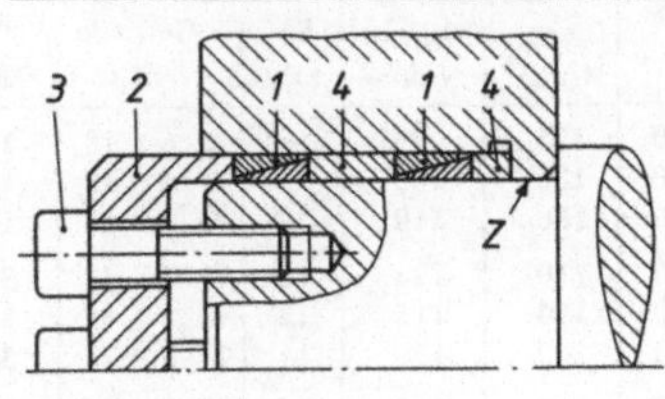

Ringfeder-Spannelemente bestehen aus den Spannelementen 1, das sind keglige Stahlringe, dem Druckring 2, den Spannschrauben 3 und den Distanzhülsen 4. Welle und Nabe brauchen eine zusätzliche Zentrierung Z. Zum Aufeinanderschieben der kegligen Spannelemente (Ringpaare) ist ein ausreichender Spannweg s vorzusehen. Er wird in den Tabellen der Herstellerfirmen angegeben.

Wegen der exponential abfallenden Wirkung können nur bis zu 4 Spannelemente hintereinandergeschaltet werden.

1

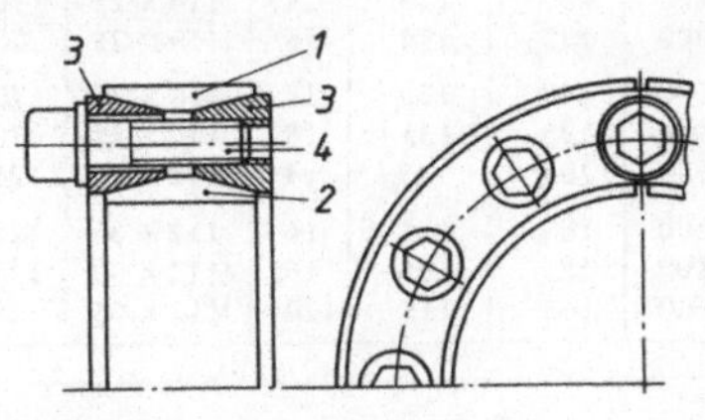

Spannsätze bestehen aus dem Außenring 1, dem Innenring 2, den beiden Druckringen 3 und den gleichmäßig am Umfang verteilten Spannschrauben 4, mit denen die Druckringe 3 axial verspannt werden. Dadurch wird der Innenring elastisch zusammengepreßt (Wellensitz), der Außenring gedehnt (Nabensitz). Auch für Spannsätze ist eine zusätzliche Zentrierung von Welle und Nabe erforderlich.

2

Nabenverbindungen

5.9.2. Ringfederspannverbindungen, Maße, Kräfte und Drehmomente
(nach Ringfeder GmbH, Krefeld-Uerdingen)

1 Spannelement

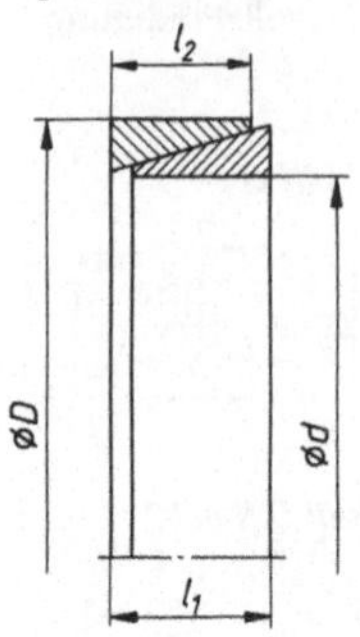

$M_{(100)}$ ist das von *einem* Spannelement übertragbare Drehmoment bei $p = 100 \text{ N/mm}^2$ Flächenpressung. Entsprechendes gilt für $F_{(100)}$ und $F_{ax(100)}$.

Ermittlung der Anzahl hintereinandergeschalteter Elemente in 5.9.3.

Maße $d \times D$ mm	l_1 mm	l_2 mm	F_0 kN	$F_{(100)}$ kN	$F_{ax(100)}$ kN	Drehmoment $M_{(100)}$ Nm	s 1	s 2	s 3	s 4
10 × 13	4,5	3,7	6,95	6,30	1,40	7,0	2	2	3	3
12 × 15	4,5	3,7	6,95	7,50	1,67	10,0	2	2	3	3
14 × 18	6,3	5,3	11,20	12,60	2,80	19,6	3	3	4	5
16 × 20	6,3	5,3	10,10	14,40	3,19	25,5	3	3	4	5
18 × 22	6,3	5,3	9,10	16,20	3,60	32,4	3	3	4	5
20 × 25	6,3	5,3	12,05	18,00	4,00	40	3	3	4	5
22 × 26	6,3	5,3	9,05	19,80	4,40	48	3	3	4	5
25 × 30	6,3	5,3	9,90	22,50	5,00	62	3	3	4	5
28 × 32	6,3	5,3	7,40	25,20	5,60	78	3	3	4	5
30 × 35	6,3	5,3	8,50	27,00	6,00	90	3	3	4	5
35 × 40	7	6	10,10	35,60	7,90	138	3	3	4	5
40 × 45	8	6,6	13,80	45,00	9,95	199	3	4	5	6
45 × 52	10	8,6	28,20	66,00	14,60	328	3	4	5	6
50 × 57	10	8,6	23,50	73,00	16,20	405	3	4	5	6
55 × 62	10	8,6	21,80	80,00	17,80	490	3	4	5	6
60 × 68	12	10,4	27,40	106,00	23,50	705	3	4	5	7
63 × 71	12	10,4	26,30	111,00	24,80	780	3	4	5	7
65 × 73	12	10,4	25,40	115,00	25,60	830	3	4	5	7
70 × 79	14	12,2	31,00	145,00	32,00	1120	3	5	6	7
75 × 84	14	12,2	34,60	155,00	34,40	1290	3	5	6	7
80 × 91	17	15	48,00	203,00	45,00	1810	4	5	6	8
85 × 96	17	15	45,60	216,00	48,00	2040	4	5	6	8
90 × 101	17	15	43,40	229,00	51,00	2290	4	5	6	8
95 × 106	17	15	41,20	242,00	54,00	2550	4	5	6	8
100 × 114	21	18,7	60,70	317,00	70,00	3520	4	6	7	9

2 Spannsätze

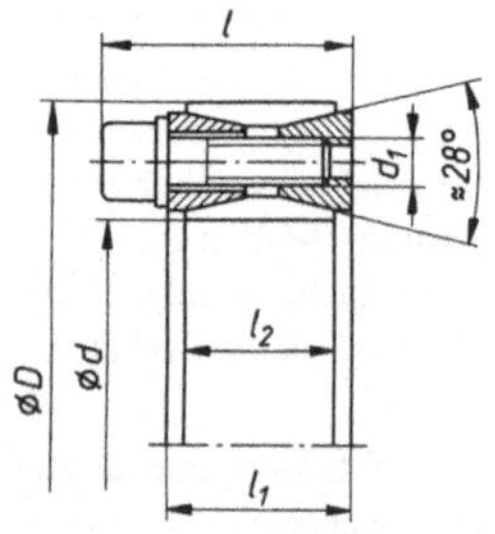

Bei zwei Spannsätzen verdoppeln sich die Beträge des übertragbaren Drehmomentes M und der übertragbaren Axialkraft F_{ax}

Maße $d \times D$ mm	l_1 mm	l_2 mm	l mm	Kraft F_{ax} kN	Drehmoment M Nm	p_{Welle} N/mm²	p_{Nabe} N/mm²	Schrauben DIN 912 Anzahl	Gewinde d_1	M_A Nm
30 × 55	20	17	27,5	33,4	500	175	95	10	M 6 × 18	14
35 × 60	20	17	27,5	40	700	180	105	12	M 6 × 18	14
40 × 65	20	17	27,5	46	920	180	110	14	M 6 × 18	14
45 × 75	24	20	33,5	72	1610	210	125	12	M 8 × 22	35
50 × 80	24	20	33,5	71	1770	190	115	12	M 8 × 22	35
55 × 85	24	20	33,5	83	2270	200	130	14	M 8 × 22	35
60 × 90	24	20	33,5	83	2470	180	120	14	M 8 × 22	35
65 × 95	24	20	33,5	93	3040	190	130	16	M 8 × 22	35
70 × 110	28	24	39,5	132	4600	210	130	14	M10 × 25	70
75 × 115	28	24	39,5	131	4900	195	125	14	M10 × 25	70
80 × 120	28	24	39,5	131	5200	180	120	14	M10 × 25	70
85 × 125	28	24	39,5	148	6300	195	130	16	M10 × 25	70
90 × 130	28	24	39,5	147	6600	180	125	16	M10 × 25	70
95 × 135	28	24	39,5	167	7900	195	135	18	M10 × 25	70
100 × 145	30	26	44	192	9600	195	135	14	M12 × 30	125
110 × 155	30	26	44	191	10500	180	125	14	M12 × 30	125
120 × 165	30	26	44	218	13100	185	135	16	M12 × 30	125
130 × 180	38	34	52	272	17600	165	115	20	M12 × 35	125

5.9.3. Ermittlung der Anzahl z der Spannelemente und der axialen Spannkraft F_a

Anzahl z für gegebenes Drehmoment M in Nm	$z = f_p \dfrac{M}{M_{(100)}}$ $M_{(100)}$ übertragbares Drehmoment M in Nm nach 5.9.2 für *ein* Spannelement und eine Flächenpressung von $p = 100\ \text{N/mm}^2$ f_p Pressungsfaktor nach Nr. 2	**1**
Pressungsfaktor f_p	$f_p = \dfrac{p_w}{p_{(100)}}$ $p_{(100)} = 100\ \dfrac{\text{N}}{\text{mm}^2}$ p_w Grenzwert der Flächenpressung für den Wellen- oder Nabenwerkstoff $p_w = 0,9\,R_e$ (oder $R_{p0,2}$) für St und GS $p_w = 0,6\,R_m$ für GG R_e Streckgrenze, $R_{p0,2}$ 0,2-Dehngrenze, R_m Bruchfestigkeit; alle Werte aus den Dauerfestigkeitsschaubildern (Abschnitt 12.).	**2**
Anzahl z für gegebene Axialkraft F_{ax} in kN	$z = f_p \dfrac{F_{ax}}{F_{ax\,(100)}}$ $F_{ax\,(100)}$ übertragbares Drehmoment M in Nm nach 5.9.2 für *ein* Spannelement und eine Flächenpressung von $p = 100\ \text{N/mm}^2$ f_p Pressungsfaktor nach Nr. 2	**3**
erforderliche axiale Gesamtspannkraft F_a in kN	$F_a = F_0 + F_{(100)}\, f_p$ F_0 axiale Spannkraft in kN nach 5.9.2 zur Überbrückung des Passungsspiels bei h6/H7 und einer gemittelten Rauhtiefe $R_z \approx 6\ \mu m$ $F_{(100)}$ axiale Spannkraft in kN nach 5.9.2 bei einer Flächenpressung $p = 100\ \text{N/mm}^2$ f_p Pressungsfaktor nach·Nr. 2	**4**

Nabenverbindungen

5.10. Längsstiftverbindung

1 Bauverhältnisse (Anhaltswerte)

$$\frac{d_S}{d} = 0,13 \dots 0,16$$

$$\frac{l}{d} = 1,0 \dots 1,5 \qquad l \text{ Nabenlänge}$$

2 Nabendicke s' in mm (M in Nm einsetzen)

$$s' = (3,2 \dots 3,9)\sqrt[3]{M} \qquad \text{für GG-Nabe}$$
$$s' = (2,4 \dots 3,2)\sqrt[3]{M} \qquad \text{für St- und GS-Nabe}$$

$$M = 9550\,\frac{P}{n}$$

M	P	n
Nm	kW	min^{-1}

3 übertragbares Drehmoment M

$$M \leqslant \frac{d_S\, d\, l_S}{4}\, p_{zul\,(Nabe)}$$

p_{zul} nach 5.11, Nr. 4

l_S Stiftlänge

M	d_S, d, l_S	p_{zul}
Nmm	mm	$\dfrac{N}{mm^2}$

5.11. Querstiftverbindung

1 Bauverhältnisse (Anhaltswerte)

$$\frac{d_S}{d} = 0,2 \dots 0,3$$

$$\frac{d_a}{d} = 2,5 \quad \text{für GG-Nabe}$$
$$\phantom{\frac{d_a}{d}} = 2,0 \quad \text{für St- und GS-Nabe}$$

2 übertragbares Drehmoment M

$$M \leqslant \frac{d\, d_S^2\, \pi}{4}\, \tau_{a\,zul}$$

$$M \leqslant d_S\, s\,(d + s)\, p_{zul\,(Nabe)}$$

$$M = 9,55 \cdot 10^6\, \frac{P}{n}$$

M	d, d_S, s	τ_{azul}, p_{zul}	P	n
Nmm	mm	$\dfrac{N}{mm^2}$	kW	min^{-1}

3 übertragbare Längskraft F_l

$$F_l \leqslant \frac{\pi\, d_S^2}{2}\, \tau_{azul}$$

4 zulässige Beanspruchungen

$$p_{zul(Nabe)} = (120 \dots 180)\,\frac{N}{mm^2} \quad \text{für St und GG}$$

$$\phantom{p_{zul(Nabe)}} = (90 \dots 120)\,\frac{N}{mm^2} \quad \text{für GG}$$

$$\tau_{a\,zul} = (90 \dots 130)\,\frac{N}{mm^2} \quad \text{für St 37 \dots St 50, 9S 20K der Kegel- und Zylinderstifte}$$

$$\phantom{\tau_{a\,zul}} = (140 \dots 170)\,\frac{N}{mm^2} \quad \text{für St 60 und St 70 der Kerbstifte}$$

bei Schwellbelastung 70 %, bei Wechselbelastung 50 % der zulässigen Beanspruchung ansetzen

5.12. Paßfederverbindungen

5.12.1. Maße für zylindrische Wellenenden mit Paßfedern und übertragbare Drehmomente

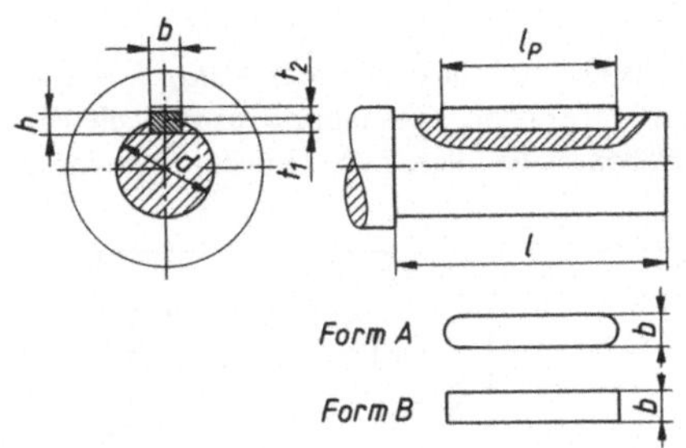

Bezeichnung der Paßfeder Form A
für $d = 40$ mm, Breite $b = 12$ mm
Höhe $h = 8$ mm, Paßfederlänge $l_P = 70$ mm:

Paßfeder A 12 × 8 × 70 DIN 6885

Bezeichnung eines zylindrischen Wellenendes
von $d = 40$ mm und $l = 110$ mm:

Wellenende 40 × 110 DIN 748

Maße in mm

Wellen-durchmesser d	l kurz	l lang	Tole-ranz-feld	Paßfedermaße [1] Breite mal Höhe $b \times h$	Wellennut-tiefe t_1	Nabennut-tiefe t_2	Richtwerte für das übertragbare Drehmoment M in Nm reine Torsion [2]	Torsion und Biegung [3]
6	–	16		–	–	–	1,7	0,7
10	15	23		4 × 4	2,5	1,8	7,9	3,3
16	28	40		5 × 5	3	2,3	32	14
20	36	50		6 × 6	3,5	2,8	63	26
25	42	60	$\dfrac{k6}{H7}$	8 × 7	4	3,3	120	52
30	58	80					210	89
35	58	80		10 × 8	5	3,3	340	140
40	82	110		12 × 8	5	3,8	500	210
45	82	110		14 × 9	5,5	3,8	720	300
50	82	110					980	410
55	82	110		16 × 10	6	4,3	$1,3 \cdot 10^3$	550
60	105	140		18 × 11	7	4,4	$1,7 \cdot 10^3$	710
70	105	140		20 × 12	7,5	4,9	$2,7 \cdot 10^3$	$1,1 \cdot 10^3$
80	130	170		22 × 14	9	5,4	$4 \cdot 10^3$	$1,7 \cdot 10^3$
90	130	170		25 × 14	9	5,4	$5,7 \cdot 10^3$	$2,4 \cdot 10^3$
100	165	210		28 × 16	10	6,4	$7,85 \cdot 10^3$	$3,3 \cdot 10^3$
120	165	210	$\dfrac{m6}{H7}$	32 × 18	11	7,4	$13,6 \cdot 10^3$	$5,7 \cdot 10^3$
140	200	250		36 × 20	12	8,4	$21,5 \cdot 10^3$	$9,1 \cdot 10^3$
160	240	300		40 × 22	13	9,4	$32,2 \cdot 10^3$	$13,5 \cdot 10^3$
180	240	300		45 × 25	15	10,4	$45,8 \cdot 10^3$	$19,2 \cdot 10^3$
200	280	350		50 × 28	17	11,4	$62,8 \cdot 10^3$	$26,4 \cdot 10^3$
220	280	350		56 × 32	20	12,4	$83,6 \cdot 10^3$	$35,1 \cdot 10^3$
250	330	410					$123 \cdot 10^3$	$51,6 \cdot 10^3$

[1] Paßfederlänge l_P in mm: 8/10/12/14/16/18/20/22/25/28/32/36/40/45/50/56/63/70/80/90/100/110/125/140/160/180/200/220/250/280/315/355/400

[2] berechnet mit $M = 7,85 \cdot 10^{-3} \cdot d^3$ aus $\tau_t = \dfrac{T}{W_p} = \dfrac{T}{(\pi/16)\,d^3} = \tau_{t\,zul} = 40$ N/mm²

[3] berechnet mit $M = 3,3 \cdot 10^{-3} \cdot d^3$ aus $\sigma_b = \dfrac{M}{W} = \dfrac{M}{(\pi/32)\,d^3} = \sigma_{b\,zul} = 70$ N/mm² sowie mit

$M = M_v = \sqrt{M_b^2 + 0,75 \cdot (\alpha_0\,T)^2}$ für $\alpha_0 = 0,7$ und $M_b = 2\,T$ (Biegemoment = 2 × Torsionsmoment)

Nabenverbindungen

5.12.2. Nachrechnung der Paßfederverbindung

Die beiden letzten Spalten der Tafel 5.12.1 enthalten Richtwerte für das übertragbare Drehmoment.
Im Normalfall ist das zu übertragende Drehmoment M bekannt oder kann über die gegebene Leistung P
und die Wellendrehzahl n errechnet werden. Mit dem Drehmoment M werden der Wellendurchmesser d
und die zugehörige Paßfeder ($b \times h$) festgelegt.

Abgesehen von der Gleitfeder muß die Paßfederlänge l_P etwas kleiner sein als die Nabenlänge l. Werden
für die Nabenlänge l die in Tafel 5.6 angegebenen Richtwerte verwendet, dann erübrigt es sich, die Flächenpressung p zu überprüfen ($p \leqslant p_{zul}$). Nur bei kürzeren Naben ist die folgende Nachrechnung erforderlich

---

1

vorhandene
Flächenpressung p_W
an der Welle

$$p_W = \frac{2M}{d\,l_t\,t_1} \leqslant p_{zul}$$

$$M = 9{,}55 \cdot 10^6\,\frac{P}{n}$$

p	M	d,l_t,t_1	P	n
$\dfrac{N}{mm^2}$	Nmm	mm	kW	min^{-1}

d — Wellendurchmesser
t_1 — Wellennuttiefe
l_t — tragende Länge an der Paßfeder:
$l_t = l_P$ — bei den Paßfederformen A und B für die Wellennut
$l_t = l_P - b$ — bei Paßfederform A für die Nabennut

2

vorhandene
Flächenpressung p_N
an der Nabe

$$p_N = \frac{2M}{d\,l_t\,(h - t_1)} \leqslant p_{zul}$$

3

zulässige
Flächenpressung p_{zul}

Mit Sicherheit ν_S gegenüber der Streckgrenze R_e oder $R_{p0,2}$ (0,2-Dehngrenze) und ν_B gegenüber der Bruchfestigkeit R_m des Wellen- oder Nabenwerkstoffes setzt man je nach Betriebsweise (Stoßanfall):

$$p_{zul} = \frac{R_e}{\nu_S} \qquad \text{für St und GS mit } \nu_S = 1{,}3 \dots 2{,}5$$

$$p_{zul} = \frac{R_m}{\nu_B} \qquad \text{für GG mit } \nu_B = 3 \dots 4$$

4

Herleitung der
Gleichungen für die
Flächenpressung p_W, p_N

$$-M + F_{uW}\left(\frac{d}{2} - \frac{t_1}{2}\right) = 0 \qquad\qquad M - F_{uN}\left(\frac{d}{2} + \frac{h - t_1}{2}\right) = 0$$

$$F_{uW} = \frac{M}{\dfrac{d}{2} - \dfrac{t_1}{2}} \qquad\qquad F_{uN} = \frac{M}{\dfrac{d}{2} + \dfrac{h - t_1}{2}}$$

$$p_W = \frac{F_{uW}}{A_W} = \frac{F_{uW}}{l_t\,t_1} \qquad\qquad p_N = \frac{F_{uN}}{A_N} = \frac{F_{uN}}{l_t\,(h - t_1)}$$

$$p_W = \frac{2M}{(d - t_1)\,l_t\,t_1} \approx \frac{2M}{d\,l_t\,t_1} \qquad\qquad p_N = \frac{2M}{(d + h - t_1)\,l_t\,(h - t_1)} \approx \frac{2M}{d\,l_t\,(h - t_1)}$$

5.13. Keilwellenverbindung

1

Nennmaße für Welle
und Nabe
(Auswahl aus DIN 5461:
Keilwellenverbindung
mit geraden Flanken,
Übersicht)

Innen-durch-messer d_1 mm	Außen-durch-messer d_2 mm	Anzahl der Keile z	Keil-breite b mm
18	22	6	5
21	25	6	5
23	28	6	6
26	32	6	6
28	34	6	7
32	38	8	6
36	42	8	7
42	48	8	8
46	54	8	9
52	–	–	–
62	72	8	12
72	82	10	12
82	–	–	–
92	102	10	14
102	112	10	16
112	125	10	18

2

Nabendicke s in mm
(M in Nm einsetzen)

$$s = (2{,}6 \ldots 3{,}2)\sqrt[3]{M} \quad \text{für GG-Nabe}$$

$$s = (2{,}2 \ldots 3)\sqrt[3]{M} \quad \text{für St- und GS-Nabe}$$

$$M = 9550\,\frac{P}{n}$$

M	P	n
Nm	kW	min^{-1}

3

Nabenlänge l in mm
(M in Nm einsetzen)

$$l = (4{,}5 \ldots 6{,}5)\sqrt[3]{M} \quad \text{für GG-Nabe}$$

$$l = (2{,}8 \ldots 4{,}5)\sqrt[3]{M} \quad \text{für St- und GS-Nabe}$$

4

Flächenpressung p

$$p = \frac{2M}{0{,}75\,z\,h_1\,l\,d_{\mathrm{m}}} \leqslant p_{\mathrm{zul}}$$

p	M	h_1, l, d_{m}	z
$\dfrac{\mathrm{N}}{\mathrm{mm}^2}$	Nmm	mm	1

$$h_1 = 0{,}8\,\frac{d_2 - d_1}{2}$$

$$d_{\mathrm{m}} = \frac{d_1 + d_2}{2}$$

Faktor 0,75 (nach Versuchen tragen
nur etwa 75 % der Mitnehmerflächen)

5

zulässige Flächen-
pressung p_{zul}

$$p_{\mathrm{zul}} = \frac{R_{\mathrm{e\,(Nabe)}}}{S} \qquad p_{\mathrm{zul}} = \frac{R_{\mathrm{m\,(Nabe)}}}{S}$$

für St-Nabe   für GG-Nabe

R_{e} ($R_{\mathrm{p0,2}}$) und R_{m}
aus den Dauerfestig-
keitsschaubildern
in Abschnitt 12

für stoßfrei wechselnde Betriebslast wird bei Befestigungsnaben:
$S = 2{,}5\ (1{,}7)$

für unbelastet verschobene Verschiebenaben:
$S = 8\quad(5)$

für belastet verschobene Verschiebenaben $S = (15)$ für St-Nabe
und (30) für GG-Nabe

Klammerwerte bei gehärteten oder vergüteten Sitzflächen der Welle

6. Kupplungen

Die Richtwerte für die übertragbaren Drehmomente, die Hauptmaße und die Massen der Kupplungen sollen einen ersten Anhalt für den Entwurf geben. Sie sind hauptsächlich dem „Taschenbuch Maschinenbau", Band 1, Verlag Technik, Berlin, entnommen.

Normen (Auswahl) und Richtlinien

DIN 115   Schalenkupplungen
DIN 116   Scheibenkupplungen
VDI-Richtlinie 2240: Wellenkupplungen, systematische Einteilung nach ihren Eigenschaften, VDI-Verlag, Düsseldorf

6.1. Drehstarre Kupplungen

Kupplungen dieser Art übertragen Stöße voll. Nicht genau fluchtende Wellen ergeben Zusatzspannungen in Welle und Kupplung und erhöhte Lagerkräfte.

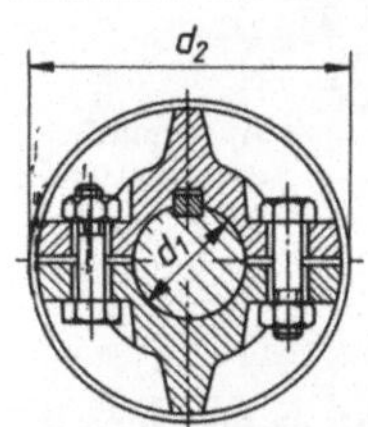

Schalenkupplung, DIN 115, kraftschlüssige Übertragung (Reibung)

1

Richtwerte

M	85	235	530	1180	1800	2650	4000	6000	9000	20 000
d_1	30	40	50	60	70	80	90	100	110	140
d_2	100	110	125	140	160	180	200	225	250	280
l	130	160	190	220	250	280	310	350	390	490
m	5	6	9	15	20	26	48	63	80	125

M in Nm; d_1, d_2 in mm; m in kg; l Länge der Kupplung; bei $d_1 > 50$ mm mit Paßfeder nach 5.12.

Leicht montierbar auch bei fest eingebauten Wellen; unzweckmäßig für wechselnde und stoßartige Belastung; Werkstoff GG und GS

2

erforderliche Vorspannkraft F_v je Schraube (siehe auch 2. Schraubenverbindungen)

$$F_\mathrm{v} \geq \frac{2M}{z\,\mu\,d_1}$$

z Anzahl der Schrauben für beide Wellenenden
$\mu = 0{,}1$ bei St/St

F_v	M	d_1	μ, z
N	Nmm	mm	1

3

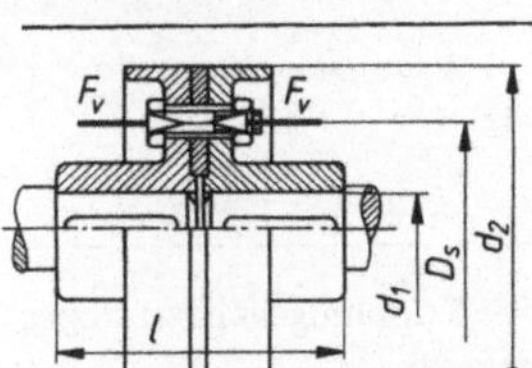

Scheibenkupplung, DIN 116 und DIN 760, kraftschlüssige Übertragung (Reibung)

Richtwerte

M	45	85	160	236	355	530	800	1180	1800	2650	4000	6000
d_1	25	30	35	40	45	50	55	60	70	80	90	100
d_2	160	160	180	200	200	224	224	250	250	280	315	355
l	110	120	130	150	170	190	210	230	260	290	330	370
m	8	8	10	13,5	14	19,5	19,5	32,5	32,5	36	53,5	75

M in Nm; d_1, d_2, l in mm; m in kg

Naben mit Preßsitz, zusätzliche Sicherung durch Paßfedern oder Keile, dazu Passungen H7/k6, H7/m6, K7/h8, N7/h8.

4

erforderliche Vorspannkraft F_v je Schraube (ruhend auf Zug, siehe auch 2. Schraubenverbindungen)

$$F_\mathrm{v} \geq \frac{2M}{z\,\mu\,D_\mathrm{s}}$$

z Anzahl der Schrauben
$\mu = 0{,}1$ bei St/St

F_v	M	D_s	μ, z
N	Nmm	mm	1

Kupplungen

5	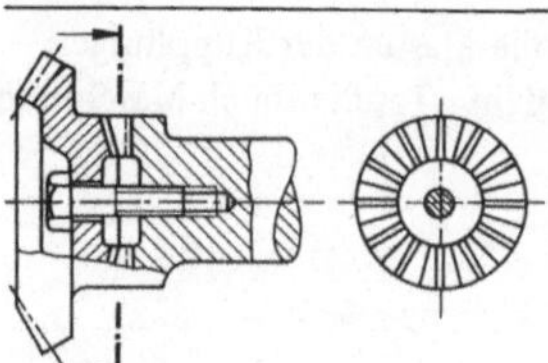	Für große Drehmomente; Übertragung durch radiale Zähne (Hirth-Stirnradverzahnung oder Gleason-Verzahnung), die durch Verschrauben axial zusammengedrückt werden

Planzahnkupplung, kraft- und formschlüssige Übertragung

Beanspruchung: Zähne auf Biegung und Flächenpressung; Schraube auf Zug und Umlaufbiegung (durch elastische Durchbiegung der umlaufenden Welle)

---

6 erforderliche Vorspannkraft F_v der Schraube

$$F_v = (3 \dots 4)\, \frac{M \tan \beta}{r_s}$$

z Anzahl der Zähne ($z = 12 \dots 96$)
β Flankenwinkel
r_s Radius des Zahnschwerpunktes S

---

7 Umfangskraft F_u je Zahn

$$F_u = \frac{M}{z\, r_s}$$

---

8 Biegespannung σ_b im Zahn (vereinfacht)

$$\sigma_b \approx \frac{6\, F_u\, b}{L \left(\dfrac{a_1 + a_2}{2}\right)^2} \leqslant \sigma_{b\,\text{zul}}$$

Ausschnitt der Abwicklung der Zähne

$\sigma_{b\,\text{zul}}$ für Cr–Ni–Mo–Stahl $\approx 120\ \text{N/mm}^2$ für stoßfreie Belastung,
$\approx 70\ \text{N/mm}^2$ für Stöße und wechselnde Belastung

6.2. Drehstarre Ausgleichskupplungen

1	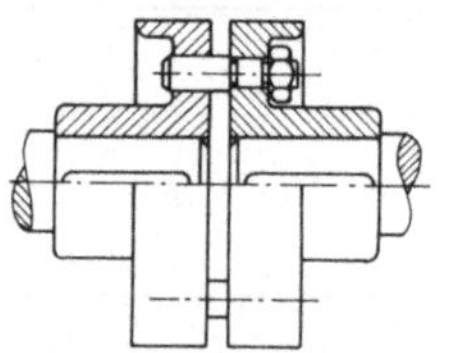	In einer Kupplungshälfte befestigte Bolzen greifen in Bohrungen der Gegenscheibe. Ausgleich axialer Längenunterschiede. *Beanspruchung:* Bolzen auf Abscheren und Biegung; in Rechnung ca. 80 % als tragende Bolzen einsetzen.

Bolzenkupplung,
formschlüssige Übertragung

---

2 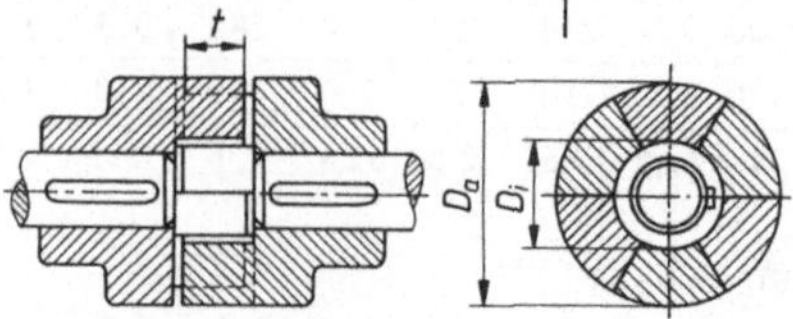

Zwei gleiche, muffenartige Kupplungshälften tragen Stirnklauen (Anzahl ungerade).
Ausgleich axialer Längenunterschiede.
Beanspruchung: Klauen auf Flächenpressung p (ca. 80 % als tragend einsetzen).

Klauenkupplung,
formschlüssige Übertragung

$$p = \frac{2M}{z\, D_m\, A_k} \leqslant p_{\text{zul}}$$

p	M	D_m	A_k	z
$\dfrac{\text{N}}{\text{mm}^2}$	Nmm	mm	mm²	1

z Anzahl der tragenden Klauen
$D_m = (D_a + D_i)/2$
$A_k = (D_a - D_i)t/2$ tragende Klauenfläche
t Tragtiefe

$p_{\text{zul}} \leqslant 40\ \text{N/mm}^2$ für GG-22

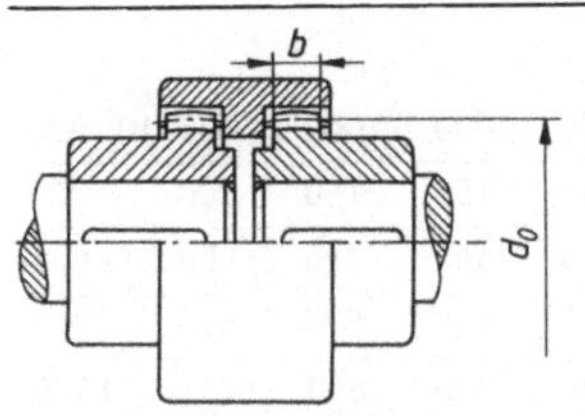

Zahnkupplung (ballige Zähne), formschlüssige Übertragung

Ausgleich von Montage- und Fertigungsungenauigkeiten; Schmierung durch Öl- oder Fettfüllung oder durch Ölumlauf.

Beanspruchung: Zähne auf Flächenpressung (ca. 80 % als tragend angenommen).

$$p = \frac{1,25\,M}{b\,d_0^2} \leqslant p_{zul}$$

$$p_{zul} = (10\ldots15)\,\frac{N}{mm^2}\ \text{für St/St}$$

p	M	b, d_0
$\dfrac{N}{mm^2}$	Nmm	mm

3

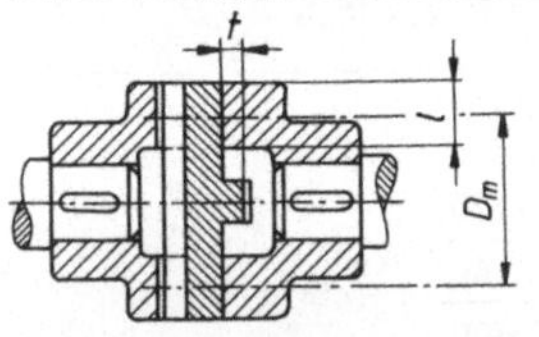

Kreuzscheibenkupplung (Oldhamkupplung), formschlüssige Übertragung

Kreuzscheibe trägt auf beiden Seiten um 90° versetzte Führungsleiste; Ausgleich daher axial und radial möglich. Da Kreuzscheibe in den Nuten dauernd arbeitet, muß gut geschmiert werden (Erwärmung). $M_{max} \approx 10$ Nm.

Beanspruchung: Führungsleiste auf Flächenpressung p.

$$p = \frac{M}{D_m\,l\,t} \leqslant p_{zul}$$

p_{zul} nach Werkstoff wählen

p	M	D_m, l, t
$\dfrac{N}{mm^2}$	Nmm	mm

4

6.3. Drehelastische Kupplungen

Federnde Übertragungsglieder aus Stahl, Gummi, Leder, Kunststoff mindern und dämpfen Stöße durch Energiespeicherung und -umsetzung. Achs-, Winkel- und Radialverlagerungen werden ausgeglichen.

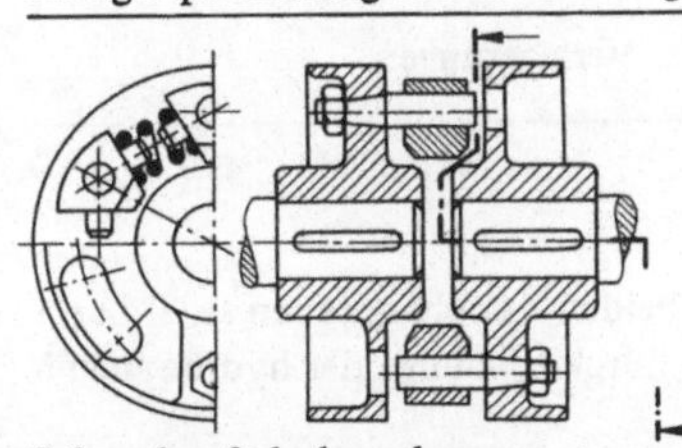

Schraubenfederkupplung

Tangential liegende zylindrische Schraubenfedern werden von schwenkbaren und axial verschiebbaren Segmenten gehalten. Sie sind mit Vorspannung eingebaut und lassen einen Verdrehwinkel von $\pm 5 \ldots 10°$ zu.

Beanspruchung: Berechnung der Schrauben-Druckfedern mit Vorspannung nach 3.2; Anzahl der Federn bestimmt das übertragbare Drehmoment.

1

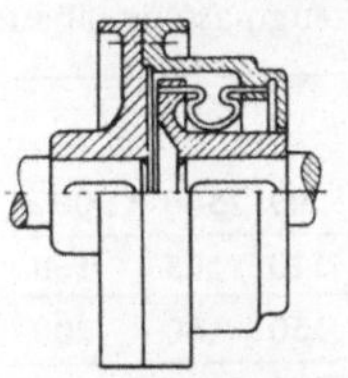

Verdrehfederkupplung

Beide Kupplungsteile sind durch Bügelfedern verbunden. Für stoßhaften Betrieb besonders geeignet. $M_{max} \approx 30\,000$ Nm.

Beanspruchung: Bügelfedern auf Biegung und Torsion.

2

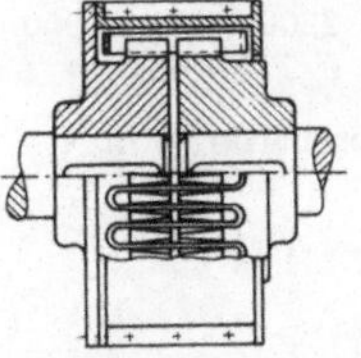

Schlangenfederkupplung

Beide Kupplungsteile sind durch bandförmige Federelemente von rechteckigem Querschnitt verbunden. Federn liegen in Radialzähnen, so daß mit zunehmendem Verdrehwinkel die Einspannlänge der Federn verkürzt und damit die Federrate vergrößert wird. Für starke Stöße besonders geeignet (Walzwerksantrieb). M_{max} bis ca. 8 000 000 Nm; dabei ca. 4 m Durchmesser und 35 t Masse.

Beanspruchung: Nicht erfaßbar.

3

Kupplungen

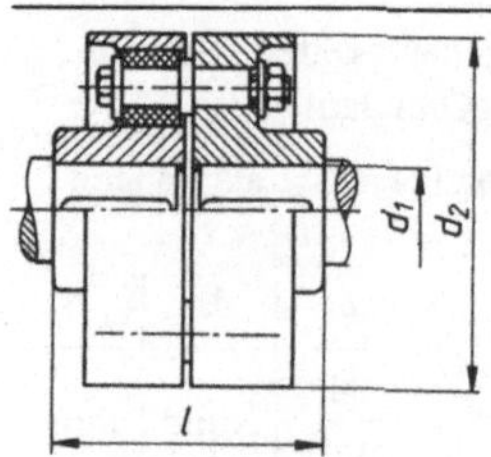

Elastische Bolzenkupplung

Richtwerte

M	85	236	530	1180	1800	2650	4000	6000	13200	30000	67000	100000
d_1	30	40	50	60	70	80	90	100	125	160	200	220
d_2	140	180	224	280	320	355	400	450	560	710	900	1000
l	115	145	158	225	255	285	325	365	455	570	690	750
m	5,2	13	25	48	68	98	141	196	350	647	1275	1770

M in Nm; d_1, d_2, l in mm; m in kg.

Stahlbolzen mit elastischer Hülse wirken geringfügig stoß- und schwingungsdämpfend; kein Ausgleich von Verlagerungen.

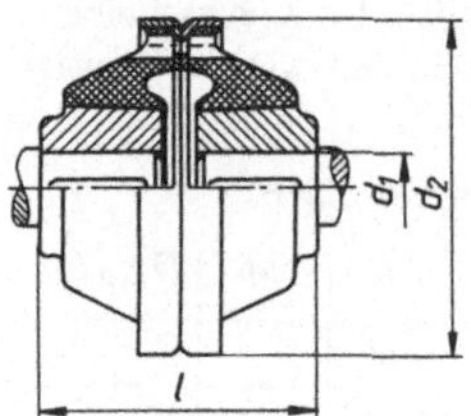

Gummifederkupplung

Richtwerte

M	9	18	35,5	71	140	280	560	1120
d_1	16	20	25	30	35	40	50	60
d_2	102	125	152	185	225	265	325	400
l	110	125	140	170	200	250	300	360
m	1,3	2,0	3,7	5,7	10	17	32	54
n_{max}	8000	8000	7500	6200	5000	4300	3500	3000

M in Nm; d_1, d_2, l in mm; m in kg; n_{max} in min^{-1}.

Beide Kupplungsteile sind durch zwei mit Schrauben zusammengehaltenen Gummireifen verbunden. Stoß- und schwingungsdämpfend.
Ausgleich axialer, radialer und winkliger Verlagerungen.

6.4. Asynchronschaltbare Kupplungen

Diese Kupplungen sind bei beliebiger Relativdrehzahl zwischen den beiden Kupplungsteilen schaltbar, z.B. bei einer stillstehenden und einer laufenden Welle. Übertragung durch Reibung oder hydrodynamische Kräfte. Berechnungen siehe auch 6.5.

Synchronschaltbare Kupplungen dagegen lassen sich nur bei Gleichlauf beider Wellen schalten (Relativdrehzahl null), z.B. Klauenkupplung, Zahnrückkupplung, Ziehkeilkupplung im Werkzeugmaschinenbau.

Richtwerte

M	10	30	100	200	320	600	1400	2300	3600	5300	7500	16000
d_1	14	20	30	45	56	63	75	90	90	110	125	160
d_2	20	28	38	58	70	85	95	110	110	150	160	200
d_3	65	90	130	152	170	212	260	315	370	440	490	650
l	82	105	124	165	215	253	295	335	435	480	575	680
F_e	80	120	200	300	400	600	800	1200	1500	2200	3000	4000

M in Nm; d_1, d_2, d_3, l in mm; F_e Einschaltkraft in N.

Mechanisch schaltbare Lamellenkupplung

2	3	4

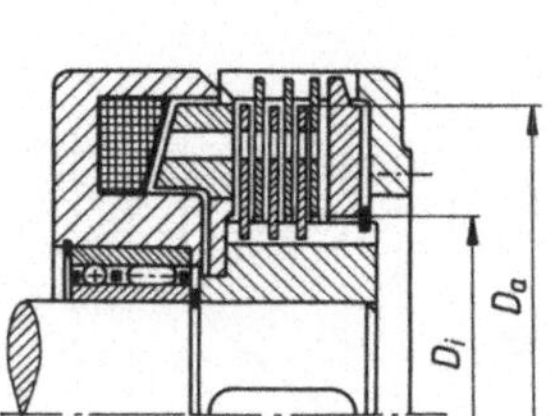

Elektromagnetisch schaltbare Lamellenkupplung

Elektromagnetisch schaltbare Einflächen-Reibscheibenkupplung

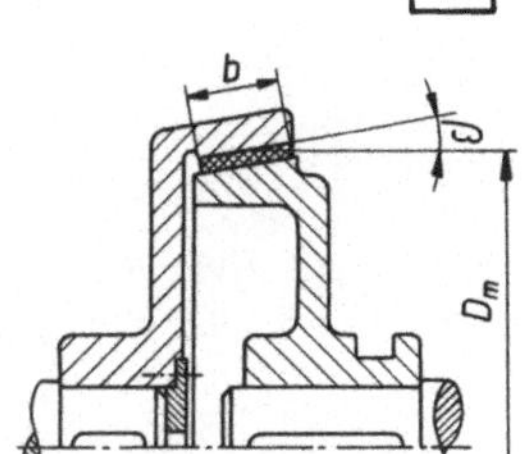

Reibkegelkupplung ($i = 1$)

Gleichungen für Reibkegelkupplungen

$$M_R = 0{,}5 \cdot \frac{F_s D_m \, \mu}{\sin \beta} \; i$$

$$p = \frac{2 M_R}{\pi \, \mu \, b \, D_m^2} \leqslant p_{zul}$$

$$F_{se} = \frac{2 M_R}{\mu D_m} (\sin \beta + \mu \cos \beta)$$

$$F_{sa} = \frac{2 M_R}{\mu D_m} (\mu \cos \beta - \sin \beta)$$

5

M_R	F_s	D_m, b	i, μ	p
Nmm	N	mm	1	$\dfrac{N}{mm^2}$

F_s Gesamt-Schaltkraft = Axialkraft

D_m Mittendurchmesser des Reibkegels

β halber Kegelwinkel $\approx 10 \ldots 20°$

b Breite der Reibfläche

μ Reibzahl (6.5 Nr. 1)

p_{zul} zulässige Flächenpressung (6.5 Nr. 1)

$i = 1$ bei Einkegelkupplung

$i = 2$ bei Doppelkegelkupplung

F_{se} Einschaltkraft

F_{sa} Ausschaltkraft

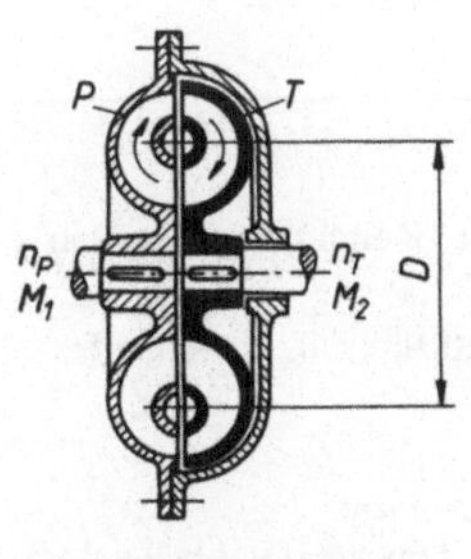

Strömungskupplung (hydrodynamische Kupplung)

6

Kupplung besteht aus Pumpenrad P und Turbinenschaufel T, beide radial beschaufelt. Pumpe P fördert Öl in Turbine T, von der es zur Pumpe zurückfließt. In P wird die Flüssigkeit beschleunigt, in T verzögert. Drehmomentübertragung ist nur bei Drehzahlunterschied $n_s = n_P - n_T$ zwischen P und T möglich:

$$M_k = \lambda \, n_P^2 \, D^5$$

M_k	n_P	D
Nm	min^{-1}	m

M_k Kupplungsmoment ($M_k = M_1 = M_2$ bei $n_P \neq n_T$)

s Schlupf $= 1 - \dfrac{n_T}{n_P}$

n_P Drehzahl des Pumpenrades

D äußerer Durchmesser des Ölkreislaufs

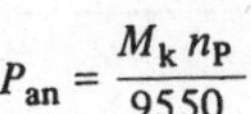

$$P_{an} = \frac{M_k \, n_P}{9550} \qquad P_{ab} = \frac{M_k \, n_T}{9550}$$

P	M	n
kW	Nm	min^{-1}

von Kupplung aufgenommene Leistung   von Kupplung abgegebene Leistung

$$\eta = \frac{P_{ab}}{P_{an}} = 1 - s$$

η Wirkungsgrad

s Schlupf

Kupplungen

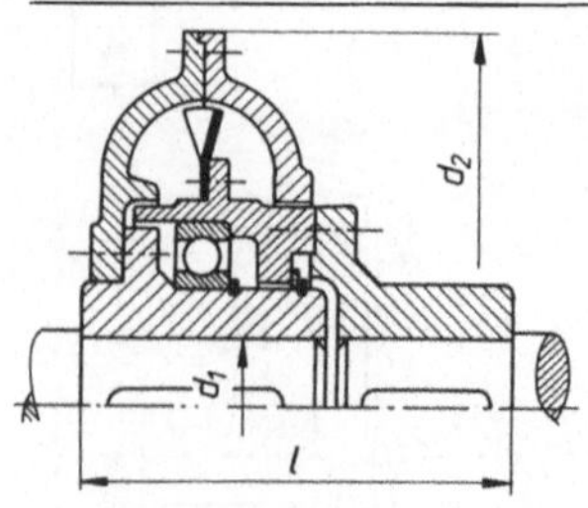

Fliehpulverkupplung

Kupplungen dieser Art sind selbsttätig schaltende Anlauf- oder auch Sicherheitskupplungen. Füllung: Stahlsand.

$$t_{a\,max} = \frac{10^4\,f_s}{n_2\,M_k}$$

$$t_{r\,max} = \frac{10^4\,f_s}{2\,M_k\,(n_1 - n_2)}$$

t	n	M_k	f_s
s	min^{-1}	Nm	1

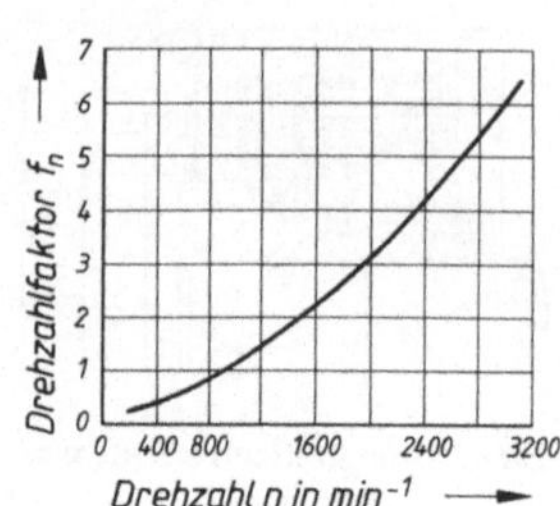

$t_{a\,max}$ Anlaufzeit f_s Schlupffaktor
$t_{r\,max}$ Rutschzeit

Richtwerte für Fliehpulverkupplung (bei $n = 970\ \text{min}^{-1}$) *)

M_k	9	18	35,5	71	140	280	560	1120	2240	4500
d_1	28	35	40	45	55	65	80	95	110	125
d_2	170	190	220	250	290	340	385	440	505	595
l	125	140	155	175	205	240	270	325	365	420
m	4,7	6,8	10,5	15,5	22,3	36,6	53,8	82,5	123	198
n_{zul}	3300	3000	2880	2300	2000	1700	1500	1440	1100	970
f_s	350	495	775	1110	1620	2480	3700	3650	8470	14050

M_k in Nm; d_1, d_2, l in mm; m in kg; n in min^{-1}; f_s in 1

*) für andere Drehzahlen ist $M_{kn} = f_n\,M_k$ (f_n nach Diagramm).

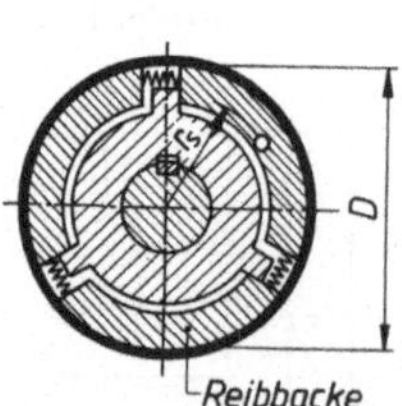

Fliehkörperkupplung

Unter Federvorspannung stehende Segmente (Reibbacken) werden bei bestimmter Drehzahl durch Fliehkraft radial angepreßt. Kupplungen dieser Art schalten daher selbsttätig (z.B. als Anlaufkupplungen).

$$M_k = 0,5\,m\,r_s\,\omega^2\,\mu\,D\,i$$

M_k	m	ω	r_s, D	μ, i
Nm	kg	$\dfrac{1}{s}$	m	1

M_k Kupplungsmoment
m Masse eines Segmentes (einer Reibbacke)
r_s Schwerpunktsabstand des Segmentes
ω Winkelgeschwindigkeit
μ Reibzahl (6.5 Nr. 1)
D Innendurchmesser der Trommel
i Anzahl der Segmente

6.5. Überschlägige Rechnungen an Schaltkupplungen mit Reibungsübertragung

Voraussetzungen für einen Schaltvorgang:

1. Das Schaltmoment = Kupplungsmoment = Reibmoment M_R ist während der Rutschzeit t_r (Beschleunigungszeit) konstant (M_R = konstant).

2. Das Lastmoment = Nutzmoment M_n ist ebenfalls konstant (M_n = konstant).

3. Mit Beschleunigungsmoment M_b für die anzutreibenden Massen gilt $M_R = M_n + M_b$.

4. Die Antriebsdrehzahl n_1 (oder Winkelgeschwindigkeit ω_1 bleibt ebenfalls konstant (n_1 = konstant oder ω_1 = konstant).

5. Die Abtriebsdrehzahl n_2 (oder Winkelgeschwindigkeit ω_2) steigt linear an.

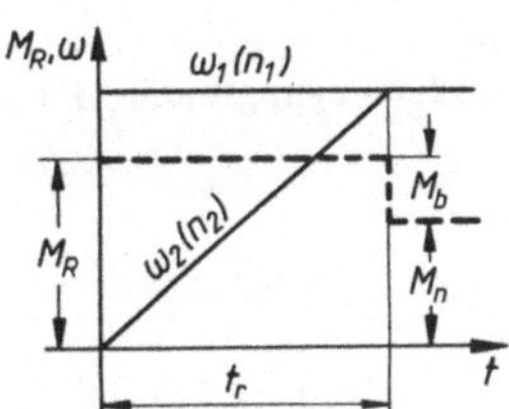

M_R Reibmoment (Schaltmoment)
M_b Beschleunigungsmoment
M_n Nutzmoment (Lastmoment)
ω_1, ω_2 Winkelgeschwindigkeit
t_r Rutschzeit

Reibwerkstoffe, Reibzahlen und Flächenpressung (Richtwerte)

Reibwerkstoff	Gegenwerkstoff	Reibzahl μ		mittlere zulässige Flächenpressung $p_{m\,zul}$ in N/mm²	
		trocken	geölt	trocken	geölt
Stahl	Stahl, gehärtet	0,15 … 0,2	0,04 … 0,1		0,05 … 1
Grauguß	Grauguß	0,15 … 0,2	0,04 … 0,1	1 … 2	1 … 1,5
Bronze	Bronze, Grauguß	0,15 … 0,2	0,04 … 0,1	1 … 2	1,5 … 2
Faserbelag mit Buna-Imprägnierung	GG, St, GS	0,25 … 0,3	0,08 … 0,1	0,05 … 0,3	0,6 … 2

1

2

übertragbares Reibmoment M_R

$$M_R = 0{,}5\, p_{m\,zul}\, \mu A i D_R$$

M_R	$p_{m\,zul}$	A	D_R	μ, i
Nmm	$\dfrac{N}{mm^2}$	mm²	mm	1

$p_{m\,zul}$ mittlere zulässige Flächenpressung (Nr. 1)

μ Reibzahl (Nr. 1; zwischen trocken und geölt unterscheiden)

$A = (D_a^2 - D_i^2)\pi/4$ Reibfläche

$D_R = (D_a + D_i)/2$ mittlerer Reibdurchmesser

i Anzahl der Reibpaarungen

3

Reibarbeit W_R
je Schaltung

$$W_R = M_R\, \Delta\varphi = M_R\, \frac{\omega_1 t_r}{2}$$

$$W_R = \frac{\pi M_R n_1 t_r}{60}$$

W_R	M_R	n_1	t_r
J	Nm	min⁻¹	s

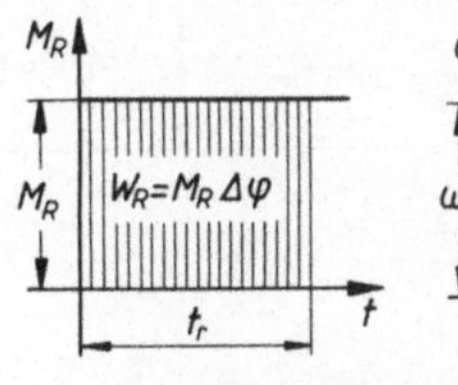

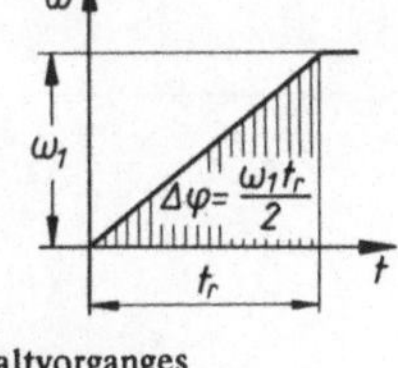

$\Delta\varphi$ während des Schaltvorganges überstrichener Drehwinkel

t_r Rutschzeit während $\Delta\varphi$

Kupplungen

4	Rutschzeit t_r und Beschleunigungsmoment M_b	$t_r = \dfrac{J_2\,\omega_1}{M_b}$ $M_b = \dfrac{J_2\,\omega_1}{t_r}$	$\begin{array}{c\|c\|c\|c} t_r & J_2 & \omega_1 & M_b, M_n, M_R \\ \hline s & \mathrm{kgm^2} & \frac{1}{s} & \mathrm{Nm} \end{array}$ J_2 Trägheitsmoment der Massen auf der Abtriebsseite (siehe auch Band 1, 6.12) ω_1 Antriebs-Winkelgeschwindigkeit M_b Beschleunigungsmoment $= M_R - M_n$ M_n Nutzmoment = Lastmoment
5	Reibwärmemenge Q_R je Kupplungsvorgang (siehe auch Band 1, Abschnitt 10, Wärmelehre)	$Q_R = W_R$ $Q_R = \dfrac{\pi\,M_R\,n_1\,t_r}{60}$	$\begin{array}{c\|c\|c\|c} Q_R & M_R & n_1 & t_r \\ \hline J & \mathrm{Nm} & \mathrm{min^{-1}} & s \end{array}$ 1 J (Joule) = 1 Nm = 1 Ws
6	Wärmestrom Φ	$\Phi = \dfrac{\pi\,M_R\,n_1\,t_r\,\dot z}{60}$	$\begin{array}{c\|c\|c\|c} \Phi & M_R & n_1 & t_r & \dot z \\ \hline \frac{\mathrm{Nm}}{s} = \frac{J}{s} = W & \mathrm{Nm} & \mathrm{min^{-1}} & 1 & \frac{1}{s} \end{array}$ $\dot z$ Anzahl der Schaltungen in 1 Sekunde
7	Lebensdauer L_h des Kupplungsbelags	$L_h = 3600 \cdot \dfrac{V}{q\,\Phi}$	$\begin{array}{c\|c\|c} L_h & V & q \\ \hline h & \mathrm{mm^3} & \frac{\mathrm{mm^3}}{J} \end{array}$ V abtragbares Volumen des Kupplungsbelags Φ Wärmestrom q spezifischer Verschleiß
8	spezifischer Verschleiß q	$q \approx 7 \cdot 10^{-5}\ \dfrac{\mathrm{mm^3}}{J}$ für St (GS, GG)/Reibbelag, trocken $q \approx 2 \cdot 10^{-5}\ \dfrac{\mathrm{mm^3}}{J}$ für St (GS, GG)/Reibbelag, geölt $q \approx 1 \cdot 10^{-5}\ \dfrac{\mathrm{mm^3}}{J}$ für St/St, gehärtet, trocken	

7. Lager

Normen (Auswahl) und Richtlinien

DIN-Taschenbuch 24:   Wälzlager-Normen, Beuth-Vertrieb GmbH, Berlin

DIN 622   Wälzlager, Tragfähigkeit und Lebensdauer

DIN 1850   Buchsen für Gleitlager

DIN 31 652 (Entwurf) Hydrodynamische Radial-Gleitlager im stationären Betrieb

DIN 51 519   ISO-Viskositätsklassifikation für flüssige Industrieschmierstoffe

DIN 51 563   Bestimmung des Viskosität-Temperatur-Verhaltens

VDI-Richtlinie 2202:   Schmierstoffe und Schmiereinrichtungen für Gleit- und Wälzlager, VDI-Verlag, Düsseldorf

VDI-Richtlinie 2203:   Gestaltung von Lagerungen, Gleitwerkstoffe, VDI-Verlag, Düsseldorf

VDI-Richtlinie 2204:   Gleitlagerberechnung, VDI-Verlag, Düsseldorf

7.1. Berechnung hydrodynamisch tragender Radialgleitlager

Wenn bei der Berechnung hydrodynamisch tragender Gleitlager (Radial- und Axiallager) von der „Viskosität" oder „Zähigkeit" des Öls gesprochen wird, dann ist stets die *dynamische* Viskosität η des Öls gemeint. Sie ist stark von der Temperatur abhängig. Hersteller geben meist η_{20} oder η_{50} an, also die Viskosität des Öls bei 20 °C oder bei 50 °C.

Die SI-Einheit der dynamischen Viskosität ist Pa s (Pascal-Sekunde). Mit 1 Pa = 1 N/m² gilt also 1 Pa s = 1 Ns/m². Beziehungen zu anderen Einheiten (Poise P und Zentipose cP) und zwischen der dynamischen Viskosität η und der kinematischen Viskosität $\nu = \eta/\rho$ werden in Nr. 9 und Nr. 10 angegeben.

Gegebene oder angenommene Größen

Wellendrehzahl	n in $\dfrac{U}{s} = \dfrac{1}{s} = s^{-1}$	Lagerwerkstoff	siehe Nr. 1
dynamische Viskosität (Zähigkeit) des verwendeten Öls	η in Pa s $= \dfrac{Ns}{m^2}$	Umgebungstemperatur	ϑ_U in °C
Lagerkraft	F in N	Wärmeabfuhrzahl	α in $\dfrac{J}{m^2 s K} = \dfrac{W}{m^2 K}$ (siehe Band 1, 10.3)
Lagerbreite	b in m	Wärmeabfuhrzahl für ca. 1,25 m/s Geschwindigkeit der umgebenden Luft	$\alpha = 20\,\dfrac{W}{m^2 K} = 20\,\dfrac{Nm}{s\,m^2 K}$ (1 K = 1 °C)
Lagerdurchmesser	d in m		

Gleitlager

1	spezifische Lagerbelastung p (mittlere Flächenpressung)	$p = \dfrac{F}{b\,d} \leqslant p_{\text{zul}}$

$$\begin{array}{c|c|c} F & b,\,d & p,\,p_{\text{zul}} \\ \hline N & m & \dfrac{N}{m^2} \end{array}$$

Richtwerte für p_{zul}

Lagerwerkstoff	p_{zul} in $\dfrac{N}{m^2}$ ( ) in $\dfrac{N}{mm^2}$	Längenausdehnungskoeffizient α_L in $\dfrac{1}{K} = \dfrac{1}{{}^\circ C}$	Temperaturgrenze in $^\circ C$	E-Modul in $\dfrac{N}{m^2}$
Lg Pb Sn 10	$12,5 \cdot 10^6$ $(12,5)$	$24 \cdot 10^{-6}$	110	$3,1 \cdot 10^{10}$
G-Cu Sn 5 Zn 7	$20 \cdot 10^6$ (20)	$17 \cdot 10^{-6}$	250	$9 \cdot 10^{10}$
G-Cu Sn 10	$25 \cdot 10^6$ (25)	$17 \cdot 10^{-6}$	250	$10,5 \cdot 10^{10}$

2 relative Lagerbreite β

$\beta = \dfrac{b}{d} = 0,5 \dots 1$

bei $\beta > 1$ wird die Gefahr zu hoher Kantenpressung größer

3 Lagerzapfenvolumen V

$V = \dfrac{\pi}{4}\,d^2 b$

$$\begin{array}{c|c|c} \beta & b,\,d & V \\ \hline 1 & m & m^3 \end{array}$$

4 Umfangsgeschwindigkeit des Lagerzapfens

$v = \pi d n$

$$\begin{array}{c|c|c} v & d & n,\,\omega \\ \hline \dfrac{m}{s} & m & \dfrac{1}{s} = s^{-1} \end{array}$$

5 Winkelgeschwindigkeit ω des Lagerzapfens

$\omega = 2\pi n$

6 Wärmeabgebende Oberfläche A_G des Lagergehäuses

$A_G = A_L + A_W$

$$\begin{array}{c|c} A_G,\,A_L,\,A_W & b,\,d \\ \hline m^2 & m \end{array}$$

A_L wärmeabgebende Oberfläche des Lagers
A_W wärmeabgebende Oberfläche der Welle

Richtwerte

	A_L	A_W
$d \leqslant 0,1\,m$	$(25 \dots 20)\,d\,b$	$(15 \dots 10)\,d^2$
$d > 0,1\,m$	$(20 \dots 15)\,d\,b$	$(10 \dots 5)\,d^2$

Anmerkung: A_G kann bei der Nachrechnung eines Radialgleitlagers auch aus der Konstruktionszeichnung entnommen werden, z.B. durch ausplanimetrieren.

mittleres relatives Betriebslagerspiel ψ_B bei der effektiven Schmierstofftemperatur ϑ_{eff}	*allgemein:* $$\psi = \frac{P_{SB}}{d}$$ *erste Annahme für die Rechnung:* $$\psi_B = 0{,}8 \cdot \sqrt[4]{v} \cdot 10^{-3}$$ (Zahlenwertgleichung nach *Vogelpohl*) *abhängig von einer gegebenen Passung:* 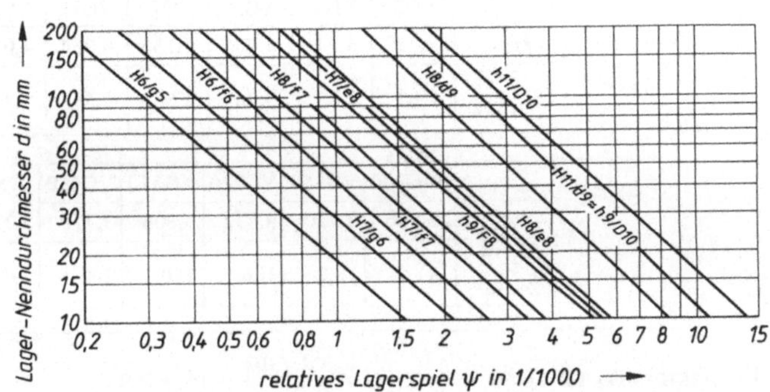 	$\begin{array}{c\|c} \psi_B & P_{SB}, d \\ \hline 1 & m \end{array}$	**7**
Lagerspiel P_{SB} bei Betriebstemperatur im Lager	$$P_{SB} = \psi_B\, d$$	$\begin{array}{c\|c} P_{SB}, d & \psi_B \\ \hline m & 1 \end{array}$	**8**
kinematische Viskosität (Zähigkeit) v	$$v = \frac{\eta}{\rho}$$ η dynamische Viskosität ρ Dichte	$\begin{array}{c\|c\|c} v & \eta & \rho \\ \hline \dfrac{m^2}{s} & \dfrac{Ns}{m^2} & \dfrac{kg}{m^3} \end{array}$	**9**

10

Umrechnungen der Viskosität (Zähigkeit)	für die dynamische Zähigkeit η das Poise (P):

für die dynamische Zähigkeit η das Poise (P):
$1\ Ns/m^2 = 10\ P\ \text{(Poise)} = 1000\ cP\ \text{(Zentipoise)}$
$1\ P \quad = 0{,}1\ Ns/m^2 \quad = \quad 100\ cP\ \text{(Zentipoise)}$
für die kinematische Zähigkeit v das Stokes (St):
$1\ m^2/s = 10^4\ St\ \text{(Stokes)}$
$1\ St \quad = 10^{-4}\ m^2/s = 100\ cSt\ \text{(Zentistokes)}$
Umrechnung aus Englergraden in m^2/s:
$v = (7{,}32\ E - 6{,}31/°E)\,10^{-6}\ \text{in}\ m^2/s$

$$1\ P = 0{,}1\ Pa \cdot s = 0{,}1\ \frac{N \cdot s}{m^2} = 0{,}1\ \frac{kg}{m \cdot s}$$

$$1\ Pa \cdot s = 10\ P \qquad 1\ cP = 10^{-3}\ \frac{N \cdot s}{m^2}$$

Umrechnungen °E in cSt

°E	cSt	°E	cSt
1	1	4,5	33,4
1,5	6,25	5	37,4
2	11,8	5,5	41,4
2,5	16,7	6	45,2
3	21,2	6,5	49,0
3,5	25,4	8	60,5
4	29,6	10	76,0

Gleitlager

<table>
<tr><td>**11**</td><td>Richtungskonstante m
der VT-Geraden
(nach DIN 51 563)</td></tr>
</table>

11 Richtungskonstante m der VT-Geraden (nach DIN 51 563)

$$m = \frac{W_1 - W_2}{\lg T_2 - \lg T_1}$$

$$W = \lg\lg\left(\frac{\eta}{\rho} \cdot 10^6 + 0{,}8\right)$$

(Zahlenwertgleichungen)

empirisch ermittelte Gleichung von *Ubbelohde* und *Walther* (T Prüftemperatur in K)

η	ρ	T
$\dfrac{\mathrm{Ns}}{\mathrm{m}^2}$	$\dfrac{\mathrm{kg}}{\mathrm{m}^3}$	K

Richtwerte für ISO-Schmieröle nach DIN 51 519, gültig für den Viskositätsindex VI = 50 und Dichte $\rho = 900$ kg/m³ bei 50 °C:

	VG2	VG3	VG5	VG7	VG10	VG15	VG22	VG32	VG46	VG68
m	3,723	3,941	4,065	4,136	4,084	4,076	4,026	4,064	4,072	4,048
$\eta \cdot 10^{-3} \dfrac{\mathrm{Ns}}{\mathrm{m}^2}$	1,67	2,35	3,26	4,63	6,59	9,46	13,5	18,7	25,8	36,7

	VG100	VG150	VG220	VG320	VG460	VG680	VG1000	VG1500
m	3,996	3,920	3,872	3,806	3,776	3,735	3,710	3,684
$\eta \cdot 10^{-3} \dfrac{\mathrm{Ns}}{\mathrm{m}^2}$	51,9	75,2	106	150	208	297	420	606

12 Hilfsfaktor W_M für 50 °C

$$W_M = \lg\lg\left(\frac{\eta_M}{\rho} \cdot 10^6 + 0{,}8\right)$$

η_M siehe Richtwerte für 50 °C in Nr. 11

$$\rho = 900 \frac{\mathrm{kg}}{\mathrm{m}^3} \text{ (Dichte des Öls bei 50 °C)}$$

13 Sommerfeldkonstante C_{So}

$$C_{So} = \frac{p\,\psi_B^2}{\omega}$$

C_{So}	p	ω	ψ_B
$\dfrac{\mathrm{Ns}}{\mathrm{m}^2}$	$\dfrac{\mathrm{N}}{\mathrm{m}^2}$	$\dfrac{1}{\mathrm{s}}$	1

14 Hilfsfaktor W_x bei Betriebstemperatur

$$W_x = m\,(\lg T_M - \lg T_x) + W_M$$

m Richtungskonstante nach Nr. 11
$T_M = 50\ °\mathrm{C} + 273{,}15\ \mathrm{K} = 323{,}15\ \mathrm{K}$
$T_x = \vartheta_{eff} + 273{,}15\ \mathrm{K}$ (bei Iterationsbeginn $\vartheta_{eff} \approx 60\ °\mathrm{C}$ annehmen)
W_M siehe Nr. 12

15 effektive Viskosität η_{eff} des Öls

$$\eta_{eff} = \rho\,[10^{(10^{W_x})} - 0{,}8] \cdot 10^{-6}$$

$$\rho = 900 \frac{\mathrm{kg}}{\mathrm{m}^3} \text{ (Dichte des Öls bei 50 °C)}$$

η_{eff}	ρ
$\dfrac{\mathrm{Ns}}{\mathrm{m}^2}$	$\dfrac{\mathrm{kg}}{\mathrm{m}^3}$

16 Sommerfeldzahl So

$$So = \frac{C_{So}}{\eta_{eff}}$$

So	C_{So}	η_{eff}	p	ψ_B	ω, n	F	b, d
1	$\dfrac{\mathrm{Ns}}{\mathrm{m}^2}$	$\dfrac{\mathrm{Ns}}{\mathrm{m}^2}$	$\dfrac{\mathrm{N}}{\mathrm{m}^2}$	1	$\dfrac{1}{\mathrm{s}}$	N	m

$$So = \frac{p\,\psi_B^2}{\eta_{eff}\,\omega} = \frac{F\,\psi_B^2}{b\,d\,\eta_{eff}\,\omega} = \frac{F\,\psi_B^2}{2\pi\,n\,b\,d\,\eta_{eff}}$$

$So \leqslant 1$: Lager liegt im Schnellaufbereich
$So > 1$: Lager liegt im Schwerlastbereich

17

Reibzahl μ

$$So \leqslant 1: \quad \mu = \frac{k\,\psi_B}{So}$$

$$So > 1: \quad \mu = \frac{k\,\psi_B}{\sqrt{So}}$$

k Gestaltfaktor

$k = 3$ als Mittelwert (nach *Vogelpohl*) für voll umschlossene Lager

Erfahrungswerte für Gleitlager-Reibzahlen μ

Lagerart und Schmierung	Werkstoff von		mittlere Werte für μ		
	Welle	Lager	Anlaufreibung	Mischreibung	Flüssigkeitsreibung
Radiallager					
Fett		GG, G-SnBz, Rg	0,12	0,05 ... 0,1	–
Öl		GG, G-SnBz, Rg	0,14	0,02 ... 0,1	0,003 ... 0,005
Öl		LgPbSb, LgSn	0,24	–	0,002 ... 0,003
Öl	St	Preßstoff	0,14	0,01 ... 0,03	0,003 ... 0,006
Öl		Sintermetall	0,17	–	0,002 ... 0,014
trocken		Kunstharz-Verbund	bei Gleitgeschwindigkeit $< 0{,}1$ m/s: 0,05 ... 0,1 0,2...6 m/s: 0,1 ... 0,16		
Axiallager					
Spurlager Fett		GG, G-SnBz	0,15	–	–
Öl	St	LgSn	0,25	0,03	–
Segmentlager					
Öl		LgSn	0,25	–	0,002

18

Reibleistung P_R (Wärmestrom)

$$P_R = F\mu v$$

P_R	F	μ	v
W	N	1	$\dfrac{m}{s}$

$$1\,W = 1\,\frac{Nm}{s} = 1\,\frac{J}{s}$$

19

Lagertemperatur ϑ_L

$$\vartheta_L = \vartheta_U + \frac{P_R}{\alpha A_G}$$

$\vartheta_L,\,\vartheta_U,\,\vartheta_{eff}$	P_R	A_G	α
°C	W	m²	$\dfrac{W}{m^2\,K}$

$\vartheta_U,\,\alpha,\,A_G$ siehe vorn

Wird der Betrag der Temperaturdifferenz $\Delta\vartheta = |\vartheta_L - \vartheta_{eff}| \leqslant 2\,°C$, dann wird Nr. 20 ausgelassen.

20

neue effektive Schmierstofftemperatur $\vartheta_{eff,neu}$

$$\vartheta_{eff,neu} = \frac{\vartheta_{eff,alt} + \vartheta_L}{2}$$

Mit $\vartheta_{eff,neu}$ die Iteration ab Nr. 14 weiterführen, bis die Bedingung $\Delta\vartheta = |\vartheta_L - \vartheta_{eff}| \leqslant 2\,°C$ erfüllt wird (siehe auch Beispiele).

21

kleinste Schmierspalthöhe h_0 (kleinste Schmierschichtdicke)

$$So \leqslant 1: \quad h_0 = \frac{S_B}{2}\left[1 - \frac{So}{2}\cdot\frac{1+\beta}{2\beta}\right] \geqslant h_{0\,zul}$$

$$So > 1: \quad h_0 = \frac{S_B}{4\,So}\cdot\frac{2\beta}{1+\beta} \geqslant h_{0\,zul}$$

$h_0,\,S_B$	$\beta,\,So$
m	1

(Grenzrichtwerte $h_{0\,zul}$ auf der folgenden Seite)

Gleitlager

		v in m/s			
d in mm	$\leqslant 1$	$> 1 \dots 3$	$> 3 \dots 10$	$> 10 \dots 30$
20 … 60	3	4	5	7
> 60 … 160	4	5	7	10
> 160 … 400	6	7	10	13

Grenzrichtwerte $h_{0\,\text{zul}}$ in μm = 10^{-6} m in Abhängigkeit vom Wellendurchmesser d und von der Umfangsgeschwindigkeit v des Lagerzapfens:

22

erforderlicher Schmierstoffdurchsatz $\dot{V}_\text{s}$

$$\dot{V}_\text{s} = \varphi\, h_0\, b\, v$$

φ Durchsatzfaktor

$\varphi \approx 0{,}75$ setzen

$\dot{V}_\text{s}, \dot{V}_\text{k}, \dot{V}_\text{w}$	h_0, b	v	P_R	c	ρ
$\dfrac{\text{m}^3}{\text{s}}$	m	$\dfrac{\text{m}}{\text{s}}$	W	$\dfrac{\text{J}}{\text{kg K}}$	$\dfrac{\text{kg}}{\text{m}^3}$

$$1\,\text{W} = 1\,\frac{\text{Nm}}{\text{s}} = 1\,\frac{\text{J}}{\text{s}}; \quad 1\,\text{K} = 1\,°\text{C}$$

23

erforderlicher Kühlöldurchsatz $\dot{V}_\text{k}$ bei zusätzlicher Lagerkühlung
(nur bei $\vartheta_\text{L} \geqslant 80\,°\text{C}$)

$$\dot{V}_\text{k} = \frac{P_\text{R}}{c_{\ddot{\text{O}}\text{l}}\, \rho_{\ddot{\text{O}}\text{l}}\, (\vartheta_2 - \vartheta_1)}$$

$\vartheta_2 - \vartheta_1 = 15\,°\text{C}$ üblich

In den Gleichungen für $\dot{V}_\text{k}$ und $\dot{V}_\text{w}$ bleibt die vom Lager an die Umgebung abgeführte Wärme unberücksichtigt.

$c_{\ddot{\text{O}}\text{l}}, c_\text{w}$ spezifische Wärmekapazität von Kühlöl und Wasser (siehe Band 1, 10.10)

c_w = 4187 J/kg K; ρ_w = 1000 kg/m³

24

erforderlicher Kühlwasserdurchsatz $\dot{V}_\text{w}$

$$\dot{V}_\text{w} = \frac{P_\text{R}}{c_\text{w}\, \rho_\text{w}\, (\vartheta_{\text{w}2} - \vartheta_{\text{w}1})}$$

$\vartheta_{\text{w}2} - \vartheta_{\text{w}1} = 5\,°\text{C}$ üblich

$c_{\ddot{\text{O}}\text{l}}$ = 1675 J/kg K (Maschinenöl)

$\rho_{\ddot{\text{O}}\text{l}}$ = 900 kg/m³

ϑ_1, ϑ_2 Ein- und Austrittstemperatur

25

Übergangsdrehzahl $n_\text{ü}$
(nach *Vogelpohl*)

$$n_\text{ü} = 10^{-7}\, \frac{F}{\eta_\text{eff}\, V}$$

η_eff nach Nr. 15
V nach Nr. 3

$n_\text{ü}$	F	η_eff	V
min^{-1}	N	$\dfrac{\text{Ns}}{\text{m}^2}$	m³

Bei $n_\text{ü}$ geht Flüssigkeitsreibung in Mischreibung über. Die Betriebsdrehzahl n soll mindestens 2 bis 3 mal größer sein als die Übergangsdrehzahl: $n = (2 \dots 3)\, n_\text{ü}$.

Anmerkungen:

Wird das Lager auch im Stillstand mit der Lagerkraft F belastet, dann ist die Hertzsche Pressung p nach Band 1, 9.24 (Walze gegen Walze) zu bestimmen und mit p_zul für den Lagerwerkstoff (Nr. 1) zu vergleichen. Näherungsweise gilt:

$$p_0 = 0{,}591\, \sqrt{E\, p_\text{m}\, \psi_\text{B}}$$

$$E = \frac{2\, E_\text{L}\, E_\text{W}}{E_\text{L} + E_\text{W}}$$

E_L, E_W Elastizitätsmodul von Lagerwerkstoff (Nr. 1) und Wellenwerkstoff (bei Stahl E_W = 21 · 10¹⁰ N/m²)

Der maximale Flüssigkeitsdruck kann das zwei- bis vierfache der mittleren Flächenpressung p_m betragen (örtlich bis zum zehnfachen).

7.2. Spiel- und Toleranzberechnungen

Spieländerung ΔP_S durch Wärmedehnung im Betrieb (nach *Gersdorfer*)	$\Delta P_s = d\left(\alpha_W \Delta\vartheta_W - \dfrac{A_L E_L \alpha_L \Delta\vartheta_L + A_G E_G \alpha_G \Delta\vartheta_G}{A_L E_L + A_G E_G}\right)$ $\begin{array}{c\|c\|c\|c\|c\|c} \Delta P_S & d & \alpha & \Delta\vartheta & A & E \\ \hline mm & mm & \frac{1}{°C} & °C & mm^2 & \frac{N}{mm^2} \end{array}$ d Wellendurchmesser; α_W, α_L, α_G Längenausdehnungs-Koeffizienten von Wellen-, Lager- und Gehäusewerkstoff; $\Delta\vartheta_W = \Delta\vartheta_L = \vartheta_B - \vartheta_O$ mit mittlerer Betriebstemperatur des Lagers ϑ_B und Umgebungstemperatur ϑ_O; $\Delta\vartheta_G = \vartheta_G - \vartheta_O$ mit angenommener Gehäusetemperatur ϑ_G; A_L, A_G Querschnittsfläche von Lagerbuchse(-schale) und Gehäusewandung; E_L, E_G die entsprechenden Elastizitätsmoduln.	**1**
Einbauspiel P_{SE}	$P_{SE} = P_{SB} - \Delta P_S$ P_{SB} Lagerspiel bei Betriebstemperatur im Lager nach 7.1 Nr. 8	**2**
mittleres Einbauspiel $P_{SE\,mittel}$	$P_{SE\,mittel} = \dfrac{P_{SE\,gr} + P_{SE\,kl}}{2}$ $P_{SE\,gr}$ größtes Einbauspiel $P_{SE\,kl}$ kleines Einbauspiel $P_{SE\,gr}$ und $P_{SE\,kl}$ nach dem Festlegen der Passung aus 1.8 $P_{SE\,mittel}$ muß etwa gleich P_{SE} nach Nr. 2 werden	**3**
mittleres relatives Einbauspiel $\psi_{E\,mittel}$	$\psi_{E\,mittel} = \dfrac{P_{SE\,mittel}}{d}$ $\begin{array}{c\|c\|c} \psi & P_{SE} & d \\ \hline 1 & mm & mm \end{array}$	**4**
Richtwerte für das mittlere relative Einbauspiel für einige Lagerwerkstoffe	Lg Pb Sn $\quad(0,4 \ldots 1) \cdot 10^{-3}$ GZ-Cu Pb $\quad(2 \ldots 3) \cdot 10^{-3}$ GZ-Al-Leg. $(1,5 \ldots 1,7) \cdot 10^{-3}$ größere Werte für Sintermetall $(1,5 \ldots 1,7) \cdot 10^{-3}$ größere Durchmesser Kunststoff $\quad(3 \ldots 4) \cdot 10^{-3}$ GG $\qquad\quad(1 \ldots 2) \cdot 10^{-3}$	**5**
größtes und kleinstes Betriebsspiel P_{SB}	$P_{SB\,gr} = P_{SE\,gr} - \Delta P_S$ alle Maße in mm oder in μm $P_{SB\,kl} = P_{SE\,kl} - \Delta P_S$	**6**
Richtwerte R_{tW} und R_{tL} (größere Werte für größere Durchmesser)	feingedreht $\quad 2 \ldots 10\,\mu m$ feinstgeschliffen $0,15 \ldots 0,6\ \mu m$ feinstgedreht $\ 1 \ldots 3\ \mu m$ feinstgerieben $\quad 0,4 \ldots 1 \quad \mu m$ geschliffen $\quad\ 4 \ldots 10\,\mu m$ geläppt $\qquad\quad 0,3 \ldots 0,6\ \mu m$ feingerieben $\ \ 1 \ldots 3\ \mu m$ poliert $\qquad\quad 0,08 \ldots 0,25\,\mu m$ R_{tW}, R_{tL} Rauhtiefe von Welle und Lagerbuchse oder -schale	**7**
relatives Betriebsspiel ψ_B	$\psi_{B\,gr} = \dfrac{1}{d}\left[P_{SE\,meß\,gr} - \Delta P_S + (R_{tW} + R_{tL})\right]$ alle Maße in mm $\psi_{B\,kl} = \dfrac{1}{d}\left[P_{SE\,meß\,kl} - \Delta P_S + (R_{tW} + R_{tL})\right]$	**8**
meßbares Einbauspiel $P_{SE\,meß}$ (weil P_{SE} auf Mitten der Rauhtiefen bezogen ist)	$P_{SE\,meß\,gr} = P_{SE\,gr} - (R_{tW} + R_{tL})$ $P_{SE\,meß\,kl} = P_{SE\,kl} - (R_{tW} + R_{tL})$ alle Maße in mm	**9**

Anmerkung: Das Fertigungsspiel wird durch Preßsitz der Lagerbuchse verringert. Richtwert: Verkleinerung des Bohrungsdurchmessers ca. 70 % des Passungsübermaßes.

Wälzlager

7.3. Allgemeine Beziehungen zur Wälzlagerbestimmung[1])

<table>
<tr>
<td>**1**</td>
<td>dynamisch äquivalente Lagerbelastung P
und
dynamische Kennzahl f_L (Lebensdauerfaktor f_L)</td>
<td>

$P = X F_r + Y F_a$ (allgemein für Radiallager)

Radiallager bei $F_a = 0$: $P = F_r$

Axiallager bei $F_r = 0$: $P = F_a$ für Axial-Rillenkugellager und
Axial-Pendelrollenlager

$P = F_a + 1{,}2\,F_r$ für $F_r \leqslant 0{,}55\,F_a$

(allgemein für Axial-Pendelrollenlager)

</td>
<td>

F_r Radialkraft
F_a Axialkraft
X Radialfaktor
Y Axialfaktor

</td>
</tr>
</table>

$$f_L = \frac{C}{P}\,f_n$$

anzustrebende f_L-Werte nach 7.4, 7.5, 7.6

C dynamische Tragzahl

f_n Drehzahlfaktor nach 7.5 und 7.6

Mit dem f_L-Wert ermittelt man aus 7.5 oder 7.6 die nominelle Lebensdauer L_h in Stunden. L_h muß bei Betriebstemperaturen von über 150 °C mit dem Faktor f_t verkleinert werden.

Betriebs-temperatur t	Temperatur-faktor f_t
150 °C	1
200 °C	0,73
250 °C	0,42
300 °C	0,22

<table>
<tr>
<td>**2**</td>
<td>statisch äquivalente Lagerbelastung P_0
und
statische Kennzahl f_s</td>
<td>

$P_0 = X_0 F_r + Y_0 F_a$

(allgemein für Radiallager)

Radiallager bei $F_a = 0$: $P_0 = F_r$

Axiallager bei $F_r = 0$: $P_0 = F_a$

$P_0 = F_a + 2{,}75\,F_r$ für Axial-Pendelrollenlager, wenn $F_r \leqslant 0{,}55\,F_a$

</td>
<td>

F_r Radialkraft
F_a Axialkraft
X_0 Radialfaktor
Y_0 Axialfaktor

</td>
</tr>
</table>

$$f_s = \frac{C_0}{P_0}$$

C_0 statische Tragzahl

Richtwerte für f_s:

$f_s = 1{,}5 \dots 2{,}5$ für hohe

$f_s = 1 \dots 1{,}5$ für normale   } Ansprüche an Leichtgängigkeit und Laufruhe

$f_s = 0{,}7 \dots 1$ für geringe

---

[1]) Sämtliche Angaben in den folgenden Tafeln zur Wälzlagerbestimmung wurden mit Genehmigung der FAG Kugelfischer Georg Schäfer & Co., 8720 Schweinfurt 2, dem Katalog FAG Standardprogramm Supplement 41 ST 500 D entnommen.

7.4. Richtwerte für die dynamische Kennzahl f_L (Lebensdauerfaktor)

Einbaustelle	anzu-strebender f_L-Wert	Einbaustelle	anzu-strebender f_L-Wert
Kraftfahrzeuge		**Werkzeugmaschinen**	
Motorräder	0,9 ... 1,6	Drehspindeln, Frässpindeln	3 ... 4,5
Leichte Personenwagen	1,4 ... 1,8	Bohrspindeln	3 ... 4
Schwere Personenwagen	1 ... 1,6	Schleifspindeln	2,5 ... 3,5
Leichte Lastwagen	1,8 ... 2,4	Werkstückspindeln von	3,5 ... 5
Schwere Lastwagen	2 ... 3	Schleifmaschinen	
Omnibusse	1,8 ... 2,8	Werkzeugmaschinengetriebe	3 ... 4
Verbrennungsmotor	1,2 ... 2	Pressen/Schwungrad	3,4 ... 4
		Pressen/Exzenterwelle	3 ... 3,5
		Elektrowerkzeuge und Druckluft-werkzeuge	2 ... 3
Schienenfahrzeuge			
Achslager von			
Förderwagen	2,5 ... 3,5	**Holzbearbeitungsmaschinen**	
Straßenbahnwagen	3,5 ... 4	Frässpindeln und Messerwellen	3 ... 4
Reisezugwagen	3 ... 3,5	Sägegatter/Hauptlager	3,5 ... 4
Güterwagen	3 ... 3,5	Sägegatter/Pleuellager	2,5 ... 3
Abraumwagen	3 ... 3,5		
Triebwagen	3,5 ... 4		
Lokomotiven/Außenlager	3,5 ... 4	**Getriebe im Allg. Maschinenbau**	
Lokomotiven/Innenlager	4,5 ... 5	Universalgetriebe	2 ... 3
Getriebe von Schienenfahrzeugen	3 ... 4,5	Getriebemotoren	2 ... 3
		Großgetriebe, stationär	3 ... 4,5
Schiffbau			
Schiffsdrucklager	3 ... 4	**Fördertechnik**	
Schiffswellentraglager	4 ... 6	Bandantriebe/Tagebau	4,5 ... 5,5
Große Schiffsgetriebe	2,5 ... 3,5	Förderbandrollen/Tagebau	4,5 ... 5
Kleine Schiffsgetriebe	2 ... 3	Förderbandrollen/allgemein	2,5 ... 3,5
Bootsantriebe	1,5 ... 2,5	Bandtrommeln	4 ... 4,5
		Schaufelradbagger/Fahrantrieb	2,5 ... 3,5
		Schaufelradbagger/Schaufelrad	4,5 ... 6
Landmaschinen		Schaufelradbagger/Schaufelradantrieb	4,5 ... 5,5
Ackerschlepper	1,5 ... 2	Förderseilscheiben	4 ... 4,5
selbstfahrende Arbeitsmaschinen	1,5 ... 2		
Saisonmaschinen	1 ... 1,5	**Pumpen, Gebläse, Kompressoren**	
		Ventilatoren, Gebläse	3,5 ... 4,5
Baumaschinen		Kreiselpumpen	4 ... 5
Planierraupen, Lader	2 ... 2,5	Hydraulik-Axialkolbenmaschinen und Hydraulik-Radialkolbenmaschinen	1 ... 2,5
Bagger/Fahrwerk	1 ... 1,5	Zahnradpumpen	1 ... 2,5
Bagger/Drehwerk	1,5 ... 2	Verdichter, Kompressoren	2 ... 3,5
Vibrations-Straßenwalzen, Unwuchterreger	1,5 ... 2,5		
Rüttlerflaschen	1 ... 1,5		
		Brecher, Mühlen, Siebe u.a.	
Elektromotoren		Backenbrecher	3 ... 3,5
E-Motoren für Haushaltsgeräte	1,5 ... 2	Kreiselbrecher, Walzenbrecher	3 ... 3,5
Serienmotoren	3,5 ... 4,5	Schlägermühlen	3,5 ... 4,5
Großmotoren	4 ... 5	Hammermühlen	3,5 ... 4,5
Elektrische Fahrmotoren	3 ... 3,5	Prallmühlen	3,5 ... 4,5
		Rohrmühlen	4 ... 5
Walzwerke, Hütteneinrichtungen		Schwingmühlen	2 ... 3
Walzgerüste	1 ... 3	Mahlbahnmühlen	4 ... 5
Walzwerksgetriebe	3 ... 4	Schwingsiebe	2,5 ... 3
Rollgänge	2,5 ... 3,5		
Schleudergießmaschinen	3,5 ... 4,5		

Wälzlager

7.5. Lebensdauer L_h, Lebensdauerfaktor f_L und Drehzahlfaktor f_n für Kugellager

f_L-Werte für Kugellager

L_h h	f_L	L_h h	f_L	L_h h	f_L	L_h h	f_L	L_h h	f_L
100	0,585	420	0,944	1700	1,5	6500	2,35	28000	3,83
110	0,604	440	0,958	1800	1,53	7000	2,41	30000	3,91
120	0,621	460	0,973	1900	1,56	7500	2,47	32000	4
130	0,638	480	0,986	2000	1,59	8000	2,52	34000	4,08
140	0,654	500	1	2200	1,64	8500	2,57	36000	4,16
150	0,669	550	1,03	2400	1,69	9000	2,62	38000	4,24
160	0,684	600	1,06	2600	1,73	9500	2,67	40000	4,31
170	0,698	650	1,09	2800	1,78	10000	2,71	42000	4,38
180	0,711	700	1,12	3000	1,82	11000	2,8	44000	4,45
190	0,724	750	1,14	3200	1,86	12000	2,88	46000	4,51
200	0,737	800	1,17	3400	1,89	13000	2,96	48000	4,58
220	0,761	850	1,19	3600	1,93	14000	3,04	50000	4,64
240	0,783	900	1,22	3800	1,97	15000	3,11	55000	4,79
260	0,804	950	1,24	4000	2	16000	3,17	60000	4,93
280	0,824	1000	1,26	4200	2,03	17000	3,24	65000	5,07
300	0,843	1100	1,3	4400	2,06	18000	3,3	70000	5,19
320	0,862	1200	1,34	4600	2,1	19000	3,36	75000	5,31
340	0,879	1300	1,38	4800	2,13	20000	3,42	80000	5,43
360	0,896	1400	1,41	5000	2,15	22000	3,53	85000	5,54
380	0,913	1500	1,44	5500	2,22	24000	3,63	90000	5,65
400	0,928	1600	1,47	6000	2,29	26000	3,73	100000	5,85

f_n-Werte für Kugellager

n min^{-1}	f_n	n min^{-1}	f_n	n min^{-1}	f_n	n min^{-1}	f_n	n min^{-1}	f_n
10	1,49	55	0,846	340	0,461	1800	0,265	9500	0,152
11	1,45	60	0,822	360	0,452	1900	0,26	10000	0,149
12	1,41	65	0,8	380	0,444	2000	0,255	11000	0,145
13	1,37	70	0,781	400	0,437	2200	0,247	12000	0,141
14	1,34	75	0,763	420	0,43	2400	0,24	13000	0,137
15	1,3	80	0,747	440	0,423	2600	0,234	14000	0,134
16	1,28	85	0,732	460	0,417	2800	0,228	15000	0,131
17	1,25	90	0,718	480	0,411	3000	0,223	16000	0,128
18	1,23	95	0,705	500	0,405	3200	0,218	17000	0,125
19	1,21	100	0,693	550	0,393	3400	0,214	18000	0,123
20	1,19	110	0,672	600	0,382	3600	0,21	19000	0,121
22	1,15	120	0,652	650	0,372	3800	0,206	20000	0,119
24	1,12	130	0,635	700	0,362	4000	0,203	22000	0,115
26	1,09	140	0,62	750	0,354	4200	0,199	24000	0,112
28	1,06	150	0,606	800	0,347	4400	0,196	26000	0,109
30	1,04	160	0,593	850	0,34	4600	0,194	28000	0,106
32	1,01	170	0,581	900	0,333	4800	0,191	30000	0,104
34	0,993	180	0,57	950	0,327	5000	0,188	32000	0,101
36	0,975	190	0,56	1000	0,322	5500	0,182	34000	0,0993
38	0,957	200	0,55	1100	0,312	6000	0,177	36000	0,0975
40	0,941	220	0,533	1200	0,303	6500	0,172	38000	0,0957
42	0,926	240	0,518	1300	0,295	7000	0,168	40000	0,0941
44	0,912	260	0,504	1400	0,288	7500	0,164	42000	0,0926
46	0,898	280	0,492	1500	0,281	8000	0,161	44000	0,0912
48	0,886	300	0,481	1600	0,275	8500	0,158	46000	0,0898
50	0,874	320	0,471	1700	0,27	9000	0,155	50000	0,0874

7.6. Lebensdauer L_h, Lebensdauerfaktor f_L und Drehzahlfaktor f_n für Rollenlager und Nadellager

f_L-Werte für Rollenlager und Nadellager

L_h h	f_L	L_h h	f_L	L_h h	f_L	L_h h	f_L	L_h h	f_L
100	0,617	420	0,949	1700	1,44	6500	2,16	28000	3,35
110	0,635	440	0,962	1800	1,47	7000	2,21	30000	3,42
120	0,652	460	0,975	1900	1,49	7500	2,25	32000	3,48
130	0,668	480	0,988	2000	1,52	8000	2,3	34000	3,55
140	0,683	500	1	2200	1,56	8500	2,34	36000	3,61
150	0,697	550	1,03	2400	1,6	9000	2,38	38000	3,67
160	0,71	600	1,06	2600	1,64	9500	2,42	40000	3,72
170	0,724	650	1,08	2800	1,68	10000	2,46	42000	3,78
180	0,736	700	1,11	3000	1,71	11000	2,53	44000	3,83
190	0,748	750	1,13	3200	1,75	12000	2,59	46000	3,88
200	0,76	800	1,15	3400	1,78	13000	2,66	48000	3,93
220	0,782	850	1,17	3600	1,81	14000	2,72	50000	3,98
240	0,802	900	1,19	3800	1,84	15000	2,77	55000	4,1
260	0,822	950	1,21	4000	1,87	16000	2,83	60000	4,2
280	0,84	1000	1,23	4200	1,89	17000	2,88	65000	4,31
300	0,858	1100	1,27	4400	1,92	18000	2,93	70000	4,4
320	0,875	1200	1,3	4600	1,95	19000	2,98	80000	4,58
340	0,891	1300	1,33	4800	1,97	20000	3,02	90000	4,75
360	0,906	1400	1,36	5000	2	22000	3,11	100000	4,9
380	0,921	1500	1,39	5500	2,05	24000	3,19	150000	5,54
400	0,935	1600	1,42	6000	2,11	26000	3,27	200000	6,03

f_n-Werte für Rollenlager und Nadellager

n min^{-1}	f_n	n min^{-1}	f_n	n min^{-1}	f_n	n min^{-1}	f_n	n min^{-1}	f_n
10	1,44	55	0,861	340	0,498	1800	0,302	9500	0,183
11	1,39	60	0,838	360	0,49	1900	0,297	10000	0,181
12	1,36	65	0,818	380	0,482	2000	0,293	11000	0,176
13	1,33	70	0,8	400	0,475	2200	0,285	12000	0,171
14	1,3	75	0,784	420	0,468	2400	0,277	13000	0,167
15	1,27	80	0,769	440	0,461	2600	0,271	14000	0,163
16	1,25	85	0,755	460	0,455	2800	0,265	15000	0,16
17	1,22	90	0,742	480	0,449	3000	0,259	16000	0,157
18	1,2	95	0,73	500	0,444	3200	0,254	17000	0,154
19	1,18	100	0,719	550	0,431	3400	0,25	18000	0,151
20	1,17	110	0,699	600	0,42	3600	0,245	19000	0,149
22	1,13	120	0,681	650	0,41	3800	0,242	20000	0,147
24	1,1	130	0,665	700	0,401	4000	0,238	22000	0,143
26	1,08	140	0,65	750	0,393	4200	0,234	24000	0,139
28	1,05	150	0,637	800	0,385	4400	0,231	26000	0,136
30	1,03	160	0,625	850	0,378	4600	0,228	28000	0,133
32	1,01	170	0,613	900	0,372	4800	0,225	30000	0,13
34	0,994	180	0,603	950	0,366	5000	0,222	32000	0,127
36	0,977	190	0,593	1000	0,36	5500	0,216	34000	0,125
38	0,961	200	0,584	1100	0,35	6000	0,211	36000	0,123
40	0,947	220	0,568	1200	0,341	6500	0,206	38000	0,121
42	0,933	240	0,553	1300	0,333	7000	0,201	40000	0,119
44	0,92	260	0,54	1400	0,326	7500	0,197	42000	0,117
46	0,908	280	0,528	1500	0,319	8000	0,193	44000	0,116
48	0,896	300	0,517	1600	0,313	8500	0,19	46000	0,114
50	0,885	320	0,507	1700	0,307	9000	0,186	50000	0,111

Wälzlager

7.7. Wellentoleranzen

Radiallager mit zylindrischer Bohrung

Belastungsart	Lagerart	Wellendurchmesser	Verschiebbarkeit Belastung	Toleranzfeld
Punktlast für den Innenring	Kugellager, Rollenlager und Nadellager	alle Größen	Loslager mit verschiebbarem Innenring	g6 (g5) h6 (h5)
			Schrägkugellager und Kegelrollenlager mit angestelltem Innenring	h6 (j6)
Umfangslast für den Innenring oder unbestimmte Last	Kugellager	bis 40 mm	normale Belastung	j6 (j5)
		bis 100 mm	kleine Belastung	j6 (j5)
			normale und hohe Belastung	k6 (k5)
		bis 200 mm	kleine Belastung	k6 (k5)
			normale und hohe Belastung	m6 (m5)
		über 200 mm	normale Belastung	m6 (m5)
			hohe Belastung, Stöße	n6 (n5)
	Rollenlager und Nadellager	bis 60 mm	kleine Belastung	j6 (j5)
			normale und hohe Belastung	k6 (k5)
		bis 200 mm	kleine Belastung	k6 (k5)
			normale Belastung	m6 (m5)
			hohe Belastung	n6 (n5)
		bis 500 mm	normale Belastung	m6 (n6)
			hohe Belastung, Stöße	p6
		über 500 mm	normale Belastung	n6 (p6)
			hohe Belastung	p6

Axiallager

Belastungsart	Lagerart	Wellendurchmesser	Betriebsbedingungen	Toleranzfeld
Axiallast	Axial-Rillenkugellager	alle Größen		j6
	Axial-Rillenkugellager zweiseitig wirkend	alle Größen		k6
	Axial-Zylinderrollenlager oder Axial-Nadelkranz mit Wellenscheibe	alle Größen		h6 (j6)
	Axial-Zylinderrollenkranz oder Axial-Nadelkranz mit Lauf- oder Axialscheibe	alle Größen		h10
	Axial-Zylinderrollenkranz oder Axial-Nadelkranz	alle Größen		h8
Kombinierte Belastung	Axial-Pendelrollenlager	alle Größen	Punktlast für die Wellenscheibe	j6
		bis 200 mm	Umfangslast für die Wellenscheibe	j6 (k6)
		über 200 mm		k6 (m6)

7.8. Gehäusetoleranzen

Radiallager

Belastungsart	Verschiebbarkeit Belastung	Betriebsbedingungen	Toleranzfeld
Punktlast für den Außenring	Loslager mit leicht verschiebbarem Außenring	Die Qualität der Toleranz richtet sich nach der notwendigen Laufgenauigkeit	H7 (H6)
	Außenring meist verschiebbar, Schrägkugellager und Kegelrollenlager mit angestelltem Außenring	hohe Laufgenauigkeit notwendig	H6 (J6)
		normale Laufgenauigkeit	H7 (J7)
		Wärmezufuhr von der Welle	G7
Umfangslast für den Außenring oder unbestimmte Last	kleine Belastung	Bei hohen Anforderungen an die Laufgenauigkeit K6, M6, N6 und P6	K7 (K6)
	normale Belastung, Stöße		M7 (M6)
	hohe Belastung, Stöße		N7 (N6)
	hohe Belastung, starke Stöße, dünnwandige Gehäuse		P7 (P6)

Axiallager

Belastungsart	Lagerart	Betriebsbedingungen	Toleranzfeld
Axiallast	Axial-Rillenkugellager	normale Laufgenauigkeit hohe Laufgenauigkeit	E 8 H6
	Axial-Zylinderrollenlager oder Axial-Nadelkranz mit Gehäusescheibe		H7 (K7)
	Axial-Zylinderrollenkranz oder Axial-Nadelkranz mit Lauf- oder Axialscheibe		H11
	Axial-Zylinderrollenkranz oder Axial-Nadelkranz		H10
	Axial-Pendelrollenlager	normale Belastung hohe Belastung	E 8 G7
kombinierte Belastung Punktlast für die Gehäusescheibe	Axial-Pendelrollenlager		H7
kombierte Belastung Umfangslast für die Gehäusescheibe	Axial-Pendelrollenlager		K7

Wälzlager

7.9. Rillenkugellager, äquivalente Belastung und Einbaumaße

1 | dynamisch äquivalente Lagerbelastung P

$$P = XF_r + YF_a$$

für einreihige und zweireihige Rillenkugellager

F_r	Radialkraft
F_a	Axialkraft
X	Radialfaktor
Y	Axialfaktor

X Radialfaktor, Y Axialfaktor nach Nr. 3

---

2 | statisch äquivalente Lagerbelastung P_0

$$P_0 = F_r \qquad \text{für } \frac{F_a}{F_r} \leqslant 0{,}8$$

$$P_0 = 0{,}6 \cdot F_r + 0{,}5 \cdot F_a \quad \text{für } \frac{F_a}{F_r} > 0{,}8$$

für einreihige und zweireihige Rillenkugellager

---

3 | Radial- und Axialfaktoren X und Y für Rillenkugellager (für normale Lagerluft)

$\dfrac{F_a}{C_0}$	e	$\dfrac{F_a}{F_r} \leqslant e$		$\dfrac{F_a}{F_r} > e$	
		X	Y	X	Y
0,025	0,22	1	0	0,56	2
0,04	0,24	1	0	0,56	1,8
0,07	0,27	1	0	0,56	1,6
0,13	0,31	1	0	0,56	1,4
0,25	0,37	1	0	0,56	1,2
0,5	0,44	1	0	0,56	1

Die statische Tragzahl C_0 wird der Tafel 7.10 für Rillenkugellager entnommen.

---

4 | Einbaumaße in mm (Kantenabstände nach DIN 620, Teil 6, Rundungen und Schulterhöhen nach DIN 5418)

Kantenabstand $r_{s\,min}$	Hohlkehlenradius $r_{g\,max}$	Schulterhöhe h_{min} Lagerreihe 618 | 160 | 161 | 60	
		618 | 62	
		160 | 63	
		161 | 42	
		60 | 43	
0,15	0,15	0,4	0,7
0,2	0,2	0,7	0,9
0,3	0,3	1	1,2
0,6	0,6	1,6	2,1
1	1	2,3	2,8
1,1	1	3	3,5
1,5	1,5	3,5	4,5
2	2	4,4	5,5
2,1	2,1	5,1	6
3	2,5	6,2	7
4	3	7,3	8,5
5	4	9	10

7.10. Rillenkugellager, einreihig, Maße und Tragzahlen

d Wellendurchmesser
D Lageraußendurchmesser
B Lagerbreite
r_s Kantenabstand *)

C dynamische Tragzahl
C_0 statische Tragzahl

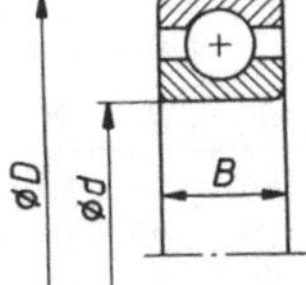

Maße in mm				Tragzahlen in kN dyn. C	stat. C_0	Kurz-zeichen	Maße in mm				Tragzahlen in kN dyn. C	stat. C_0	Kurz-zeichen
d	D	B	$r_{s\,min}$				d	D	B	$r_{s\,min}$			
3	10	4	0,15	0,71	0,23	623	25	37	7	0,3	3,8	2,45	61805
4	9	2,5	0,15	0,64	0,2	618/4	25	47	8	0,3	7,2	4,05	16005
4	13	5	0,2	1,29	0,41	624	25	47	12	0,6	10	5,1	6005
4	16	5	0,3	1,9	0,59	634	25	52	15	1	14,3	6,95	6205
5	16	5	0,3	1,9	0,59	625	25	62	17	1,1	22,4	10	6305
5	19	6	0,3	2,45	0,9	635	25	80	21	1,5	36	16,6	6405
6	13	3,5	0,15	1,06	0,38	618/6	30	42	7	0,3	4,15	2,9	61806
6	19	6	0,3	2,45	0,9	626	30	55	9	0,3	11,2	6,4	16006
7	14	3,5	0,15	0,88	0,36	618/7	30	55	13	1	12,7	6,95	6006
7	19	6	0,3	2,45	0,9	607	30	62	16	1	19,3	9,8	6206
7	22	7	0,3	3,25	1,18	627	30	72	19	1,1	29	14	6306
8	16	4	0,2	1,6	0,62	618/8	30	90	23	1,5	42,5	20	6406
8	22	7	0,3	3,25	1,18	608	35	47	7	0,3	4,3	3,25	61807
9	24	7	0,3	3,65	1,43	609	35	62	9	0,3	12,2	7,65	16007
9	26	8	0,6	4,55	1,7	629	35	62	14	1	16,3	9	6007
10	19	5	0,3	1,83	0,8	61800	35	72	17	1,1	25,5	13,2	6207
10	26	8	0,3	4,55	1,7	6000	35	80	21	1,5	33,5	16,6	6307
10	28	8	0,3	5	1,86	16100	35	100	25	1,5	55	26,5	6407
10	30	9	0,6	6	2,24	6200	40	52	7	0,3	4,65	3,8	61808
10	35	11	0,6	8,15	3	6300	40	68	9	0,3	13,2	9	16008
12	21	5	0,3	1,93	0,9	61801	40	68	15	1	17	10,2	6008
12	28	8	0,3	5,1	2,04	6001	40	80	18	1,1	29	15,6	6208
12	30	8	0,3	5,6	2,24	16101	40	90	23	1,5	42,5	21,6	6308
12	32	10	0,6	6,95	2,65	6201	40	110	27	2	63	31,5	6408
12	37	12	1	9,65	3,65	6301	45	58	7	0,3	6,4	5,1	61809
15	24	5	0,3	2,08	1,1	61802	45	75	10	0,6	15,6	10,6	16009
15	32	8	0,3	5,6	2,36	16002	45	75	16	1	20	12,5	6009
15	32	9	0,3	5,6	2,45	6002	45	85	19	1,1	32,5	17,6	6209
15	35	11	0,6	7,8	3,25	6202	45	100	25	1,5	53	27,5	6309
15	42	13	1	11,4	4,65	6302	45	120	29	2	76,5	39	6409
17	26	5	0,3	2,24	1,27	61803	50	65	7	0,3	6,8	5,7	61810
17	35	8	0,3	6,1	2,75	16003	50	80	10	0,6	16	11,6	16010
17	35	10	0,3	6	2,8	6003	50	80	16	1	20,8	13,7	6010
17	40	12	0,6	9,5	4,15	6203	50	90	20	1,1	36,5	20,8	6210
17	47	14	1	13,4	5,6	6303	50	110	27	2	62	32,5	6310
17	62	17	1,1	23,6	9,65	6403	50	130	31	2,1	86,5	45	6410
20	32	7	0,3	3,45	1,96	61804	55	72	9	0,3	9	7,65	61811
20	42	8	0,3	6,95	3,55	16004	55	90	11	0,6	19,3	14,3	16011
20	42	12	0,6	9,3	4,4	6004	55	90	18	1,1	28,5	18,6	6011
20	47	14	1	12,7	5,7	6204	55	100	21	1,5	43	25,5	6211
20	52	15	1,1	17,3	7,35	6304	55	120	29	2	76,5	40,5	6311
20	72	19	1,1	30,5	12,9	6404	55	140	33	2,1	100	53	6411

*) siehe 7.9 [4]

Fortsetzung →

Wälzlager

d	D	B	$r_{s\,min}$	dyn. C	stat. C_0	Kurz-zeichen	d	D	B	$r_{s\,min}$	dyn. C	stat. C_0	Kurz-zeichen
60	78	10	0,3	9,3	8,15	61812	105	160	18	1	54	46,5	16021
60	95	11	0,6	20	15,3	16012	105	160	26	2	71	56	6021
60	95	18	1,1	29	20	6012	105	190	36	2,1	132	90	6221
60	110	22	1,5	52	31	6212	105	225	49	3	173	127	6321
60	130	31	2,1	81,5	45	6312	110	140	16	1	24,5	24,5	61822
60	150	35	2,1	110	60	6412	110	170	19	1	57	49	16022
65	85	10	0,6	11,6	10	61813	110	170	28	2	80	62	6022
65	100	11	0,6	21,2	17,3	16013	110	200	38	2,1	143	102	6222
65	100	19	1,1	30,5	22	6013	110	240	50	3	190	143	6322
65	120	23	1,5	60	36	6213	120	150	16	1	25	26	61824
65	140	33	2,1	93	52	6313	120	180	19	1	61	56	16024
65	160	37	2,1	118	68	6413	120	180	28	2	83	68	6024
70	90	10	0,6	12,5	11,2	61814	120	215	40	2,1	146	108	6224
70	110	13	0,6	28	22	16014	120	260	55	3	212	163	6324
70	110	20	1,1	39	27,5	6014	130	165	18	1,1	32,5	34	61826
70	125	24	1,5	62	38	6214	130	200	22	1,1	78	71	16026
70	150	35	2,1	104	58,5	6314	130	200	33	2	104	86,5	6026
70	180	42	3	143	88	6414	130	230	40	3	166	127	6226
75	95	10	0,6	12,9	12	61815	130	280	58	4	228	186	6326
75	115	13	0,6	28,5	23,2	16015	140	175	18	1,1	34	36,5	61828
75	115	20	1,1	40	30	6015	140	210	22	1,1	80	76,5	16028
75	130	25	1,5	65,5	42,5	6215	140	210	33	2	108	93	6028
75	160	37	2,1	114	67	6315	140	250	42	3	176	143	6228
75	190	45	3	153	98	6415	140	300	62	4	255	212	6328
80	100	10	0,6	12,9	12,5	61816	150	190	20	1,1	42,5	44	61830
80	125	14	0,6	32	27,5	16016	150	225	24	1,1	91,5	86,5	16030
80	125	22	1,1	47,5	34,5	6016	150	225	35	2,1	122	108	6030
80	140	26	2	72	45,5	6216	150	270	45	3	176	146	6230
80	170	39	2,1	122	75	6316	150	320	65	4	285	260	6330
80	200	48	3	163	108	6416	160	200	20	1,1	44	48	61832
85	110	13	1	18,3	16,3	61817	160	240	25	1,5	102	100	16032
85	130	14	0,6	34	29	16017	160	240	38	2,1	140	122	6032
85	130	22	1,1	50	37,5	6017	160	290	48	3	200	176	6232
85	150	28	2	83	55	6217	160	340	68	4	300	280	6332
85	180	41	3	125	76,5	6317	170	215	22	1,1	54	58,5	61834
85	210	52	4	173	118	6417	170	260	28	1,5	122	118	16034
90	115	13	1	21,6	19,3	61818	170	260	42	2,1	170	150	6034
90	140	16	1	41,5	34,5	16018	170	310	52	4	212	196	6234
90	140	24	1,5	58,5	43	6018	170	360	72	4	325	315	6334
90	160	30	2	96,5	62	6218	180	225	22	1,1	56	63	61836
90	190	43	3	134	88	6318	180	280	31	2	140	129	16036
90	225	54	4	196	140	6418	180	280	46	2,1	186	170	6036
95	120	13	1	22	20,4	61819	180	320	52	4	224	212	6236
95	145	16	1	40	35,5	16019	180	380	75	4	355	355	6336
95	145	24	1,5	60	46,5	6019	190	240	24	1,5	67	73,5	61838
95	170	32	2,1	108	71	6219	190	290	31	2	150	146	16038
95	200	45	3	143	98	6319	190	290	46	2,1	196	186	6038
100	125	13	1	23,6	22,8	61820	190	340	55	4	255	245	6238
100	150	16	1	44	39	16020	190	400	78	5	375	380	6338
100	150	24	1,5	60	47,5	6020	200	250	24	1,5	68	76,5	61840
100	180	34	2,1	122	80	6220	200	310	34	2	170	166	16040
100	215	47	3	163	116	6320	200	310	51	2,1	212	208	6040
							200	360	58	4	270	270	6240

7.11. Schrägkugellager, zweireihig, äquivalente Belastung

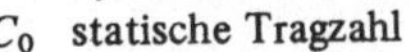

dynamisch äquivalente Lagerbelastung P	für Druckwinkel $\alpha = 25°$ (Standardausführung B):

für Druckwinkel $\alpha = 25°$ (Standardausführung B):

$$P = F_r + 0,92\,F_a \qquad \text{für } \frac{F_a}{F_r} \leqslant 0,68 \qquad F_r \ \text{Radialkraft}$$

$$\qquad\qquad\qquad\qquad\qquad\qquad\qquad\qquad\qquad F_a \ \text{Axialkraft}$$

$$P = 0,67\,F_r + 1,41\,F_a \qquad \text{für } \frac{F_a}{F_r} > 0,68$$

für Druckwinkel $\alpha = 35°$:

$$P = F_r + 0,66\,F_a \qquad \text{für } \frac{F_a}{F_r} \leqslant 0,95$$

$$P = 0,6\,F_r + 1,07\,F_a \qquad \text{für } \frac{F_a}{F_r} > 0,95$$

statisch äquivalente Lagerbelastung P_0

für Druckwinkel $\alpha = 25°$:

$$P_0 = F_r + 0,76\,F_a$$

für Druckwinkel $\alpha = 35°$:

$$P_0 = F_r + 0,58\,F_a$$

7.12. Schrägkugellager, zweireihig, Maße und Tragzahlen

d Wellendurchmesser
D Lageraußendurchmesser
B Lagerbreite
r_s Kantenabstand *)

C dynamische Tragzahl
C_0 statische Tragzahl

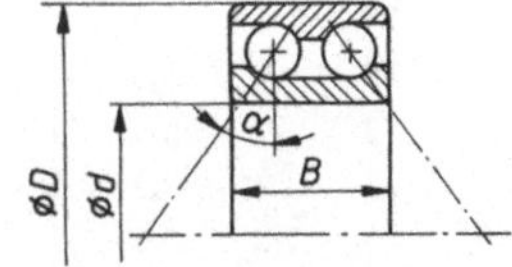

Maße in mm				Tragzahlen in kN dyn.	stat.	Kurz-zeichen	Maße in mm				Tragzahlen in kN dyn.	stat.	Kurz-zeichen
d	D	B	$r_{s\,min}$	C	C_0		d	D	B	$r_{s\,min}$	C	C_0	
10	30	14	0,6	7,8	3,9	3200B	60	110	36,5	1,5	69,5	72	3212
12	32	15,9	0,6	10,6	5,1	3201B	60	130	54	2,1	114	112	3312
15	35	15,9	0,6	11,8	6,1	3202B	65	120	38,1	1,5	73,5	83	3213
15	42	19	1	16,3	8,65	3302B	65	140	58,7	2,1	129	129	3313
17	40	17,5	0,6	14,6	7,8	3203B	70	125	39,7	1,5	81,5	91,5	3214
17	47	22,2	1	20,8	10,6	3303B	70	150	63,5	2,1	143	146	3314
20	47	20,6	1	19,6	10,8	3204B	75	130	41,3	1,5	85	98	3215
20	52	22,2	1,1	23,2	12,9	3304B	75	160	68,3	2,1	163	166	3315
25	52	20,6	1	21,2	12,7	3205B	80	140	44,4	2	95	110	3216
25	62	25,4	1,1	30	17,3	3305B	80	170	68,3	2,1	176	186	3316
30	62	23,8	1	30	18,3	3206B	85	150	49,2	2	112	132	3217
30	72	30,2	1,1	41,5	24,5	3306B	85	180	73	3	190	200	3317
35	72	27	1,1	39	25	3207B	90	160	52,4	2	125	146	3218
35	80	34,9	1,5	51	30	3307B	90	190	73	3	216	240	3318
40	80	30,2	1,1	48	31,5	3208B	95	170	55,6	2,1	140	163	3219
40	90	36,5	1,5	62	39	3308B	95	200	77,8	3	220	245	3319
45	85	30,2	1,1	48	32	3209B	100	180	60,3	2,1	160	196	3220
45	100	39,7	1,5	71	67	3309	100	215	82,6	3	240	280	3320
50	90	30,2	1,1	51	36,5	3210B	105	190	65,1	2,1	176	208	3221
55	100	33,3	1,5	54	58,5	3211	110	200	69,8	2,1	190	228	3222
55	120	49,2	2	98	95	3311	110	240	92,1	3	280	345	3322

*) siehe 7.9 [4]

7.13. Pendelkugellager, äquivalente Belastung

<table>
<tr><td>**1**</td><td>dynamisch äquivalente
Lagerbelastung P</td><td>$P = F_r + YF_a$ für $\dfrac{F_a}{F_r} \leqslant e$

 $P = 0{,}65 \cdot F_r + YF_a$ für $\dfrac{F_a}{F_r} > e$</td><td>F_r Radialkraft
F_a Axialkraft
Y, Y_0 Axialfaktoren
      nach 7.14
e siehe Tafel 7.14</td></tr>
<tr><td>**2**</td><td>statisch äquivalente
Lagerbelastung P_0</td><td>$P_0 = F_r + Y_0 F_a$</td><td></td></tr>
</table>

7.14. Pendelkugellager, Maße, Tragzahlen und Faktoren

d Wellendurchmesser C dynamische Tragzahl
D Lageraußendurchmesser C_0 statische Tragzahl
B Lagerbreite Y, Y_0 Axialfaktoren
r_s Kantenabstand*)

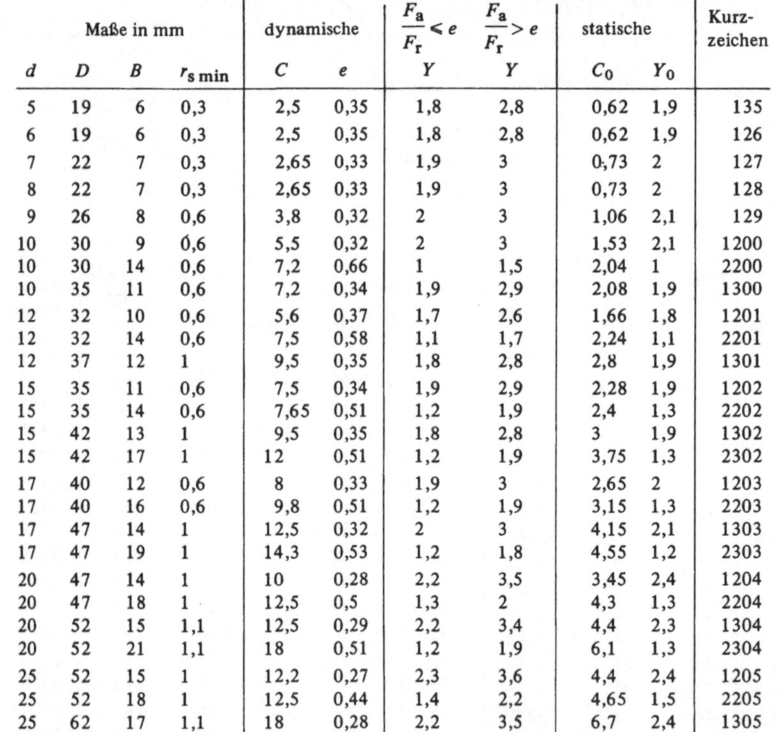

| Maße in mm | | | | Tragzahlen C, C_0 in kN und Faktoren | | | | | | Kurz-zeichen |
| | | | | dynamische | | $\dfrac{F_a}{F_r} \leqslant e$ | $\dfrac{F_a}{F_r} > e$ | statische | | |
d	D	B	$r_{s\,min}$	C	e	Y	Y	C_0	Y_0	
5	19	6	0,3	2,5	0,35	1,8	2,8	0,62	1,9	135
6	19	6	0,3	2,5	0,35	1,8	2,8	0,62	1,9	126
7	22	7	0,3	2,65	0,33	1,9	3	0,73	2	127
8	22	7	0,3	2,65	0,33	1,9	3	0,73	2	128
9	26	8	0,6	3,8	0,32	2	3	1,06	2,1	129
10	30	9	0,6	5,5	0,32	2	3	1,53	2,1	1200
10	30	14	0,6	7,2	0,66	1	1,5	2,04	1	2200
10	35	11	0,6	7,2	0,34	1,9	2,9	2,08	1,9	1300
12	32	10	0,6	5,6	0,37	1,7	2,6	1,66	1,8	1201
12	32	14	0,6	7,5	0,58	1,1	1,7	2,24	1,1	2201
12	37	12	1	9,5	0,35	1,8	2,8	2,8	1,9	1301
15	35	11	0,6	7,5	0,34	1,9	2,9	2,28	1,9	1202
15	35	14	0,6	7,65	0,51	1,2	1,9	2,4	1,3	2202
15	42	13	1	9,5	0,35	1,8	2,8	3	1,9	1302
15	42	17	1	12	0,51	1,2	1,9	3,75	1,3	2302
17	40	12	0,6	8	0,33	1,9	3	2,65	2	1203
17	40	16	0,6	9,8	0,51	1,2	1,9	3,15	1,3	2203
17	47	14	1	12,5	0,32	2	3	4,15	2,1	1303
17	47	19	1	14,3	0,53	1,2	1,8	4,55	1,2	2303
20	47	14	1	10	0,28	2,2	3,5	3,45	2,4	1204
20	47	18	1	12,5	0,5	1,3	2	4,3	1,3	2204
20	52	15	1,1	12,5	0,29	2,2	3,4	4,4	2,3	1304
20	52	21	1,1	18	0,51	1,2	1,9	6,1	1,3	2304
25	52	15	1	12,2	0,27	2,3	3,6	4,4	2,4	1205
25	52	18	1	12,5	0,44	1,4	2,2	4,65	1,5	2205
25	62	17	1,1	18	0,28	2,2	3,5	6,7	2,4	1305
25	62	24	1,1	24,5	0,48	1,3	2	8,5	1,4	2305
30	62	16	1	15,6	0,25	2,5	3,9	6,2	2,6	1206
30	62	20	1	15,3	0,4	1,6	2,4	6,1	1,6	2206
30	72	19	1,1	21,2	0,26	2,4	3,7	8,5	2,5	1306
30	72	27	1,1	31,5	0,45	1,4	2,2	11,4	1,7	2306
35	72	17	1,1	16	0,22	2,9	4,4	6,95	3	1207
35	72	23	1,1	21,6	0,37	1,7	2,6	8,8	1,8	2207
35	80	21	1,5	25	0,26	2,4	3,7	10,6	2,5	1307
35	80	31	1,5	39	0,47	1,3	2,1	14,6	1,4	2307

*) siehe 7.9 [4]

| Maße in mm | | | | Tragzahlen C, C_0 in kN und Faktoren | | | | | | Kurz-zeichen |
| | | | | dynamische | | $\dfrac{F_a}{F_r} \leqslant e$ | $\dfrac{F_a}{F_r} > e$ | statische | | |
d	D	B	$r_{s\,min}$	C	e	Y	Y	C_0	Y_0	
40	80	18	1,1	19,3	0,22	2,9	4,4	8,8	3	1208
40	80	23	1,1	22,4	0,34	1,9	2,9	10	1,9	2208
40	90	23	1,5	29	0,25	2,5	3,9	12,9	2,6	1308
40	90	33	1,5	45	0,43	1,5	2,3	17,6	1,5	2308
45	85	19	1,1	22	0,21	3	4,6	10	3,1	1209
45	85	23	1,1	23,2	0,31	2	3,1	11	2,1	2209
45	100	25	1,5	38	0,25	2,5	3,9	17	2,6	1309
45	100	36	1,5	54	0,43	1,5	2,3	22	1,5	2309
50	90	20	1,1	22,8	0,2	3,1	4,9	11	3,3	1210
50	90	23	1,1	23,2	0,29	2,2	3,4	11,6	2,3	2210
50	110	27	2	41,5	0,24	2,6	4,1	19,3	2,7	1310
50	110	40	2	64	0,43	1,5	2,3	26,5	1,5	2310
55	100	21	1,5	27	0,19	3,3	5,1	13,7	3,5	1211
55	100	25	1,5	26,5	0,28	2,2	3,5	13,4	2,4	2211
55	120	29	2	51	0,24	2,6	4,1	24	2,7	1311
55	120	43	2	75	0,42	1,5	2,3	31,5	1,6	2311
60	110	22	1,5	30	0,18	3,5	5,4	16	3,7	1212
60	110	28	1,5	34	0,29	2,2	3,4	17,3	2,3	2212
60	130	31	2,1	57	0,23	2,7	4,2	28	2,9	1312
60	130	46	2,1	86,5	0,41	1,5	2,4	37,5	1,6	2312
65	120	23	1,5	31	0,18	3,5	5,4	17,3	3,7	1213
65	120	31	1,5	44	0,29	2,2	3,4	22,4	2,3	2213
65	140	33	2,1	62	0,23	2,7	4,2	31	2,9	1313
65	140	48	2,1	95	0,39	1,6	2,5	43	1,7	2313
70	125	24	1,5	34,5	0,19	3,3	5,1	19	3,5	1214
70	125	31	1,5	44	0,27	2,3	3,6	23,2	2,4	2214
70	150	35	2,1	75	0,23	2,7	4,2	37,5	2,9	1314
70	150	51	2,1	110	0,38	1,7	2,6	50	1,7	2314
75	130	25	1,5	39	0,17	3,7	5,7	21,6	3,9	1215
75	130	31	1,5	44	0,26	2,4	3,7	24,5	2,5	2215
75	160	37	2,1	80	0,23	2,7	4,2	40,5	2,9	1315
75	160	55	2,1	122	0,38	1,7	2,6	56	1,7	2315
80	140	26	2	40	0,16	3,9	6,1	23,6	4,1	1216
80	140	33	2	51	0,25	2,5	3,9	28,5	2,6	2216
80	170	39	2,1	88	0,22	2,9	4,4	45	3	1316
80	170	58	2,1	137	0,37	1,7	2,6	64	1,8	2316
85	150	28	2	49	0,17	3,7	5,7	28,5	3,9	1217
85	150	36	2	58,5	0,26	2,4	3,8	32	2,5	2217
85	180	41	3	98	0,22	2,9	4,4	51	3	1317
85	180	60	3	140	0,37	1,7	2,6	68	1,8	2317
90	160	30	2	57	0,17	3,7	5,7	32	3,9	1218
90	160	40	2	71	0,27	2,3	3,6	39	2,4	2218
90	190	43	3	108	0,22	2,9	4,4	58,5	3	1318
90	190	65	3	153	0,39	1,6	2,5	76,5	1,7	2318
100	180	34	2,1	69,5	0,18	3,5	5,4	41,5	3,7	1220
100	180	46	2,1	98	0,27	2,3	3,6	55	2,4	2220
100	215	47	3	143	0,23	2,7	4,2	76,5	2,9	1320
100	215	73	3	193	0,38	1,7	2,6	104	1,7	2320
110	200	38	2,1	88	0,17	3,7	5,7	53	3,9	1222
120	215	42	2,1	120	0,2	3,2	4,9	72	3,3	1224
130	230	46	3	125	0,19	3,3	5,1	76,5	3,5	1226
140	250	50	3	163	0,21	3	4,6	100	3,1	1228
150	270	54	3	183	0,22	2,9	4,4	118	3	1230

Wälzlager

7.15. Zylinderrollenlager, äquivalente Belastung

1 dynamisch äquivalente Lagerbelastung P	$P = F_\mathrm{r}$	F_r Radialkraft
2 statisch äquivalente Lagerbelastung P_0	$P_0 = F_\mathrm{r}$	

7.16. Zylinderrollenlager, einreihig, Maße und Tragzahlen

d Wellendurchmesser
D Lageraußendurchmesser
B Lagerbreite

C dynamische Tragzahl
C_0 statische Tragzahl

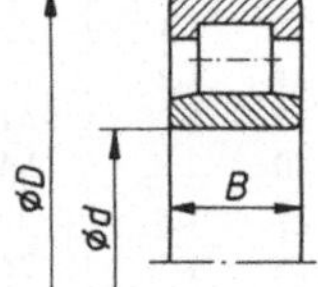

Maße in mm			Tragzahlen in kN dyn.	stat.	Kurz-zeichen	Maße in mm			Tragzahlen in kN dyn.	stat.	Kurz-zeichen
d	D	B	C	C_0		d	D	B	C	C_0	
15	35	11	9	6,95	NU202	70	125	24	120	137	NU214E
17	40	12	17,6	14,6	NU203E	70	150	35	204	220	NU314E
17	47	14	25,5	21,2	NU303E	70	180	42	224	232	NU414
20	47	14	27,5	24,5	NU204E	75	130	25	132	156	NU215E
20	52	15	31,5	27	NU304E	75	160	37	240	265	NU315E
25	52	15	29	27,5	NU205E	75	190	45	260	270	NU415
25	62	17	41,5	37,5	NU305E	80	140	26	140	170	NU216E
25	80	21	52	46,5	NU405	80	170	39	255	275	NU316E
30	62	16	39	37,5	NU206E	80	200	48	300	310	NU416
30	72	19	51	48	NU306E	85	150	28	163	193	NU217E
30	90	23	71	64	NU406	85	180	41	290	325	NU317E
35	72	17	50	50	NU207E	85	210	52	335	355	NU417
35	80	21	64	63	NU307E	90	160	30	183	216	NU218E
35	100	25	75	69,5	NU407	90	190	43	315	345	NU318E
40	80	18	53	53	NU208E	90	225	54	365	390	NU418
40	90	23	81,5	78	NU308E	95	170	32	220	265	NU219E
40	110	27	93	86,5	NU408	95	200	45	335	380	NU319E
45	85	19	64	68	NU209E	95	240	55	390	430	NU419
45	100	25	98	100	NU309E	100	180	34	250	305	NU220E
45	120	29	106	100	NU409	100	215	47	380	425	NU320E
50	90	20	64	68	NU210E	100	250	58	440	490	NU420
50	110	27	110	114	NU310E	110	200	38	290	365	NU222E
50	130	31	129	124	NU410	110	240	50	440	510	NU322E
55	100	21	83	95	NU211E	110	280	65	540	610	NU422
55	120	29	134	140	NU311E	120	215	40	335	415	NU224E
55	140	33	140	137	NU411	120	260	55	520	600	NU324E
60	110	22	95	104	NU212E	120	310	72	670	780	NU424
60	130	31	150	156	NU312E	130	230	40	360	450	NU226E
60	150	35	166	170	NU412	130	280	58	610	720	NU326E
65	120	23	108	120	NU213E	130	340	78	815	930	NU426
65	140	33	180	190	NU313E						
65	160	37	183	186	NU413						

7.17. Kegelrollenlager, einreihig, äquivalente Belastung

dynamisch äquivalente Lagerbelastung P	$P = F_r$	für $\dfrac{F_a}{F_r} \leqslant e$	F_r Radialkraft F_a Axialkraft Y, Y_0 Axialfaktoren nach 7.18
	$P = 0,4\,F_r + YF_a$	für $\dfrac{F_a}{F_r} > e$	
statisch äquivalente Lagerbelastung P_0	$P_0 = F_r$	für $\dfrac{F_a}{F_r} \leqslant \dfrac{1}{2Y_0}$	
	$P_0 = 0,5\,F_r + Y_0 F_a$	für $\dfrac{F_a}{F_r} > \dfrac{1}{2Y_0}$	

1

2

7.18. Kegelrollenlager, einreihig, Maße, Tragzahlen und Faktoren

d Wellendurchmesser
D Lageraußendurchmesser
B_i Breite des Innenrings
B_a Breite des Außenrings
B Lagerbreite

C dynamische Tragzahl
C_0 statische Tragzahl
Y, Y_0 Axialfaktoren

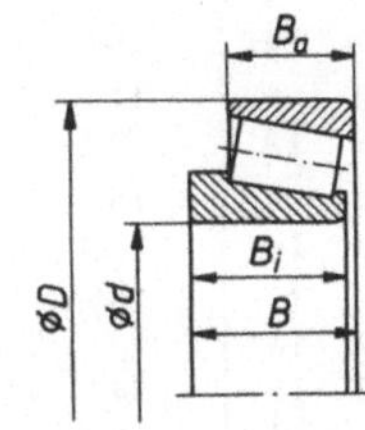

Maße in mm					Tragzahlen in kN und Faktoren					Kurz-zeichen
					dynamische			statische		
d	D	B_i	B_a	B	C	e	Y	C_0	Y_0	
15	35	11	10	11,75	12	0,46	1,3	12	0,7	30202
20	47	14	12	15,25	26,5	0,35	1,7	29	0,9	30204A
25	47	15	11,5	15	25	0,43	1,4	34,5	0,8	32005X
30	55	17	13	17	36	0,43	1,4	46,5	0,8	32006X
35	62	18	14	18	36	0,42	1,4	50	0,8	32007XA
40	68	19	14,5	19	50	0,38	1,6	69,5	0,9	32008XA
45	75	20	15,5	20	57	0,39	1,5	85	0,8	32009XA
50	80	20	15,5	20	58,5	0,42	1,4	93	0,8	32010X
55	90	23	17,5	23	75	0,41	1,5	118	0,8	32011X
60	95	23	17,5	23	76,5	0,43	1,4	122	0,8	32012X
65	100	23	17,5	23	78	0,46	1,3	127	0,7	32013X
70	110	25	19	25	98	0,43	1,4	160	0,8	32014X
75	115	25	19	25	100	0,46	1,3	166	0,7	32015X
80	125	29	22	29	129	0,42	1,4	212	0,8	32016X
85	130	29	22	29	134	0,44	1,4	228	0,7	32017X
90	140	32	24	32	156	0,42	1,4	260	0,8	32018XA
95	145	32	24	32	163	0,44	1,4	280	0,7	32019XA
100	150	32	24	32	166	0,46	1,3	290	0,7	32020X
105	160	35	26	35	193	0,44	1,4	335	0,7	32021X
110	170	38	29	38	228	0,43	1,4	390	0,8	32022X
120	180	38	29	38	236	0,46	1,3	425	0,7	32024X
130	200	45	34	45	315	0,43	1,4	570	0,8	32026X
140	210	45	34	45	325	0,46	1,3	610	0,7	32028X
150	225	48	36	48	365	0,46	1,3	695	0,7	32030X

Wälzlager

7.19. Axial-Rillenkugellager, einseitig wirkend

d Wellendurchmesser C dynamische Tragzahl
D Lageraußendurchmesser C_0 statische Tragzahl
H Lagerhöhe

Anmerkung: Die dynamisch und die statisch äquivalente
Belastung ist gleich der Axialkraft:

$$P = F_a \quad \text{und} \quad P_0 = F_a$$

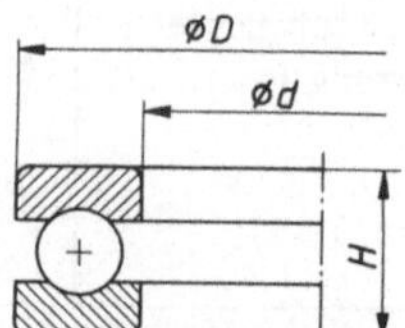

Maße in mm			Tragzahlen in kN dyn. C	stat. C_0	Kurz-zeichen	Maße in mm			Tragzahlen in kN dyn. C	stat. C_0	Kurz-zeichen
d	D	H				d	D	H			
10	24	9	10	11,8	51100	65	90	18	38	85	51113
10	26	11	12,7	14,3	51200	65	100	27	64	125	51213
12	26	9	10,4	12,9	51101	65	115	36	106	186	51313
12	28	11	13,2	16	51201	65	140	56	224	390	51413
15	28	9	10,6	14	51102	70	95	18	40	93	51114
15	32	12	16,6	20,8	51202	70	105	27	65,5	134	51214
17	30	9	11,4	16,6	51103	70	125	40	137	250	51314
17	35	12	17,3	23,2	51203	70	150	60	240	440	51414
20	35	10	15	22,4	51104	75	100	19	44	104	51115
20	40	14	22,4	32	51204	75	110	27	67	143	51215
25	42	11	18	30	51105	75	135	44	163	300	51315
25	47	15	28	42,5	51205	75	160	65	265	510	51415
25	52	18	34,5	46,5	51305	80	105	19	45	108	51116
25	60	24	45,5	57	51405	80	115	28	75	160	51216
30	47	11	19	33,5	51106	80	140	44	160	300	51316
30	52	16	25,5	40	51206X	80	170	68	275	550	51416
30	60	21	38	55	51306	85	110	19	45,5	114	51117
30	70	28	69,5	95	51406	85	125	31	98	212	51217
35	52	12	20	39	51107X	85	150	49	190	360	51317
35	62	18	35,5	57	51207	85	177	72	320	655	51417
35	68	24	50	75	51307	90	120	22	45,5	118	51118
35	80	32	76,5	106	51407	90	135	35	120	255	51218
40	60	13	27	53	51108	90	155	50	196	390	51318
40	68	19	46,5	83	51208	90	187	77	325	695	51418
40	78	26	61	95	51308	100	135	25	61	160	51120
40	90	36	96,5	143	51408	100	150	38	122	270	51220
45	65	14	28	58,5	51109	100	170	55	232	475	51320
45	73	20	39	67	51209	100	205	85	400	915	51420
45	85	28	75	118	51309	110	145	25	65,5	186	51122
45	100	39	122	186	51409	110	160	38	129	305	51222
50	70	14	29	64	51110	110	187	63	275	610	51322
50	78	22	50	90	51210	110	225	95	465	1120	51422
50	95	31	88	146	51310	120	155	25	65,5	193	51124
50	110	43	137	216	51410	120	170	39	140	335	51224
55	78	16	30,5	63	51111	120	205	70	325	765	51324
55	90	25	61	114	51211	120	245	102	520	1320	51424
55	105	35	102	176	51311	130	170	30	90	255	51126
55	120	48	166	265	51411	130	187	45	183	455	51226
60	85	17	41,5	95	51112	130	220	75	360	880	51326
60	95	26	62	118	51212	130	265	110	570	1400	51426
60	110	35	102	176	51312	140	178	31	98	285	51128
60	130	51	200	325	51412	140	197	46	190	475	51228
						140	235	80	400	1020	51328
						140	275	112	585	1560	51428

7.20. Axial-Rillenkugellager, zweiseitig wirkend

d Wellendurchmesser C dynamische Tragzahl
D Lageraußendurchmesser C_0 statische Tragzahl
H Lagerhöhe

Anmerkung: Die dynamisch und die statisch äquivalente
Belastung ist gleich der Axialkraft:

$$P = F_a \quad \text{und} \quad P_0 = F_a$$

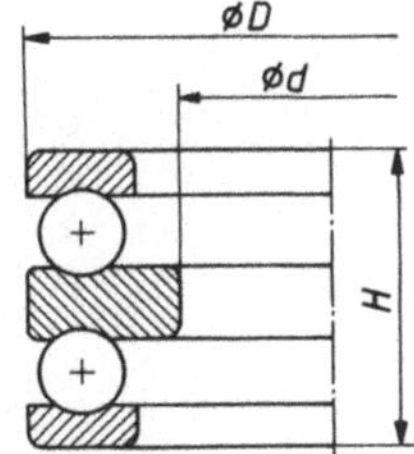

Maße in mm			Tragzahlen in kN dyn.	stat.	Kurz-zeichen	Maße in mm			Tragzahlen in kN dyn.	stat.	Kurz-zeichen
d	D	H	C	C_0		d	D	H	C	C_0	
10	32	22	16,6	20,8	52202	55	100	47	64	125	52213
15	40	26	22,4	32	52204	55	115	65	106	186	52313
15	60	45	45,5	57	52405	55	105	47	65,5	134	52214
20	47	28	28	42,5	52205	55	125	72	137	250	52314
20	52	34	34,5	46,5	52305	55	150	107	240	440	52414
20	70	52	69,5	95	52406	60	110	47	67	143	52215
25	52	29	25,5	40	52206X	60	135	79	163	300	52315
25	60	38	38	55	52306	60	160	115	265	510	52415
25	80	59	76,5	106	52407	65	115	48	75	160	52216
30	62	34	35,5	57	52207	65	140	79	160	300	52316
30	68	44	50	75	52307	65	170	120	275	550	52416
30	68	36	46,5	83	52208	70	125	55	98	212	52217
30	78	49	61	95	52308	70	150	87	190	360	52217
30	90	65	96,5	143	52408	70	180	135	325	695	52418
35	73	37	39	67	52209	75	135	62	120	255	52218
35	85	52	75	118	52309	75	155	88	196	390	52318
35	100	72	122	186	52409	80	210	150	400	915	52420
40	78	39	50	90	52210	85	150	67	122	270	52220
40	95	58	88	146	52310	85	170	97	232	475	52320
40	110	78	137	216	52410	95	160	67	129	305	52222
45	90	45	61	114	52211	95	190	110	275	610	52322
45	105	64	102	176	52311	100	170	68	140	335	52224
45	120	87	166	265	52411	100	210	123	325	765	52324
50	95	46	62	118	52212	110	190	80	183	455	52226
50	110	64	102	176	52312	110	225	130	360	880	52326
50	130	93	200	325	52412						

Normen (Auswahl)

DIN 780   Modulreihe für Zahnräder

DIN 867   Bezugsprofil für Stirnräder mit Evolventenverzahnung

DIN 868   Allgemeine Begriffe und Bestimmungsgrößen für Zahnräder

DIN 3960   Begriffe und Bestimmungsgrößen für Stirnräder und Stirnradpaare

DIN 3971   Begriffe und Bestimmungsgrößen für Kegelräder und Kegelradpaare

DIN 3975   Begriffe und Bestimmungsgrößen für Zylinderschneckengetriebe

DIN 3990   Tragfähigkeitsberechnung von Stirn- und Kegelrädern

Zu 8.13. Planetengetriebe

Sämtliche Veröffentlichungen von Dr.-Ing. *K. Seeliger*.

VDI-Richtlinie VDI 2157: Planetengetriebe, Begriffe, Symbole, Berechnungsgrundlagen.
Beuth Verlag GmbH, Postfach 1145, 1000 Berlin 30.

8.1. Kräfte am Zahnrad

A. Benennung

P	Leistung	α_0	Herstell-Eingriffswinkel (bei Normverzahnung ist $\alpha_0 = 20°$)
T	Drehmoment		
F_{bn}	Zahnnormalkraft normal zur Berührungslinie	α_n	Eingriffswinkel im Normalschnitt am Teilkreis
F_{bt}	Zahnnormalkraft im Stirnschnitt	α_t	Eingriffswinkel im Stirnschnitt am Teilkreis
F_t	Umfangskraft bei Stirnrädern im Teilkreis im Stirnschnitt	α_{wt}	Betriebseingriffswinkel im Stirnschnitt
F_{tn}	Umfangskraft im Normalschnitt	β	Schrägungswinkel am Teilkreis
F_{tm}	Umfangskraft bei Kegelrädern im Teilkreis in Mitte Zahnbreite	β_m	Schrägungswinkel am Teilkreis in Mitte Zahnbreite bei Kegelrädern
d	Teilkreisdurchmesser	β_b	Schrägungswinkel am Grundkreis
d_w	Betriebswälzkreisdurchmesser	δ	Teilkegelwinkel
d_m	mittlerer Teilkreisdurchmesser bei Kegelrädern (bezogen auf Mitte Zahnbreite)	Σ	Achsenwinkel
		γ_m	mittlerer Steigungswinkel der Schnecke
		ρ'	Reibwinkel
		m_n	Normalmodul
		m_t	Stirnmodul

Zahnradgetriebe

Indizes	bezogen auf	Indizes	bezogen auf
kein Index	Teilkreis	t	Stirnschnitt
a	Kopfkreis	v	Ergänzungskegel
b	Grundkreis		bei Kegelrädern
f	Fußkreis	w	Betriebswälzkreis
m	Mitte Zahnbreite	C	Wälzpunkt
	bei Kegelrädern	1	Ritzel
n	Normalschnitt oder	2	Rad
	Ersatz-Geradstirnrad		

B. Einheiten

Zur Berechnung des Drehmomentes T_1 in Nmm aus der Leistung P in kW und der Drehzahl n_1 in min^{-1} (= 1/min = U/min) wird die bekannte Zahlenwertgleichung benutzt:

$$T_1 = 9{,}55 \cdot 10^6 \, \frac{P}{n_1}$$

T_1	P	n_1
Nmm	kW	min^{-1}

Für alle folgenden Gleichungen zweckmäßig:

Drehmoment T_1 in Nmm, Kräfte F in N, sämtliche Längen (Durchmesser, Modul) in mm.

C. Geradstirnrad

Umfangskraft F_t am Teilkreis	$F_t = \dfrac{2T_1}{d_1} = \dfrac{2T_1}{z_1 m_n}$
Normalkraft F_{bn} normal zur Berührungslinie	$F_{bn} = \dfrac{F_t}{\cos\alpha_n}$
Radialkraft F_r	$F_r = F_t \tan\alpha_n$

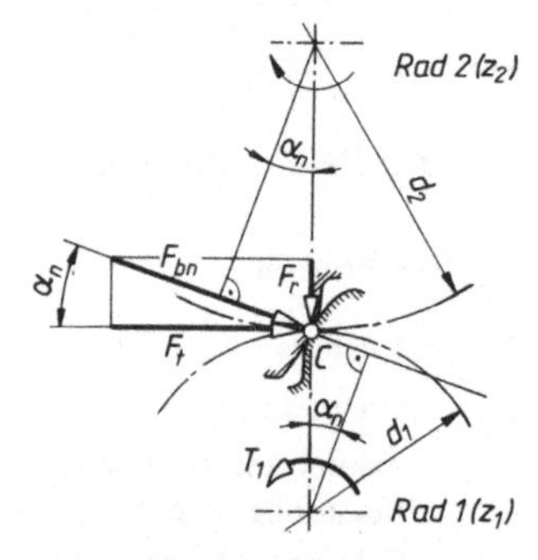

D. Schrägstirnrad

Umfangskraft F_t am Teilkreis	$F_t = \dfrac{2T_1}{d_1} = \dfrac{2T_1 \cos\beta}{z_1 m_n}$
Radialkraft F_r	$F_r = \dfrac{F_t \tan\alpha_n}{\cos\beta}$
Axialkraft F_a	$F_a = F_t \tan\beta$

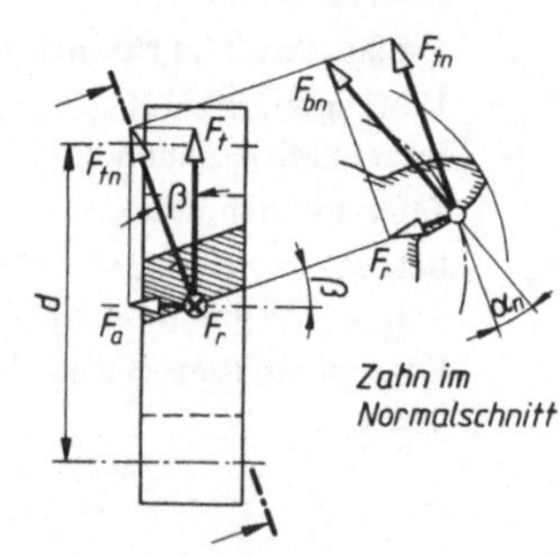

E. Geradzahn-Kegelrad

Umfangskraft F_{tm} im Teilkreis in Mitte Zahnbreite	$F_{tm} = \dfrac{2\,T_1}{d_{m1}}$
Radialkraft F_r (für Achsenwinkel $\Sigma = 90°$ ist $F_{r1} = F_{a2}$ und $F_{r2} = F_{a1}$)	$F_{r1} = F_{tm}\,\tan\alpha_n\,\cos\delta_1$ $F_{r2} = F_{tm}\,\tan\alpha_n\,\cos\delta_2$
Axialkraft F_a (für Achsenwinkel $\Sigma = 90°$ ist $F_{a1} = F_{r2}$ und $F_{a2} = F_{r1}$)	$F_{a1} = F_{tm}\,\tan\alpha_n\,\sin\delta_1$ $F_{a2} = F_{tm}\,\tan\alpha_n\,\sin\delta_2$

F. Schrägzahn-Kegelrad

(siehe auch 8.7)

Umfangskraft F_{tm} im Teilkreis in Mitte Zahnbreite	$F_{tm} = \dfrac{2\,T_1}{d_{m1}}$
Radialkraft F_r (für Achsenwinkel $\Sigma = 90°$ ist $F_{r1} = F_{a2}$ und $F_{r2} = F_{a1}$)	$F_{r1}\ ^{1)} = F_{tm}\left(\tan\alpha_n\,\dfrac{\cos\delta_1}{\cos\beta_m} \mp \tan\beta\,\sin\delta_1\right)$ $F_{r2}\ ^{2)} = F_{tm}\left(\tan\alpha_n\,\dfrac{\cos\delta_2}{\cos\beta_m} \pm \tan\beta\,\sin\delta_2\right)$
Axialkraft F_a	$F_{a1}\ ^{3)} = F_{tm}\left(\tan\alpha_n\,\dfrac{\sin\delta_1}{\cos\beta_m} \pm \tan\beta\,\cos\delta_1\right)$ $F_{a2}\ ^{4)} = F_{tm}\left(\tan\alpha_n\,\dfrac{\sin\delta_2}{\cos\beta_m} \mp \tan\beta\,\cos\delta_2\right)$

[1] (−) bei gleicher, (+) bei entgegengesetzter Spiral- und Drehrichtung
[2] (+) bei gleicher, (−) bei entgegengesetzter Spiral- und Drehrichtung
[3] (+) bei gleicher, (−) bei entgegengesetzter Spiral- und Drehrichtung
[4] (−) bei gleicher, (+) bei entgegengesetzter Spiral- und Drehrichtung

Zahnradgetriebe

G. Schnecke und Schneckenrad

Umfangskraft F_t	$F_{t1} = F_{a2} = \dfrac{2\,T_1}{d_{m1}}$
Radialkraft F_r	$F_{r1} = F_{r2} = F_{t1}\,\dfrac{\tan\alpha_n\,\cos\rho'}{\sin(\gamma_m + \rho')}$
Axialkraft F_a	$F_{a1} = F_{t2} = \dfrac{2\,T_2}{d_2}$ $F_{a1} = F_{t2} = \dfrac{F_{t1}}{\tan(\gamma_m + \rho')}$

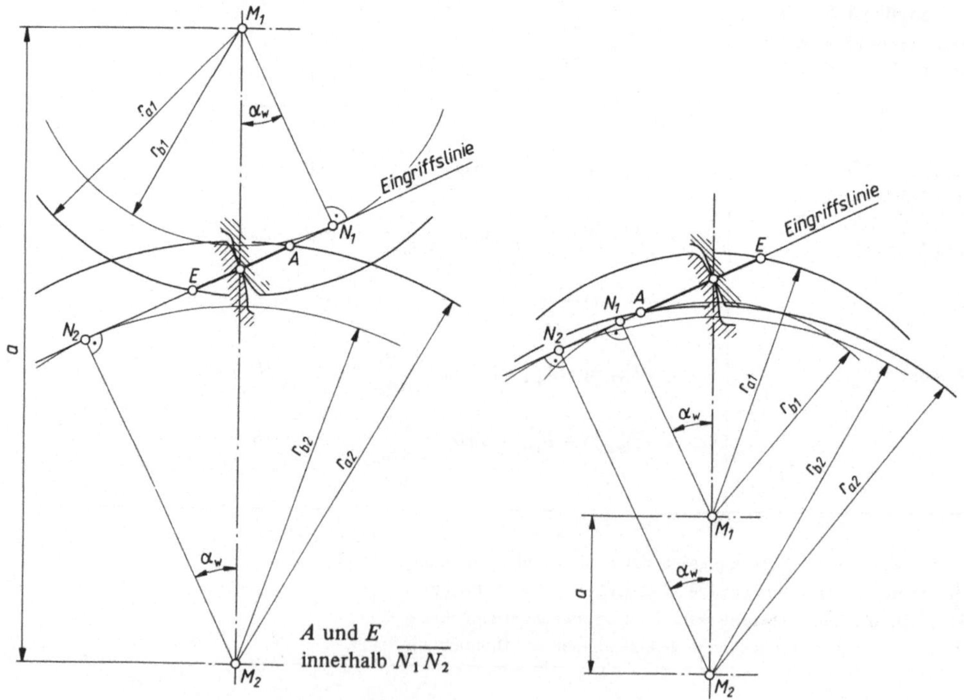

8.2. Zeichnerische Bestimmung der Profilüberdeckung ϵ_α beim Außen- und beim Innenstirnradgetriebe

Gegeben: $z_1, z_2, m_t, a, x_1, x_2, \beta$

Berechnet: Nach 8.3 Nr. 14 und Nr. 15 (mit Nr. 7, Nr. 8 und Nr. 13) die Radien $r_{b1}, r_{b2}, r_{a1}, r_{a2}$.

Konstruktion: Mit Achsabstand a Punkte M_1, M_2 festlegen, mit r_{b1}, r_{b2} Grundkreise zeichnen, Tangente anlegen (Eingriffslinie), mit r_{a1}, r_{a2} Kopfkreise zeichnen. Diese schneiden Eingriffsstrecke $\overline{AE}$ ab, womit ϵ_α berechnet wird: $\epsilon_\alpha = \overline{AE}/(\pi\,m_t\cos\alpha_t)$.

8.3. Einzelrad- und Paarungsgleichungen für Gerad- und Schrägstirnräder

Die Berechnungsgleichungen gelten für den allgemeinen Fall des Schrägstirnrad-V-Getriebes.

Für die Sonderfälle ist zu setzen:

Schrägstirnrad-Nullgetriebe: $\quad x_1 = x_2 = 0$
Schrägstirnrad-V-Nullgetriebe: $\quad x_2 = -x_1$
Geradstirnrad-Nullgetriebe: $\quad \beta = 0°,\ x_1 = x_2 = 0$
Geradstirnrad-V-Nullgetriebe: $\quad \beta = 0°,\ x_2 = -x_1$
Geradstirnrad-V-Getriebe: $\quad \beta = 0°,\ \text{also } \cos\beta = 1$

Für das DIN-Verzahnungssystem ist der Herstell-Eingriffswinkel $\alpha_n = 20°$, also

$$\cos\alpha_n = 0{,}93969 \qquad \tan\alpha_n = 0{,}36397$$
$$\sin\alpha_n = 0{,}34202 \qquad \text{ev}\,\alpha_n = 0{,}01490$$

Anmerkung zur Evolventenfunktion $inv\,\alpha$:
Evolventenfunktionswerte in 8.9. Die Funktionswerte $inv\,\alpha$ (sprich „involut α") lassen sich mit dem Taschenrechner leicht ermitteln, z.B.

$$inv\,21{,}38° = \tan 21{,}38° - \frac{\pi \cdot 21{,}38°}{180°} = 0{,}018\,342.$$

Die Berechnungsgleichungen gelten auch für *Innen*getriebe. Dafür sind

die Zähnezahl z_2 des Innenrades,
alle Durchmesser des Innenrades,
das Zähnezahlverhältnis $u = z_2/z_1$ und
der Achsabstand a
mit *negativem* Vorzeichen einzusetzen.
Außerdem ist festgelegt: Die Profilverschiebung ist *positiv*, wenn durch sie die Zahndicke *vergrößert* wird.

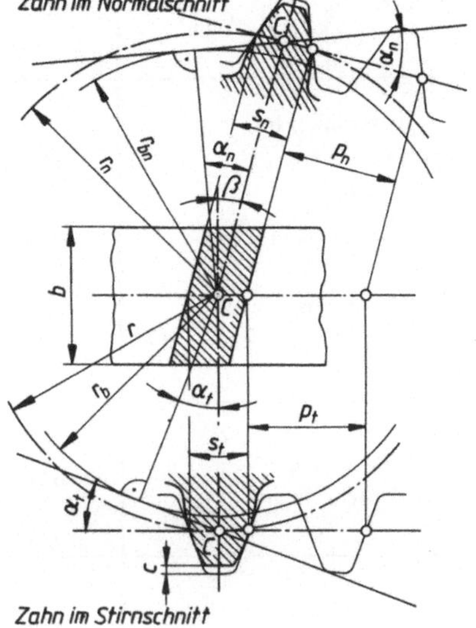

b — Zahnbreite
c — Kopfspiel
p_t, p_n — Teilkreisteilung
r, r_n — Teilkreisradius
r_b, r_{bn} — Grundkreisradius
s_t, s_n — Zahndicke
α_t, α_n — Eingriffswinkel am Teilkreis
β — Schrägungswinkel am Teilkreis

Index t für Stirnschnitt
Index n für Normalschnitt

Übersetzung i	$i = \dfrac{n_1}{n_2} = \dfrac{\omega_1}{\omega_2} = \dfrac{z_2}{z_1} = \dfrac{d_2}{d_1} = \dfrac{d_{b2}}{d_{b1}}$	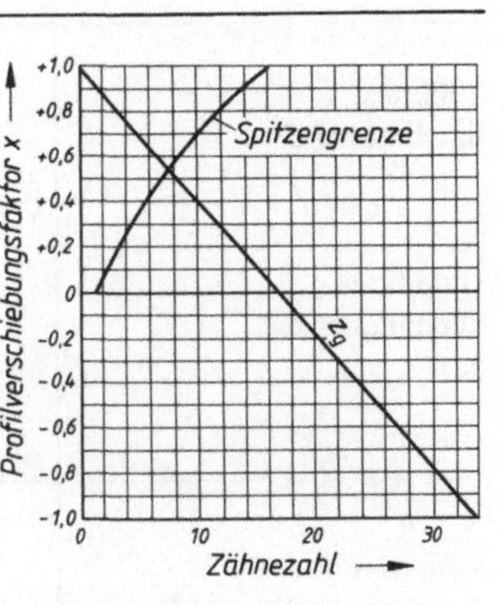
Ersatzzähnezahl z_n	$z_n = \dfrac{z}{\cos^2\beta_b \cos\beta} \approx \dfrac{z}{\cos^3\beta}$ β_b siehe Nr. 12	
Grenzzähnezahl z_g	$z_g = 17\cos^3\beta$	
Profilverschiebungsfaktor x für $z < z_g$	$x \geqslant \dfrac{17 - \dfrac{z}{\cos^3\beta}}{17}$	Grenzzähnezahl z_g der DIN-Gerad-verzahnung ($\beta = 0$)

Zahnradgetriebe

5	Achsabstand a_d ohne Profilverschiebung (Rechengröße)	$a_d = \dfrac{m_n}{2\cos\beta}(z_1 + z_2)$
6	Eingriffswinkel im Stirnschnitt am Teilkreis α_t	$\tan\alpha_t = \dfrac{\tan\alpha_n}{\cos\beta}$ bei Geradverzahnung ist $\beta = 0$ und damit $\alpha_t = \alpha_n = 20°$
7	Stirnmodul m_t	$m_t = \dfrac{m_n}{\cos\beta}$ Für Geradstirnrad ist: $m_t = m_n = m$ m_n Normalmodul
8	Teilkreisteilung im Stirnschnitt p_t	$p_t = \dfrac{\pi d}{z} = \pi m_t = \dfrac{\pi m_n}{\cos\beta}$
9	Teilkreisteilung im Normalschnitt p_n	$p_n = \pi m_n = \pi m_t \cos\beta$
10	Eingriffsteilung im Stirnschnitt p_{et}	$p_{et} = p_t \cos\alpha_t = \pi m_t \cos\alpha_t = \dfrac{p_{en}}{\cos\beta} = \dfrac{\pi d_b}{z}$
11	Eingriffsteilung im Normalschnitt p_{en}	$p_{en} = p_n \cos\alpha_n = \pi m_n \cos\alpha_n$
12	Schrägungswinkel am Grundkreis β_b	$\tan\beta_b = \tan\beta \cos\alpha_t$ $\sin\beta_b = \sin\beta \cos\alpha_n$
13	Teilkreisdurchmesser d	$d_1 = \dfrac{z_1 m_n}{\cos\beta} = z_1 m_t$ $d_2 = \dfrac{z_2 m_n}{\cos\beta} = z_2 m_t$
14	Grundkreisdurchmesser d_b	$d_{b1} = d_1 \cos\alpha_t = z_1 \dfrac{m_n}{\cos\beta}\cos\alpha_t$ $d_{b2} = d_2 \cos\alpha_t = z_2 \dfrac{m_n}{\cos\beta}\cos\alpha_t$ α_t aus Nr. 6
15	Kopfkreisdurchmesser d_a	$d_{a1} = 2(a + m_n - x_2 m_n) - d_2 = 2[a + m_n(1 - x_2)] - \dfrac{z_2 m_n}{\cos\beta}$ $d_{a2} = 2(a + m_n - x_1 m_n) - d_1 = 2[a + m_n(1 - x_1)] - \dfrac{z_1 m_n}{\cos\beta}$

erforderliche Kopfkürzung $k\,m_n$	$k\,m_n = \dfrac{m_n}{\cos\beta}\cdot\dfrac{z_1+z_2}{2}+(x_1+x_2)\,m_n - a$	**16**
Fußkreis- durchmesser d_f	$d_{f1}=d_1-2\,(h_{fP}-x_1\,m_n)$ $d_{f2}=d_2-2\,(h_{fP}-x_2\,m_n)$ h_{fP} Zahnkopfhöhe des Werkzeugs siehe Nr. 24	**17**
Betriebseingriffswinkel im Stirnschnitt α_{wt} und im Normalschnitt α_{wn}	$\operatorname{inv}\alpha_{wt}=2\,\dfrac{x_1+x_2}{z_1+z_2}\tan\alpha_n+\operatorname{inv}\alpha_t$ $\cos\alpha_{wt}=\dfrac{d_{b1}}{d_{w1}}=\dfrac{d_{b2}}{d_{w2}}$ $\left(\operatorname{inv}\alpha_t=\tan\alpha_t-\dfrac{\pi\cdot\alpha_t}{180^\circ}\right)$ $\sin\alpha_{wn}=\sin\alpha_{wt}\cdot\dfrac{\sin\alpha_n}{\sin\alpha_t}$	**18**
Betriebseingriffswinkel im Stirnschnitt α_{wt} bei vorgeschriebenem Achsabstand a	$\cos\alpha_{wt}=\dfrac{m_n\,(z_1+z_2)}{2a}\cdot\dfrac{\cos\alpha_t}{\cos\beta}=\dfrac{a_d}{a}\cos\alpha_t$	**19**
Betriebswälzkreis- durchmesser d_w	$d_{w1}=\dfrac{d_{b1}}{\cos\alpha_{wt}}=z_1\,m_t\cdot\dfrac{\cos\alpha_t}{\cos\alpha_{wt}}$ $d_{w2}=\dfrac{d_{b2}}{\cos\alpha_{wt}}=z_2\,m_t\cdot\dfrac{\cos\alpha_t}{\cos\alpha_{wt}}$ $m_t=\dfrac{m_n}{\cos\beta}$	**20**
Achsabstand a	$a=\dfrac{m_n}{\cos\beta}\cdot\dfrac{z_1+z_2}{2}\cdot\dfrac{\cos\alpha_t}{\cos\alpha_{wt}}$	**21**
Kopfspiel einer Radpaarung c	$c=a-\dfrac{d_{a1}+d_{f2}}{2}=a-\dfrac{d_{a2}+d_{f1}}{2}$	**22**
Summe der Profil- verschiebungs- faktoren x_1+x_2	$x_1+x_2=\dfrac{(z_1+z_2)\,(\operatorname{inv}\alpha_{wt}-\operatorname{inv}\alpha_t)}{2\tan\alpha_n}$; $\left(\operatorname{inv}\alpha=\tan\alpha-\dfrac{\pi\alpha}{180^\circ}\right)$ Aufteilung von x_1 und x_2 in 8.4 Nr. 24	**23**
Zahnkopfhöhe des Werkzeugs h_{fP} für Bezugsprofil I, II, III, IV	I: $h_{fP}=1{,}167\,m_n$ II: $h_{fP}=1{,}25\,m_n$ III: $h_{fP}=1{,}25\,m_n+0{,}25\,\sqrt[3]{m_n}$ IV: $h_{fP}=1{,}25\,m_n+0{,}6\,\sqrt[3]{m_n}$	**24**

Zahnradgetriebe

25	Schrägungswinkel am Betriebswälzkreis β_w	$\tan \beta_\mathrm{w} = \dfrac{2\,a \tan\beta}{m_\mathrm{t}\,(z_1 + z_2)} \qquad m_\mathrm{t} = \dfrac{m_\mathrm{n}}{\cos\beta}$
26	Profilüberdeckung ϵ_α	$\epsilon_\alpha = \dfrac{\frac{1}{2}\sqrt{d_{\mathrm{a}1}^2 - d_{\mathrm{b}1}^2} \pm \frac{1}{2}\sqrt{d_{\mathrm{a}2}^2 - d_{\mathrm{b}2}^2} - a \sin\alpha_\mathrm{wt}}{\pi\,m_\mathrm{t}\cos\alpha_\mathrm{t}}$ Minuszeichen gilt für Innengetriebe, dabei ist a mit negativem Vorzeichen einzusetzen.
27	Sprungüberdeckung ϵ_β	$\epsilon_\beta = \dfrac{b \tan\beta}{\pi\,m_\mathrm{t}} = \dfrac{b \sin\beta}{\pi\,m_\mathrm{n}}$
28	Gesamtüberdeckung ϵ	$\epsilon = \epsilon_\alpha + \epsilon_\beta$
29	Zahndickennennmaß im Stirnschnitt s_t	$s_{\mathrm{t}1} = m_\mathrm{t}\left(\dfrac{\pi}{2} + 2\,x_1 \tan\alpha_\mathrm{n}\right) \qquad s_{\mathrm{t}2} = m_\mathrm{t}\left(\dfrac{\pi}{2} + 2\,x_2 \tan\alpha_\mathrm{n}\right)$
30	Zahndickennennmaß im Normalschnitt s_n	$s_{\mathrm{n}1} = m_\mathrm{n}\left(\dfrac{\pi}{2} + 2\,x_1 \tan\alpha_\mathrm{n}\right) \qquad s_{\mathrm{n}2} = m_\mathrm{n}\left(\dfrac{\pi}{2} + 2\,x_2 \tan\alpha_\mathrm{n}\right)$
31	Zahndicke auf dem Kopfkreis s_a	$s_\mathrm{a} = d_\mathrm{a}\left[\dfrac{1}{z}\left(\dfrac{\pi}{2} + 2x \tan\alpha_\mathrm{n}\right) - (\operatorname{inv}\alpha_\mathrm{ta} - \operatorname{inv}\alpha_\mathrm{t})\right]$ $\cos\alpha_\mathrm{ta} = \dfrac{d}{d_\mathrm{a}}\cos\alpha_\mathrm{t}$

8.4. Tragfähigkeitsberechnung von Gerad- und Schrägstirnrädern

A. Entwurfsberechnungen (siehe auch Entwurfs-Nomogramme 8.5 und 8.6)

1	Übersetzung i	$i = \dfrac{n_1}{n_2} = \dfrac{\omega_1}{\omega_2} = \dfrac{z_2}{z_1} = \dfrac{T_2}{T_1}$ T_2 und T_1 sind die Drehmomente bei verlustfreiem Betrieb ($\eta = 1$)
2	Nenndrehmoment T_1 am Ritzel (Zahlenwertgleichung)	$T_1 = 9550\,\dfrac{P}{n_1}$ <table><tr><td>T_1</td><td>P</td><td>n</td></tr><tr><td>Nm</td><td>kW</td><td>min^{-1}</td></tr></table>
3	Schrägungswinkel β am Teilkreis	$\beta = 8°\ldots 24°$ bei Getrieben für Personenkraftwagen bis 45°

Wahl der Ritzel- zähnezahl z_1	$z_1 \geqslant z_{1\,min}\,\cos^3\beta$ $z_{1\,min} = 16$ bei großem Drehmoment T_1 und großer Umfangs- geschwindigkeit v (am Teilkreis) $z_{1\,min} = 12$ bei mittlerer Umfangsgeschwindigkeit v $z_{1\,min} = 10$ bei geringer Umfangsgeschwindigkeit v und unter- geordneter Verwendung bei Außenverzahnung: $z_1 + z_2 > 24$ bei Innenverzahnung: $z_2 - z_1 > 10$

4

Radzähnezahl z_2	$z_2 = z_1\, i$

5

Zähnezahlverhältnis u	$u = \dfrac{z_2}{z_1} > 1$ für $i > 1$ ist $u = i$

6

7

Wahl der Verzahnungs- qualität in Abhängigkeit von der Umfangs- geschwindigkeit v					
Umfangs- geschwindigkeit in m/s	1 ... 3	3 ... 6	> 6	> 20	> 50
ungehärtete Räder	12 ... 10	10 ... 8	8 ... 6	6 ... 5	5 ... 4
gehärtete Räder	12 ... 9	9 ... 7	7 ... 5	5 ... 4	

8

Zahnbreiten-
verhältnis $\psi = \dfrac{b}{d_1}$

	ungehärtete Räder						gehärtete Räder
Verzahnungsqualität	5	6	7	8	9	10	6
$\psi = \dfrac{b}{d_1} <$	1,3	1,2	1,1	1	0,9	0,8	0,6 ... 0,3

bei fliegender Lagerung des Ritzels: $\psi < 0,75$
bei beiderseitiger Lagerung: $\psi \leqslant 1,3$

9

Richtwerte für
Festigkeiten von
Werkstoffen für
Stirn- und
Kegelräder

Werkstoff, Kurzzeichen	Behandlungs- zustand (Betriebs- bedingungen)	Dauerfestigkeitswerte für	
		Hertzsche Pressung $\sigma_{H\,lim}$ N/mm²	Zahnfußspannung bei Schwellast $\sigma_{F\,lim}$ N/mm²
GG 20	–	270	50
GG 35	–	360	80
GGG 60	–	490	220
GS 60	–	420	170
St 60	–	400	200
Ck 60	vergütet	620	220
42 Cr Mo 4	vergütet	670	290
42 Cr Mo 4	umlaufgehärtet	1360	350
42 Cr Mo 4	badnitriert	1220	430
16 Mn Cr 5	einsatzgehärtet	1630	460
18 Cr Ni 8	einsatzgehärtet	1630	500
Duroplast- Schicht- stoffe	(Hartgewebe, fein, Ölschmierung $\leqslant 60\,°C$, Umfangs- geschwindigkeit $v \leqslant 5$ m/s)	130	60

Zahnradgetriebe

10	zulässige Zahnfuß-biegespannung σ_{FP}	$\sigma_{FP} = \dfrac{\sigma_{F\,lim}}{2}$	

11	zulässige Hertzsche Pressung σ_{HP}	$\sigma_{HP} = \dfrac{\sigma_{H\,lim}}{2}$	

12 — Normalmodul m_n (Überschlagsrechnung für gehärtete Räder) (Zahlenwertgleichung)

$$m_n = \sqrt[3]{\frac{7000\, T_1 \cos^2 \beta}{z_1^2\, \psi\, \sigma_{FP}}}$$

siehe auch Entwurfs-Nomogramm 8.5

m_n	T_1	β	z_1	ψ	σ_{FP}, σ_{HP}	u
mm	Nm	°	1	1	$\dfrac{N}{mm^2}$	1

13 — Normalmodul m_n (Überschlagsrechnung für ungehärtete Räder) (Zahlenwertgleichung)

$$m_n = \frac{810 \cos \beta}{z_1} \sqrt[3]{\frac{T_1}{\psi\, \sigma_{HP}^2} \cdot \frac{u+1}{u}}$$

siehe auch Entwurfs-Nomogramm 8.6

14 — Modulreihe für Zahnräder (DIN 780, Auszug) m_n ist der Normalmodul

a) Modul m_n für *Stirn-* und *Kegelräder* in mm:

Reihe 1: 0,1; 0,12; 0,16; 0,20; 0,25; 0,3; 0,4; 0,5; 0,6; 0,7; 0,8; 0,9; 1; 1,25; 1,5; 2; 2,5; 3; 4; 5; 6; 8; 10; 12; 16; 20; 25; 32; 40; 50

Reihe 2: 0,11; 0,14; 0,18; 0,22; 0,28; 0,35; 0,45; 0,55; 0,65; 0,75; 0,85; 0,95; 1,125; 1,375; 1,75; 2,25; 2,75; 3,5; 4,5; 5,5; 7; 9; 11; 14; 18; 22; 28; 36; 45; 55; 70

Reihe 1 ist gegenüber Reihe 2 zu bevorzugen.

b) Modul m für *Schnecken* und *Schneckenräder* in mm:

1; 1,25; 1,6; 2; 2,5; 3,15; 4; 5; 6,3; 8; 10; 12,5; 16; 20

Modul m tritt im Achsschnitt der Schnecke und im Stirnschnitt der Schneckenräder auf.

15 — Teilkreisdurchmesser d_1

$$d_1 = \frac{z_1\, m_n}{\cos \beta}$$

16 — Umfangsgeschwindigkeit v (Zahlenwertgleichung)

$$v = \frac{z_1\, m_n\, n_1}{19\,100 \cos \beta} = \frac{d_1\, n_1}{19\,100}$$

v	d_1, m_n	n	z
$\dfrac{m}{s}$	mm	min^{-1}	1

B. Berechnung der Zahnfußbeanspruchung

Gegebene Größen aus A. Entwurfsberechnungen:

Zähnezahlen z_1, z_2, Normalmodul m_n, Herstell-Eingriffswinkel $\alpha_n = 20°$, Schrägungswinkel am Teilkreis β, Zahnbreiten b_1, b_2, Werkstoff, Verzahnungsqualität, Nenn-Antriebsmoment M_1.

17	Teilkreis-durchmesser d_1, d_2	nach 8.3 Nr. 13	

Rechengröße a_0	$$a_0 = \frac{d_1 + d_2}{2} = \frac{m_n}{2\cos\beta}(z_1 + z_2)$$	**18**
Achsabstand a (eventuell durch Runden von a_0 auf Normzahl)	Normzahlen nach 1.1	**19**
Summe der Profilverschiebungsfaktoren $x_1 + x_2$ Aufteilung nach Nr. 24	nach 8.3 Nr. 23 α_t nach 8.3 Nr. 6 α_{wt} nach 8.3 Nr. 19 $\text{ev}\,\alpha_t = \tan\alpha_t - \dfrac{\pi\,\alpha_t}{180°}$ $\text{ev}\,\alpha_{wt} = \tan\alpha_{wt} - \dfrac{\pi\,\alpha_{wt}}{180°}$	**20**
Kopfkreisdurchmesser d_{a1}, d_{a2}	nach 8.3 Nr. 15	**21**
Grundkreisdurchmesser d_{b1}, d_{b2}	nach 8.3 Nr. 14	**22**
Ersatzzähnezahlen z_{n1}, z_{n2}	nach 8.3 Nr. 2 (gilt nur für Schrägstirnräderpaar)	**23**

24

Aufteilung der Summe der Profilverschiebungsfaktoren $x_1 + x_2$

Paarungslinien L (dick) für Übersetzungen ins Langsame ($i > 1$).

Paarungslinien S (dünn) für Übersetzungen ins Schnelle ($i < 1$).

Ablesebeispiel: Aus gegebenen Zähnezahlen $z_1 = 15$, $z_2 = 71$, $z_m = (z_1 + z_2)/2 = 43$ berechnen, ebenso aus $x_1 + x_2 = 1{,}42$: $x_m = (x_1 + x_2)/2 = 1{,}42/2 = 0{,}71$. Mit diesen Werten eine angepaßte Gerade eintragen und für $z_1 \rightarrow x_1$ sowie $z_2 \rightarrow x_2$ ablesen: $15 \rightarrow 0{,}65$, $71 \rightarrow 0{,}79$ (siehe Beispiel im Beispielheft).

Zahnradgetriebe

25 — Nenn-Umfangskraft am Teilkreis F_t

$$F_t = \frac{2\,M_1}{d_1} = \frac{2\,M_1\cos\beta}{z_1\,m_n}$$

F_t	F_t'	M_1	d_1, b, m_n
N	$\dfrac{\text{N}}{\text{mm}}$	Nmm	mm

26 — Umfangskraft am Teilkreis F_t' je mm Zahnbreite

$$F_t' = \frac{F_t}{b}$$

bei unterschiedlichen Zahnbreiten b die kleinere einsetzen

27 — Profilüberdeckung ϵ_α

nach 8.3 Nr. 26

28 — Sprungüberdeckung ϵ_β

nach 8.3 Nr. 27

29 — Hilfsfaktor q_L (Näherungsformel)

$$q_L = 0,4\left(1 + \frac{f_{pe} - 2}{F_t'}\right)$$

F_t' nach Nr. 26

f_{pe} Eingriffsteilungsfehler in μm ($= 1/1000$ mm)

$f_{pe} = 20\ \mu$m als Mittelwert annehmen

bei $q_L < 0,5$ ist $q_L = 0,5$ zu setzen

bei $q_L > 1$ ist $q_L = 1$ zu setzen

30 — Stirnlastverteilungsfaktor $K_{F\alpha}$

$$K_{F\alpha} = \frac{1}{\epsilon_\alpha} \qquad \text{wenn } q_L \leqslant \frac{1}{\epsilon_\alpha} \text{ ist}$$

$$K_{F\alpha} = q_L \leqslant 1 \qquad \text{wenn } q_L > \frac{1}{\epsilon_\alpha} \text{ ist}$$

31 — Breitenlastverteilungsfaktor $K_{F\beta}$

$K_{F\beta} = 1,1$ als Mittelwert, abhängig von Achsrichtungs- und Flankenrichtungsfehlern

32 — Betriebsfaktor K_I (auch Anwendungsfaktor K_A genannt)

$K_I > 1$ berücksichtigt äußere dynamische Zusatzkräfte durch die Betriebsart (z.B. Stöße)

$K_I = 1,25$ für mittlere Stöße durch Antriebsmaschine und gleichförmigen Abtrieb

$K_I = 1,5$ für Walzwerksgetriebe

33 — Dynamikfaktor K_v

$K_v > 1$ berücksichtigt innere dynamische Zusatzkräfte (z.B. durch Verzahnungsfehler hervorgerufene Drehmomentenschwankungen)

$K_v = 1,1$ als Mittelwert einsetzen

34 — maßgebende Umfangskraft am Teilkreis w_{Ft} je mm Zahnbreite

$$w_{Ft} = \frac{F_t}{b}\,K_I K_v K_{F\alpha} K_{F\beta}$$

w_{Ft}	F_t	b	$K_I, K_v, K_{F\alpha}, K_{F\beta}$
$\dfrac{\text{N}}{\text{mm}}$	N	mm	1

35

Zahnformfaktor Y_F
für *Außen*verzahnung

Das eingezeichnete Ablesebeispiel bezieht sich auf Beispiel 3

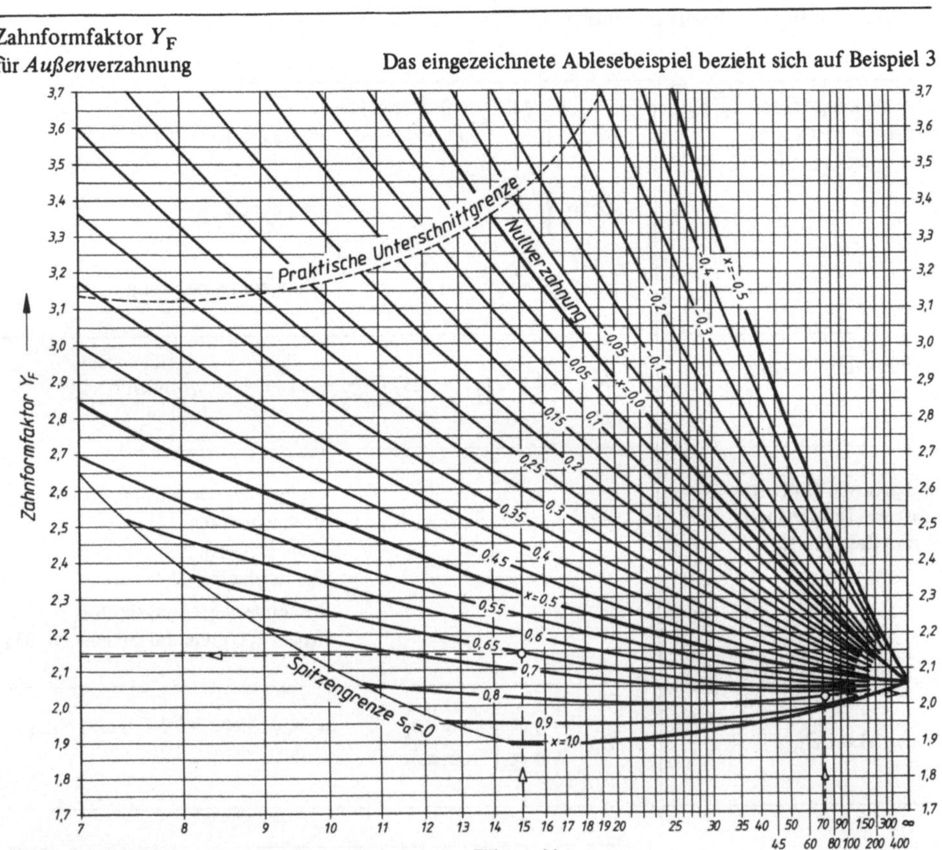

Zahnformfaktor Y_F für *Innen*verzahnung	$Y_F = 2{,}06 - 1{,}18 \left(2{,}25 - \dfrac{d_{a2} - d_{f2}}{2\,m_n} \right)$	d_{a2} nach 8.3 Nr. 15 d_{f2} nach 8.3 Nr. 17	**36**
Überdeckungsfaktor Y_ϵ	$Y_\epsilon = 0{,}25 + \dfrac{0{,}75}{\epsilon_\alpha}$	ϵ_α Profilüberdeckung nach Nr. 27	**37**
Schrägungswinkelfaktor Y_β	$Y_\beta = 1 - \epsilon_\beta \cdot \dfrac{\beta}{120°} \geqslant Y_{\beta\,min}$	$Y_{\beta\,min} = 1 - 0{,}25\,\epsilon_\beta \geqslant 0{,}75$	**38**
zulässige Zahnfußspannung σ_{FP}	$\sigma_{FP} = \dfrac{\sigma_{F\,lim}}{S_{F\,min}}$	$\sigma_{F\,lim}$ Dauerfestigkeitswert für Zahnfußspannung nach 8.4 Nr. 9 $S_{F\,min}$ Mindestsicherheitsfaktor gegen Zahnfußdauerbruch $S_{F\,min} = 1{,}5$ als Mittelwert	**39**
Zahnfußspannung σ_F	$\sigma_F = \dfrac{w_{Ft}}{m_n}\, Y_F\, Y_\epsilon\, Y_\beta \leqslant \sigma_{FP}$		**40**
Sicherheit gegen Zahnfußdauerbruch S_F	$S_F = \dfrac{\sigma_{F\,lim}}{\sigma_F} \geqslant S_{F\,min}$		**41**

Zahnradgetriebe

C. Berechnung der Flankenbeanspruchung

| 42 | Überdeckungsfaktor Z_ϵ (bei $\epsilon_\beta > 1$ ist $\epsilon_\beta = 1$ einzusetzen) | $Z_\epsilon = \sqrt{\dfrac{4 - \epsilon_\alpha}{3}(1 - \epsilon_\beta) + \dfrac{\epsilon_\beta}{\epsilon_\alpha}}$ für $\epsilon_\beta < 1$

 $Z_\epsilon = \sqrt{\dfrac{1}{\epsilon_\alpha}}$ für $\epsilon_\beta \geqslant 1$

 $Z_\epsilon = \sqrt{\dfrac{4 - \epsilon_\alpha}{3}}$ für Geradverzahnung |

| 43 | Stirnlastverteilungsfaktor $K_{H\alpha}$ | $K_{H\alpha} = 1 + 2\,(q_L - 0{,}5)\left(\dfrac{1}{Z_\epsilon^2} - 1\right)$ q_L nach Nr. 29 |

| 44 | maßgebende Umfangskraft am Teilkreis w_{Ht} je mm Zahnbreite | $w_{Ht} = \dfrac{F_t}{b}\,K_I\,K_v\,K_{H\alpha}\,K_{H\beta}$ bei $b_1 \neq b_2$ die kleinere Zahnbreite einsetzen
 K_I siehe Nr. 32
 K_v siehe Nr. 33
 Breitenlastverteilungsfaktor $K_{H\beta} = 1{,}1$ annehmen (siehe Nr. 31) |

| 45 | Zonenfaktor Z_H | $Z_H = \dfrac{1}{\cos\alpha_t}\sqrt{\dfrac{2\cos\beta_b}{\tan\alpha_{wt}}}$ α_t, α_{wt} siehe 8.3 Nr. 6 und Nr. 19
 β_b siehe 8.3 Nr. 12 |

46 Elastizitätsfaktor Z_E (Richtwerte)

Werkstoff des Ritzels		Werkstoff des Rades		Elastizitätsfaktor Z_E in $\sqrt{N/mm^2}$
Stahl		Stahl		189,8
		Stahlguß	GS-60	188,9
		Kugelgraphitguß	GGG-50	181,4
		Grauguß	GG-25	163,5
		Guß-Zinn-Bronze	G-SnBz14	155
Kugelgraphitguß	GGG-50	Kugelgraphitguß	GGG-42	173,9
Stahl		Duroplast-Schichtstoff (Hartgewebe)		57,2

zulässige Hertzsche Pressung σ_{HP}	$\sigma_{HP} = \dfrac{\sigma_{H\,lim}}{S_{H\,min}}$	$\sigma_{H\,lim}$ Dauerfestigkeitswert für die Hertzsche Pressung nach 8.4 Nr. 9 $S_{H\,min}$ Mindestsicherheitsfaktor gegen Grübchenbildung $S_{H\,min}$ = 1,5 als Mittelwert

47

Hertzsche Pressung σ_H im Wälzpunkt C	$\sigma_H = \sqrt{\dfrac{w_{Ht}}{d_1} \cdot \dfrac{u+1}{u}} \; Z_H Z_E Z_\epsilon \leqslant \sigma_{HP}$	u nach Nr. 6

48

Sicherheit gegen Grübchenbildung S_H	$S_H = \dfrac{\sigma_{H\,lim}}{\sigma_H} \geqslant S_{H\,min}$

49

Hertzsche Pressung σ_{HB} im inneren Einzeleingriffspunkt B	Ist die Ersatzzähnezahl des Ritzels $z_{n1} \leqslant 20$ bei Außenverzahnung oder $z_{n1} \leqslant 30$ bei Innenverzahnung, so wird die Hertzsche Pressung σ_{HB} im sogenannten inneren Einzeleingriffspunkt B größer als die Pressung im Wälzpunkt C (σ_H). In diesen Fällen ist noch zu prüfen: $\sigma_{HB} = \sigma_H Z_B \leqslant \sigma_{HP}$ $\quad Z_B$ Ritzel-Einzeleingriffsfaktor nach DIN 3990 Blatt 7 $\qquad\qquad\qquad\qquad\quad Z_B$ = 1,1 als Mittelwert Eine Prüfung ist unnötig bei Schrägstirnrädern mit $\epsilon_\alpha + \epsilon_\beta \geqslant 2$.

50

Zahnradgetriebe

8.5. Entwurfs-Nomogramm zur überschlägigen Bestimmung des Normalmoduls m_n für gehärtete Zahnflanken (Ritzel und Rad aus Stahl)

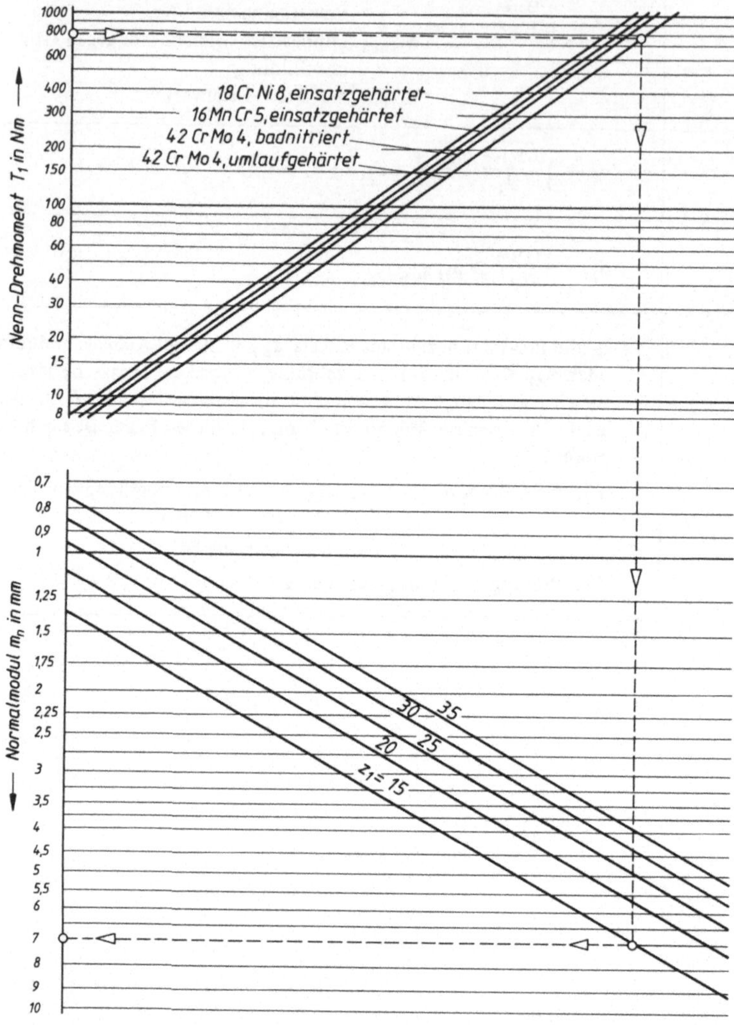

Werden die gegebenen Größen vom Nomogramm nicht erfaßt, dann ist nach 8.4, Nr. 12 zu rechnen.

Ablesebeispiel:

Gegeben sind Drehmoment $T_1 = 773$ Nm, Ritzel-Zähnezahl $z_1 = 15$ und Ritzelwerkstoff 42CrMo4, umlaufgehärtet (Beispiele 2 und 3).

Mit $T_1 = 773$ Nm ergibt sich im oberen Diagrammfeld ein Schnittpunkt mit der Werkstoffgeraden für 42CrMo4, umlaufgehärtet. Eine Senkrechte in das untere Diagrammfeld führt zum Schnittpunkt mit der Geraden für $z_1 = 15$. Damit kann der Normalmodul $m_n = 7$ mm abgelesen werden.

8.6. Entwurfs-Nomogramm zur überschlägigen Bestimmung des Normalmoduls m_n für ungehärtete Zahnflanken (Ritzel und Rad aus Stahl)

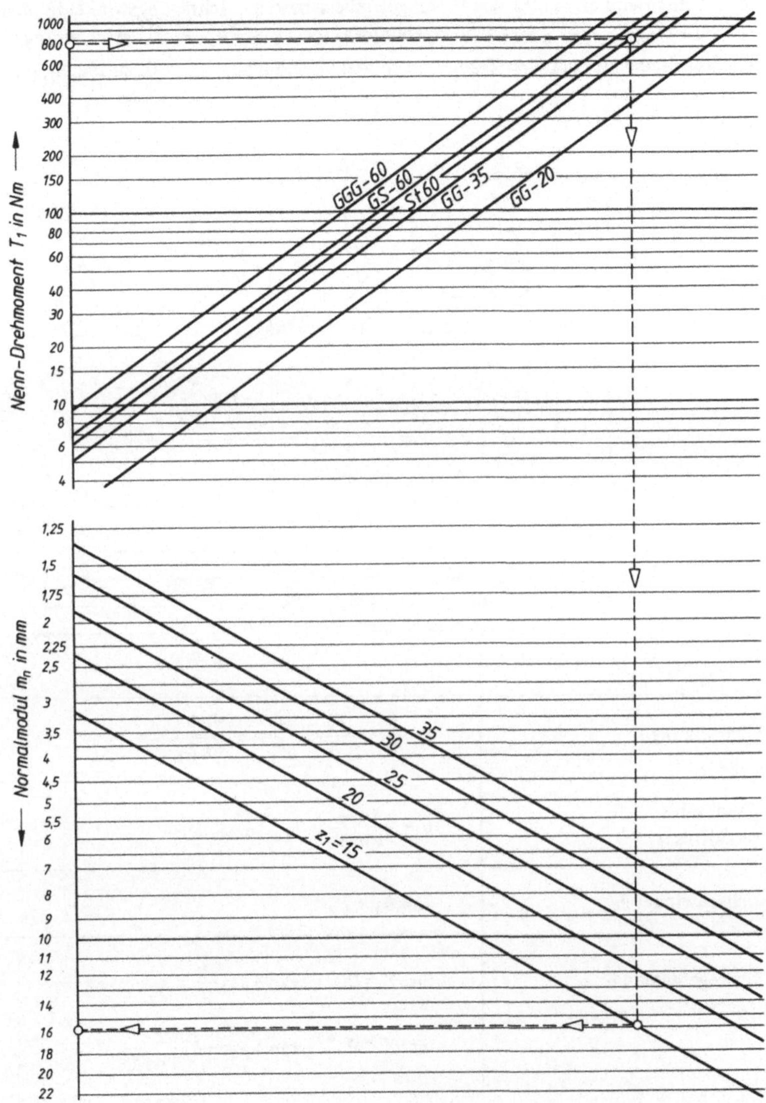

Werden die gegebenen Größen vom Nomogramm nicht erfaßt, dann ist nach 8.4, Nr. 13 zu rechnen.

Ablesebeispiel:

Gegeben sind Drehmoment $T_1 = 773$ Nm, Ritzel-Zähnezahl $z_1 = 15$ und Ritzelwerkstoff St 60.

Mit $T_1 = 773$ Nm ergibt sich im oberen Diagrammfeld ein Schnittpunkt mit der Werkstoffgeraden für St 60. Das Lot auf die Gerade für $z_1 = 15$ führt zum zweiten Schnittpunkt, von dem aus der Normalmodul $m_n \approx 16$ mm abzulesen ist.

Zahnradgetriebe

8.7. Einzelrad- und Paarungsgleichungen für Kegelräder

Die Gleichungen gelten, wenn nicht anders angegeben, für Kegelräder mit schrägen Zähnen, die unter dem Achsenwinkel von 90° als V-Nullgetriebe arbeiten: Schrägungswinkel in Mitte Zahnbreite β_m, Achsenwinkel $\Sigma = 90°$, Profilverschiebungsfaktor $x_2 = -x_1$, Profilverschiebung $v_2 = -v_1$.

Für Kegelräder mit geraden Zähnen ist in den Gleichungen $\beta_m = 0$ zu setzen, für Nullgetriebe $x = 0$.

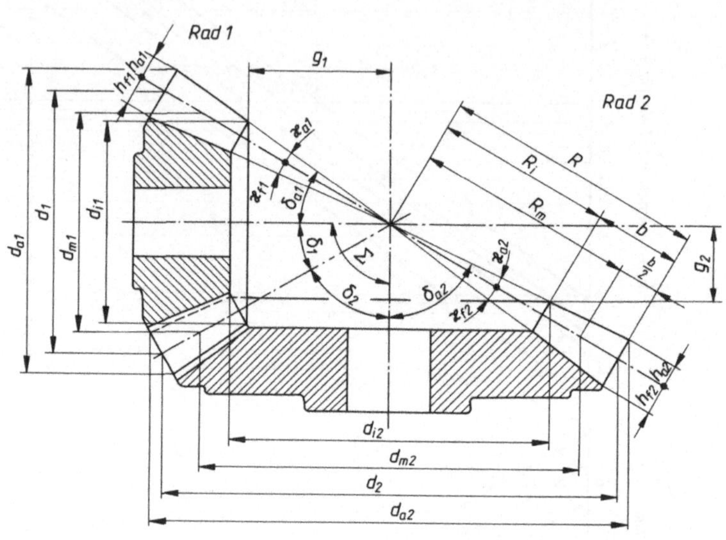

1	Übersetzung i	$$i = \frac{n_1}{n_2} = \frac{z_2}{z_1} = \frac{d_2}{d_1} = \frac{\sin\delta_2}{\sin\delta_1}$$
2	Zähnezahl-verhältnis u	$$u = \frac{z_{\text{Rad}}}{z_{\text{Ritzel}}} \geqslant 1$$
3	Achsenwinkel Σ	$\Sigma = \delta_1 + \delta_2$
4	Teilkegelwinkel δ	für $\Sigma = 90°$: $\quad \tan\delta_1 = \dfrac{1}{u} = \dfrac{z_1}{z_2}$ für $\Sigma < 90°$: $\quad \tan\delta_1 = \dfrac{\sin\Sigma}{u + \cos\Sigma}$ $\qquad \Big\}\ \delta_2 = \Sigma - \delta_1$ für $\Sigma > 90°$: $\quad \tan\delta_1 = \dfrac{\sin(180° - \Sigma)}{u - \cos(180° - \Sigma)}$
5	Teilkreis-durchmesser d	$d_1 = z_1\, m_t \qquad\qquad d_2 = z_2\, m_t \qquad\qquad m_t$ Stirnmodul Bei Geradzahn-Kegelrädern ist der Stirnmodul zugleich der Normalmodul (Stirnschnitt = Normalschnitt), er wird nach 8.4 Nr. 14 als Normmodul festgelegt: $m_t = m_n = m$.

Teilkegellänge R (außen) und Zahnbreite b	$R = \dfrac{d_1}{2\sin\delta_1} = \dfrac{d_2}{2\sin\delta_2}$	$b \leqslant \dfrac{R}{3}$ ausführen	**6**
Teilkegellänge R_i (innen)	$R_i = R - b$		**7**
mittlere Teilkegellänge R_m	$R_m = R - \dfrac{b}{2}$		**8**
Teilkreisdurchmesser in Mitte Zahnbreite d_m	$d_{m1} = d_1 - b\sin\delta_1 \qquad d_{m2} = d_2 - b\sin\delta_2$		**9**
äußerer Normalmodul m_{na}	$m_{na} = m_t \cos\beta_m$		**10**
Normalmodul in Mitte Zahnbreite m_{nm}	$m_{nm} = m_t \cos\beta_m \dfrac{R_m}{R}$ $m_{nm} = \dfrac{d_{m1}}{z_1}\cos\beta_m = \dfrac{d_{m2}}{z_2}\cos\beta_m$	m_{nm} ist identisch mit dem Normalmodul der Ergänzungs- und der Ersatzverzahnung	**11**
Ergänzungszähnezahl z_v	$z_{v1} = \dfrac{z_1}{\cos\delta_1} \qquad z_{v2} = \dfrac{z_2}{\cos\delta_2}$		**12**
Ersatzzähnezahl z_n	$z_{n1} \approx \dfrac{z_{v1}}{\cos^3\beta_m} \qquad z_{n2} \approx \dfrac{z_{v2}}{\cos^3\beta_m}$ Bei Geradzahn-Kegelrädern ist mit $\beta_m = 0°$ und $\cos\beta_m = 1$ $z_{n1} = z_{v1}$ und $z_{n2} = z_{v2}$.		**13**
Zähnezahl des Planrades z_p	$z_p = \dfrac{z_2}{\sin\delta_2}$		**14**
Zahnkopfhöhe h_a (außen)	$h_{a1} = (1 + x)\,m_{na} \qquad h_{a2} = (1 - x)m_{na} = 2\,m_{na} - h_{a1}$		**15**
Kopfspiel c	$c = y\,m_{na} \qquad y = 0{,}167 \text{ oder } y = 0{,}2$		**16**

Zahnradgetriebe

17	Zahnfußhöhe h_f	$h_{f1} = 2\,m_{na} - h_{a1} + c$	$h_{f2} = 2\,m_{na} - h_{a2} + c$
18	Kopfkreis-durchmesser d_a	$d_{a1} = d_1 + 2\,h_{a1}\cos\delta_1$	$d_{a2} = d_2 + 2\,h_{a2}\cos\delta_2$
19	Kopfwinkel κ_a	$\tan\kappa_{a1} = \dfrac{h_{a1}}{R}$	$\tan\kappa_{a2} = \dfrac{h_{a2}}{R}$
20	Fußwinkel κ_f	$\tan\kappa_{f1} = \dfrac{h_{f1}}{R}$	$\tan\kappa_{f2} = \dfrac{h_{f2}}{R}$
21	Kopfkegel-winkel δ_a	$\delta_{a1} = \delta_1 + \kappa_{a1}$	$\delta_{a2} = \delta_2 + \kappa_{a2}$
22	innerer Kopfkreis-durchmesser d_i	$d_{i1} = d_{a1} - 2\,\dfrac{b\sin\delta_{a1}}{\cos\kappa_{a1}}$	$d_{i2} = d_{a2} - 2\,\dfrac{b\sin\delta_{a2}}{\cos\kappa_{a2}}$
23	Innenkegelhöhe g	$g_1 = \dfrac{d_{i1}}{2\tan\delta_{a1}}$	$g_2 = \dfrac{d_{i2}}{2\tan\delta_{a2}}$

Die folgende Berechnung der geometrischen
Größen der Ersatzverzahnung für Kegelräder
ist nur erforderlich, wenn die Gesamtüber-
deckung ϵ (Profilüberdeckung ϵ_α + Sprungüberdeckung ϵ_β) und damit der Stirnlastverteilungsfaktor $K_{F\alpha}$ (siehe 8.8 Nr. 11)
oder der Zahnformfaktor Y_F durch Auf-
zeichnen bestimmt werden sollen.

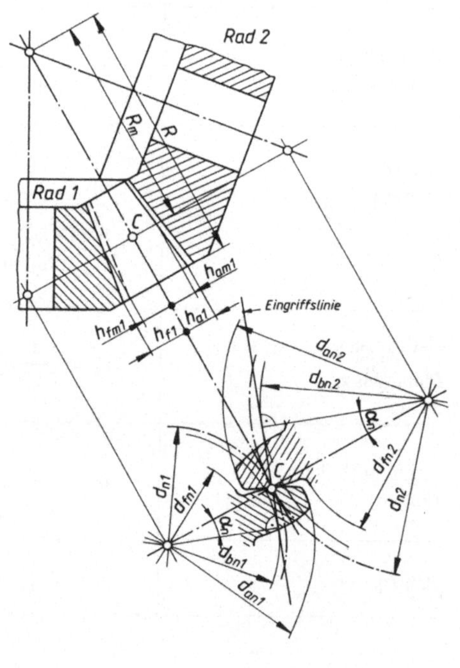

Teilkreisdurchmesser der Ersatzverzahnung d_n	$d_{n1} = z_{n1}\, m_{nm}$	$d_{n2} = z_{n2}\, m_{nm}$	**24**
Grundkreisdurchmesser der Ersatzverzahnung d_{bn}	$d_{bn1} = d_{n1}\cos\alpha_n \qquad d_{bn2} = d_{n2}\cos\alpha_n$ $\alpha_n = 20°$ Eingriffswinkel im Normalschnitt am Teilkreis		**25**
Profilverschiebungsfaktor der Ersatzverzahnung x_n	$x_{n1} = \dfrac{x_{t1}}{\cos\beta_m} \qquad x_{n2} = \dfrac{x_{t2}}{\cos\beta_m}$	bei V-Null-Getriebe ist $x_{n2} = -x_{n1}$	**26**
Zahnkopfhöhe h_a	$h_{a1} = (1 + x_t)\,m_t$	$h_{a2} = 2\,m_t - h_{a1} = (1 - x_t)\,m_t$	**27**
mittlere Zahn-kopfhöhe h_{am}	$h_{am1} = h_{a1}\,\dfrac{R_m}{R}$	$h_{am2} = h_{a2}\,\dfrac{R_m}{R}$	**28**
Zahnfußhöhe h_f	$h_{f1} = (1{,}167 - x_t)\,m_t$	$h_{f2} = (1{,}167 + x_t)\,m_t$	**29**
mittlere Zahn-fußhöhe h_{fm}	$h_{fm1} = h_{f1}\,\dfrac{R_m}{R}$	$h_{fm2} = h_{f2}\,\dfrac{R_m}{R}$	**30**
Kopfkreisdurchmesser der Ersatzverzahnung d_{an}	$d_{an1} = d_{n1} + 2\,h_{am1}$	$d_{an2} = d_{n2} + 2\,h_{am2}$	**31**
Fußkreisdurchmesser der Ersatzverzahnung d_{fn}	$d_{fn1} = d_{n1} - 2\,h_{fm1}$	$d_{fn2} = d_{n2} - 2\,h_{fm2}$	**32**
Profilüberdeckung ϵ_α und Sprung-überdeckung ϵ_β	nach 8.3 Nr. 26, 27 und 28 mit den Größen der Ersatzverzahnung, siehe Beispiel im Beispielheft		**33**
Bestimmungsgrößen h_F, s_{nF}, α_{nF} des Zahnformfaktors Y_F, Ermittlung durch Aufzeichnen	Berechnung nur erforderlich, wenn das Bezugsprofil von DIN 867 abweicht		**34**

Zahnformfaktor Y_F	$Y_F = \dfrac{6\left(\dfrac{h_F}{m_{nm}}\right)\cos\alpha_{nF}}{\left(\dfrac{s_{nF}}{m_{nm}}\right)^2 \cos\alpha_n}$		**35**

Zahnradgetriebe

8.8. Tragfähigkeitsberechnung von Kegelrädern

Die folgenden Berechnungsgleichungen gelten für die
in der Praxis überwiegend verwendeten Null- oder V-
Null-Kegelradgetriebe mit geraden oder schrägen Zähnen. Mit Hilfe der sogenannten Ergänzungsverzahnung
werden die Kegelräder wie Stirnräder behandelt. Der
Tragfähigkeitsberechnung liegen also die Gleichungen
in 8.4 zugrunde.

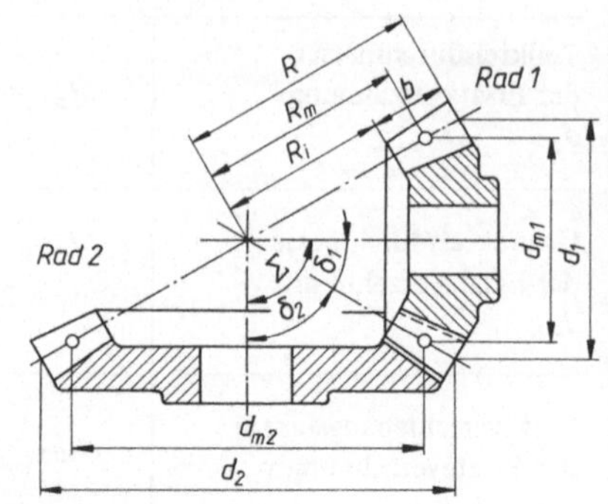

A. Entwurfsberechnungen (siehe auch Entwurfs-Nomogramme 8.5 und 8.6)

Hier können sinngemäß die Beziehungen nach 8.4 (A. Entwurfsberechnungen) verwendet werden.
Dabei ist zu beachten, daß bei Bogenzahn-Kegelrädern der Normalmodul m_{nm} des Kegelrades in
Mitte Zahnbreite identisch ist mit dem Normalmodul der Ergänzungs- und der Ersatzverzahnung.

1	Übersetzung i	$i = \dfrac{n_1}{n_2} = \dfrac{z_2}{z_1} = \dfrac{d_2}{d_1} = \dfrac{\sin \delta_2}{\sin \delta_1}$

2 Ritzelzähnezahl z_1 und Breitenverhältnis $\psi = \dfrac{b}{d_{m1}}$

i	1	2	3	4	5
z_1	30 … 20	25 … 18	22 … 15	18 … 12	14 … 10
ψ	0,25	0,4	0,55	0,7	0,85

Für Geradverzahnung obere Werte, für Schrägverzahnung untere
Werte. Für die Grenzzähnezahl und den Mindestprofilverschiebungs-
faktor gelten die Beziehungen 8.3 Nr. 3 und 4, wenn für z die
Ersatzzähnezahl z_n nach 8.7 Nr. 13 eingesetzt wird.

3	Radzähnezahl z_2	$z_2 = z_1\, i$
4	Zähnezahlverhältnis u	$u = \dfrac{z_2}{z_1} > 1$ bei Übersetzungen ins Schnelle ist mit dem Kehrwert zu rechnen
5	Verzahnungsqualität und Werkstoff	nach 8.4 Nr. 7, 8 und 9
6	zulässige Zahnfußbiege-spannung σ_{FP} und zulässige Hertzsche Pressung σ_{HP}	nach 8.4 Nr. 10 und 11

7 Nenndrehmoment T_1 am Ritzel (Zahlenwertgleichung)

$$T_1 = 9550 \,\frac{P}{n_1}$$

T_1	P	n
Nm	kW	min⁻¹

8	Normalmodul m_n	nach 8.4 Nr. 12, 13, 14 sowie Entwurfs-Nomogramme 8.5, 8.6

B. Berechnung der Zahnfußbeanspruchung für Achsenwinkel $\Sigma = 90°$

Gegebene Größen:

Zähnezahlen $z_1, z_2 > z_1$, Stirnmodul m_t, Herstell-Eingriffswinkel $\alpha_n = 20°$, Schrägungswinkel am Teilkreis β_m, Zahnbreiten b_1, b_2, Werkstoff, Verzahnungsqualität, Nenn-Antriebsmoment M_1, Profilverschiebungsfaktoren x_{t1}, x_{t2}.

		9
Berechnung der geometrischen Größen nach 8.7	Teilkegelwinkel δ_1, δ_2 — (Nr. 4) Teilkreisdurchmesser d_1, d_2 — (Nr. 5) Teilkegellänge R (außen) — (Nr. 6) Zahnbreite b — (Nr. 6) Teilkegellänge R_i (innen) — (Nr. 7) Teilkegellänge R_m — (Nr. 8) Teilkreisdurchmesser d_{m1}, d_{m2} — (Nr. 9) äußerer Normalmodul m_{na} — (Nr. 10) Normalmodul m_{nm} — (Nr. 11) Ergänzungszähnezahl z_{v1}, z_{v2} — (Nr. 12) Ersatzzähnezahl z_{n1}, z_{n2} — (Nr. 13)	

10

Nenn-Umfangskraft F_{tm} in Mitte Zahnbreite am Teilkreis

$$F_{tm} = \frac{2 M_1}{d_{m1}}$$

F_{tm}	M_1	d_{m1}	w_{Ft}	b	K-Werte
N	Nmm	mm	$\frac{N}{mm}$	mm	1

$$M_1 = 9550 \frac{P}{n_1}$$

M_1	P	n
Nm	kW	min^{-1}

(Zahlenwertgleichung)

11

maßgebende Umfangskraft w_{Ft} je mm Zahnbreite am Teilkreis in Mitte Zahnbreite

$$w_{Ft} = \frac{F_{tm}}{b} K_I K_v K_{F\alpha} K_{F\beta}$$

K-Werte nach 8.4:
Betriebsfaktor K_I — (Nr. 32)
Dynamikfaktor K_v — (Nr. 33)
Breitenlastverteilungs-faktor $K_{F\beta}$ — (Nr. 31)
Stirnlastverteilungs-faktor $K_{F\alpha}$ — (Nr. 29 und Nr. 30)
$K_{F\alpha} = 1$ ist bei Kegelrädern üblich

12

Zahnformfaktor Y_F

Y_{F1} und Y_{F2} nach 8.4 Nr. 35

13

Schrägungswinkel-faktor Y_β

$$Y_\beta = 1 - \epsilon_\beta \frac{\beta}{120°} \geqslant Y_{\beta min} \qquad Y_{\beta min} = 1 - 0,25 \, \epsilon_\beta \geqslant 0,75$$

Zahnradgetriebe

14	zulässige Zahn-fußspannung σ_{FP}	nach 8.4 Nr. 39	
15	Zahnfußspannung σ_F	$\sigma_F = \dfrac{w_{Ft}}{m_{nm}}\, Y_F\, Y_{\epsilon v}\, Y_\beta \leqslant \sigma_{FP}$	$Y_{\epsilon v}$ Überdeckungsfaktor der Ergänzungsverzahnung $Y_{\epsilon v} = 1$ bei Kegelrädern
16	Sicherheit gegen Zahnfußdauerbruch S_F	$S_F = \dfrac{\sigma_{F\,lim}}{\sigma_F} \geqslant S_{F\,min}$	

C. Berechnung der Flankenbeanspruchung für Achsenwinkel $\Sigma = 90°$

17	maßgebende Umfangskraft am Teilkreis in Mitte Zahn-breite w_{Ht} je mm Zahnbreite	$w_{Ht} = \dfrac{F_{tm}}{b}\, K_I\, K_v\, K_{H\alpha}\, K_{H\beta}$	K-Werte siehe 8.4 und vorn, Nr. 22 $K_{H\alpha} = 1$ bei Kegelrädern $K_{H\beta} = 1{,}1$ als Mittelwert
18	Zonenfaktor Z_H	$Z_H = 2\,\sqrt{\dfrac{\cos\beta_b}{\sin(2\alpha_t)}}$	α_t Eingriffswinkel im Stirnschnitt der Ergänzungsverzahnung, siehe 8.3 Nr. 6 β_b siehe 8.3 Nr. 12
19	Elastizitätsfaktor Z_E	nach 8.4 Nr. 46	
20	zulässige Hertzsche-Pressung σ_{HP}	nach 8.4 Nr. 47	
21	Hertzsche Pressung σ_H im Wälzpunkt C	$\sigma_H = \sqrt{\dfrac{w_{Ht}}{d_{m1}} \cdot \dfrac{\sqrt{u^2+1}}{u}}\; Z_{Hv}\, Z_M\, Z_{\epsilon v} \leqslant \sigma_{HP}$	$Z_{\epsilon v}$ Überdeckungsfaktor für Kegelräder $Z_{\epsilon v} = 1$ ist üblich
22	Sicherheit gegen Grübchenbildung S_H	$S_H = \dfrac{\sigma_{H\,lim}}{\sigma_H} \geqslant S_{H\,min}$	

8.9. Evolventenfunktion $\operatorname{inv}\alpha = \tan\alpha - \operatorname{arc}\alpha = \tan\alpha - (\pi\,\alpha°/180°)$

Minuten	ev α für α°												
	16	17	18	19	20	21	22	23	24	25	26	27	28
0	0,00749	0,00903	0,01076	0,01272	0,01490	0,01735	0,02005	0,02305	0,02635	0,02997	0,03395	0,03829	0,04302
1	751	905	1079	1275	1494	1739	2010	2310	2641	3004	3402	3836	4310
2	754	908	1082	1278	1498	1743	2015	2315	2646	3010	3408	3844	4318
3	757	911	1085	1282	1502	1747	2019	2321	2652	3017	3416	3851	4326
4	759	913	1088	1285	1506	1752	2024	2326	2658	3023	3423	3859	4335
5	661	916	1092	1289	1510	1756	2029	2331	2664	3029	3429	3867	4343
6	764	919	1095	1292	1514	1760	2034	2336	2670	3036	3436	3874	4351
7	766	922	1098	1296	1518	1765	2039	2342	2676	3042	3443	3882	4359
8	769	924	1101	1299	1522	1769	2044	2347	2681	3048	3450	3889	4368
9	771	927	1104	1303	1525	1773	2048	2352	2687	3055	3457	3897	4376
10	774	930	1107	1306	1529	1778	2053	2358	2693	3061	3464	3905	4384
11	776	933	1110	1310	1533	1782	2058	2363	2699	3068	3471	3912	4393
12	779	936	1113	1313	1537	1786	2063	2368	2705	3074	3478	3920	4401
13	781	938	1117	1317	1541	1791	2068	2374	2711	3081	3486	3928	4410
14	783	941	1120	1320	1545	1795	2073	2379	2717	3087	3493	3935	4418
15	786	944	1123	1324	1549	1799	2078	2385	2723	3094	3499	3943	4426
16	788	947	1126	1327	1553	1804	2082	2390	2728	3100	3507	3951	4435
17	791	949	1129	1331	1557	1808	2087	2395	2734	3107	3514	3959	4443
18	793	952	1132	1335	1561	1813	2092	2401	2740	3113	3521	3966	4452
19	796	955	1136	1338	1565	1817	2097	2406	2746	3119	3528	3974	4460
20	798	958	1139	1342	1569	1822	2102	2411	2752	3126	3535	3982	4468
21	801	961	1142	1345	1573	1826	2107	2417	2758	3133	3542	3990	4477
22	803	964	1145	1349	1577	1831	2112	2422	2764	3139	3549	3997	4486
23	806	967	1148	1353	1581	1835	2117	2428	2770	3146	3557	4005	4494
24	808	969	1152	1356	1585	1840	2122	2433	2776	3152	3564	4013	4502
25	811	972	1155	1360	1589	1844	2127	2439	2782	3159	3571	4021	4511
26	813	975	1158	1363	1593	1849	2132	2444	2788	3165	3578	4029	4519
27	816	978	1161	1367	1597	1853	2137	2450	2794	3172	3585	4037	4528
28	818	981	1164	1371	1601	1858	2142	2455	2800	3178	3592	4044	4537
29	821	984	1168	1374	1605	1862	2147	2461	2806	3185	3599	4052	4545
30	823	987	1171	1378	1609	1867	2151	2466	2812	3192	3607	4060	4554
31	826	989	1174	1382	1613	1871	2156	2472	2818	3198	3614	4068	4562
32	829	992	1178	1385	1617	1876	2161	2477	2824	3205	3621	4076	4571
33	831	995	1181	1389	1621	1880	2167	2483	2830	3212	3629	4084	4579
34	834	908	1184	1393	1625	1885	2171	2488	2836	3218	3636	4092	4588
35	836	0,01001	1187	1396	1629	1889	2177	2494	2842	3225	3643	4099	4597
36	839	1004	1191	1399	1634	1894	2181	2499	2848	3231	3650	4108	4605
37	841	1007	1194	1404	1638	1898	2187	2505	2855	3238	3658	4116	4614
38	844	1010	1197	1407	1642	1903	2192	2510	2861	3245	3665	4124	4623
39	847	1013	1201	1411	1646	1907	2197	2516	2867	3252	3672	4132	4631
40	849	1016	1204	1415	1650	1912	2202	2521	2873	3258	3680	4139	3640
41	852	1019	1207	1419	1654	1917	2207	2527	2879	3265	3687	4148	4649
42	854	1022	1211	1422	1658	1921	2212	2532	2885	3272	3695	4156	4657
43	857	1025	1214	1426	1663	1926	2217	2538	2891	3279	3702	4164	4666
44	860	1028	1217	1430	1667	1930	2222	2544	2898	3285	3709	4172	4675
45	862	1031	1221	1433	1671	1935	2227	2549	2904	3292	3717	4180	4684
46	865	1034	1224	1437	1675	1940	2232	2555	2910	3299	3724	4188	4692
47	868	1037	1227	1441	1679	1944	2238	2561	2916	3306	3731	4196	4701
48	870	1040	1231	1445	1684	1949	2243	2566	2922	3312	3739	4204	4710
49	873	1043	1234	1449	1688	1954	2248	2572	2929	3319	3746	4212	4719
50	876	1046	1237	1452	1692	1958	2253	2578	2935	3326	3754	4220	4728
51	878	1049	1241	1456	1696	1963	2258	2583	2941	3333	3761	4228	4736
52	881	1052	1244	1459	1700	1968	2263	2589	2947	3340	3769	4236	4745
53	884	1055	1248	1464	1705	1972	2268	2595	2954	3347	3776	4244	4754
54	886	1058	1251	1467	1709	1977	2274	2601	2960	3353	3783	4253	4763
55	889	1061	1254	1471	1713	1982	2279	2606	2966	3360	3791	4261	4772
56	892	1064	1258	1475	1717	1986	2284	2612	2972	3367	3798	4269	4780
57	894	1067	1261	1479	1722	1991	2289	2618	2979	3374	3806	4277	4789
58	897	1070	1265	1483	1726	1996	2294	2624	2985	3381	3814	4285	4798
59	899	1073	1268	1487	1730	2001	2300	2629	2991	3388	3821	4294	4807

Zahnradgetriebe

8.10. Einzelrad- und Paarungsgleichungen für Schneckengetriebe

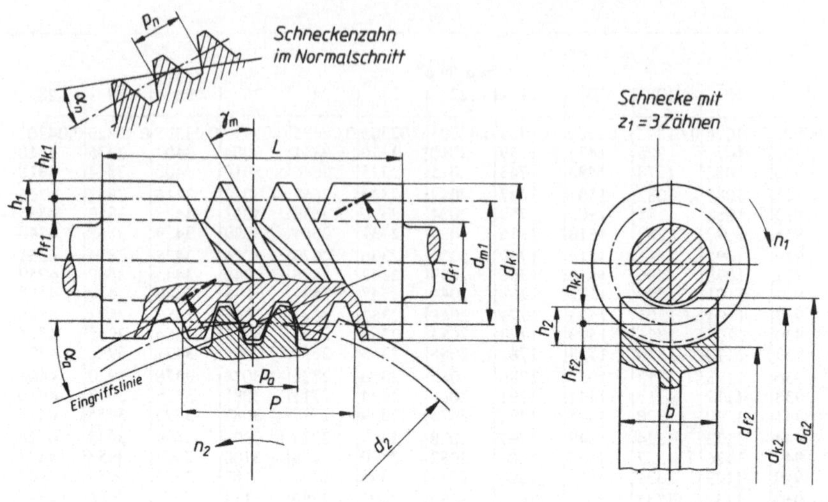

Index 1 gilt für die Schnecke, 2 für das Schneckenrad, Index n für die Größe im Normalschnitt, Index a im Achsschnitt

1	Übersetzung i (m Achsmodul, z_1 Gangzahl der Schnecke)	$i = \dfrac{n_1}{n_2} = \dfrac{z_2}{z_1} = \dfrac{d_2}{m\,z_1} = \dfrac{d_2}{d_{m1}\,\tan\gamma_m}$ $T_1 = \dfrac{T_2}{i\,\eta_{ges}}$	i möglichst keine ganze Zahl bei mehrgängiger Schnecke η_{ges} Gesamtwirkungsgrad des Schneckengetriebes (Nr. 27)	

2	Erfahrungswerte für i, Gangzahl z_1 und η_{ges}	i	$\geqslant 30$	$15\ldots29$	$10\ldots14$	$6\ldots9$
		z_1	1	2	3	4
		η_{ges}	0,7	0,8	0,85	0,9

3	Zähnezahl z_2 des Schneckenrades	$z_2 = i\,z_1$	z_2 möglichst $\geqslant 25$ Zähne

4	Steigungshöhe der Schnecke P	$P = z_1\,p_a = z_1\,m\,\pi$ $= d_{m1}\,\pi\,\tan\gamma_m$	p_a Achsteilung, m Achsmodul

5	mittlerer Steigungswinkel γ_m	$\tan\gamma_m = \dfrac{m\,z_1}{d_{m1}} = \dfrac{z_1}{z_F}$	$\cos\gamma_m = \dfrac{m_n}{m}$

6	Formzahl z_F	$z_F = \dfrac{d_{m1}}{m}$

Normalteilung p_n, Normalmodul m_n	$p_n = p_a \cos\gamma_m \qquad m_n = m \cos\gamma_m \qquad m = m_a =$ Achsmodul	**7**
Moduln für Schnecke und Schneckenrad (DIN 780) in mm: 1, 1,25, 1,6, 2, 2,5, 3,15, 4, 5, 6,3, 8, 10, 12,5, 16, 20	Für Schnecken wird der Modul im Achsschnitt (Achsmodul) $m_a = m$ als Normmodul gewählt; m_a ist zugleich Modul für das Schneckenrad im Stirnschnitt	**8**
Mittenkreisdurchmesser d_{m1} der Schnecke	$d_{m1} = \dfrac{z_1\,m}{\tan\gamma_m} = \dfrac{z_1\,m_n}{\sin\gamma_m} = z_F\,m \qquad\qquad d_{m1}$ ist eine Rechengröße	**9**
Zahnhöhen h, Kopfhöhen h_k, Fußhöhen h_f in Abhängigkeit von γ_m	<table><tr><td></td><td>$\gamma_m \leqslant 15°$</td><td>$\gamma_m > 15°$</td></tr><tr><td>$h_1 = h_2 =$</td><td>$2{,}2\,m$</td><td>$2{,}2\,m_n$</td></tr><tr><td>$h_{k1} =$</td><td>m</td><td>m_n</td></tr><tr><td>$h_{k2} =$</td><td>$m \pm xm$</td><td>$m_n \pm xm_n$</td></tr><tr><td>$h_{f1} =$</td><td colspan="2">$h_1 - h_{k1}$</td></tr><tr><td>$h_{f2} =$</td><td colspan="2">$h_2 - h_{k2}$</td></tr></table>	**10**
Eingriffswinkel im Normal- und Achsschnitt	$\tan\alpha_a = \dfrac{\tan\alpha_n}{\cos\gamma_m}$ Richtwerte für α_n <table><tr><td>γ_m</td><td>bis 15°</td><td>15...25°</td><td>25...35°</td><td>über 35°</td></tr><tr><td>α_{n0}</td><td>20°</td><td>22,5°</td><td>25°</td><td>30°</td></tr></table>	**11**
Kopfkreisdurchmesser d_{k1} der Schnecke	$d_{k1} = d_{m1} + 2\,h_{k1}$ Profilverschiebung hat keinen Einfluß auf die Schnecken-Abmessungen	**12**
Fußkreisdurchmesser d_{f1} der Schnecke	$d_{f1} = d_{k1} - 2\,h_1$	**13**
Schneckenlänge L in mm	$L \approx 2\,m\,(1 + \sqrt{z_2}\,)$ $L \approx 2\,m\,\sqrt{2\,z_2 - 4}$ für normale Belastung für hohe Belastung	**14**
Umfangsgeschwindigkeit v (Zahlenwertgleichung)	$v_1 = \dfrac{\pi\,d_{m1}\,n_1}{60\,000}; \quad v_2 = \dfrac{\pi\,d_{m2}\,n_2}{60\,000}$ <table><tr><td>v_1, v_2</td><td>d_{m1}, d_{m2}</td><td>n_1, n_2</td></tr><tr><td>$\dfrac{m}{s}$</td><td>mm</td><td>min^{-1}</td></tr></table>	**15**
Gleitgeschwindigkeit v_g	$v_g = \dfrac{v_1}{\cos\gamma_m}$	**16**
Teilkreisdurchmesser d_2	$d_2 = z_2\,m = \dfrac{z_2\,m_n}{\cos\gamma_m}$	**17**

Zahnradgetriebe

18	Mittenkreis-durchmesser d_{m2}	$d_{m2} = d_2 \pm 2\,x\,m = 2\,a - d_{m1}$
19	Kopfkreis-durchmesser d_{k2}	$d_{k2} = d_2 \pm 2\,x\,m + 2\,h_{k2} \qquad d_{k2} = d_2 + 2\,h_{k2}$
20	Fußkreisdurch-messer d_{f2}	$d_{f2} = d_{k2} - (4\,m + c) \qquad c = 0{,}2\,m$ $d_{f2} = d_2 \;\; - 2\,h_{f2} \qquad\;\; c$ Kopfspiel
21	Außendurch-messer d_{a2}	$d_{a2} = d_{k2} + m$
22	Profilverschiebung erforderlich bei	$z_2 < z_g = \dfrac{2\,h_{kf}}{m\,\sin^2 \alpha_a} \qquad \begin{array}{l} h_{kf}\ \text{Kopfhöhe des Fräsers} \\ \alpha_a\ \ \text{Eingriffswinkel im Achsschnitt} \end{array}$
23	Mindest-Profil-verschiebungs-faktor	$x_{min} = \dfrac{z_g - z_2}{z_g} \qquad z_g = 17\ \text{bei}\ \alpha_a = 20°$
24	Achsabstand a (z_F Formzahl, Nr. 6)	$a = \dfrac{d_{m1} + d_2}{2} \pm x\,m = \dfrac{m}{2}\,(z_F + z_2 \pm 2\,x)$
25	Zahnbreite b	$b = (0{,}4 \ldots 0{,}5)\,(d_{k1} + 4\,m) \qquad\quad$ für Bronzerad $b = (0{,}4 \ldots 0{,}5)\,(d_{k1} + 4\,m) + 1{,}8\,m\ $ für Leichtmetallrad

26

Wirkungsgrad η_z der Verzahnung ($\mu' = \tan \rho'$ Gleitreibzahl)

$$\eta_z = \frac{\tan \gamma_m}{\tan(\gamma_m + \rho')}$$

bei treibender Schnecke

$$\eta_z = \frac{\tan(\gamma_m - \rho')}{\tan \gamma_m}$$

bei treibendem Schneckenrad

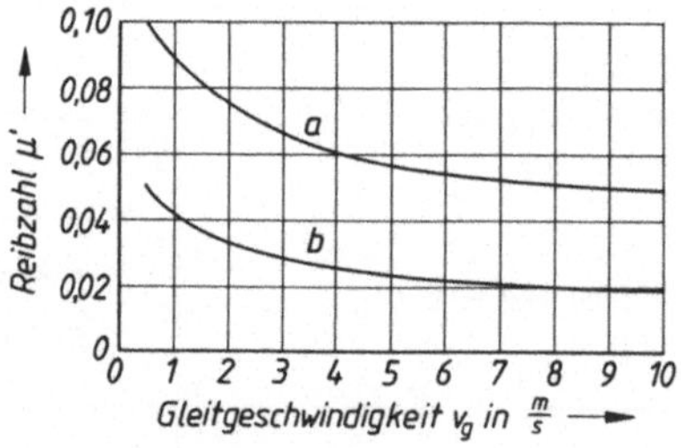

Reibzahl μ'
0,10
0,08
0,06
0,04
0,02
0
a
b
0 1 2 3 4 5 6 7 8 9 10
Gleitgeschwindigkeit v_g in $\frac{m}{s}$

a Schnecke auf Drehmaschine geschlichtet, vergütet

b Schnecke gehärtet, geschliffen

27

Gesamtwirkungs-grad η_{ges}

$\eta_{ges} = \eta_z\,\eta_L \qquad \eta_L = \eta_{L1}\,\eta_{L2} =$ Wirkungsgrad der Lagerung

η_{L1} für Schneckenwelle

η_{L2} für Schneckenrad

$\eta_{L1} = \eta_{L2} \approx 0{,}97$ bei Wälzlagern

$\eta_{L1} = \eta_{L2} \approx 0{,}94$ bei Gleitlagern

8.11. Tragfähigkeitsberechnung von Schneckengetrieben

Gegeben: Antriebsdrehzahl n_1, Abtriebsdrehzahl n_2, Antriebsleistung P_1, Einschaltdauer D_E, Werkstoffpaarung, Flankenform, Ausführung mit oder ohne Blasflügel

Übersetzung i	$i = \dfrac{n_1}{n_2}$	**1**

vorläufiger Achsabstand a in mm (Zahlenwertgleichung)

$$a \geqslant 117 \sqrt{\frac{P_1}{q_1 q_2 q_3 q_4}} \qquad P_1 = \frac{P_2}{\eta_{\text{ges}}}$$

Antriebsleistung P_1 in kW

2

Kühlbeiwert q_1 (ohne Blasflügel auf der Schneckenwelle)

3

n_1 in min^{-1}	400	600	800	1000	1200	1400	1600	1800
q_1 bei $D_E = $ 20 %	8,2	9	9,5	10	10,5	11	11,5	11,8
bei $D_E = $ 50 %	4	4,5	5	5,5	5,8	6,2	6,5	6,8
bei $D_E = $ 100 %	2,5	3	3,4	3,7	4,2	4,5	4,8	5,2

Kühlbeiwert q_1 (mit Blasflügel auf der Schneckenwelle)

4

n_1 in min^{-1}	400	600	800	1000	1200	1400	1600	1800
q_1 bei $D_E = $ 20 %	11	12	13	14	15	16	16,7	17,5
bei $D_E = $ 50 %	6	7	8	9	9,8	10,5	11,3	12
bei $D_E = $ 100 %	4,3	5,5	6,4	7,2	8	8,7	9,5	10,2

Übersetzungsbeiwert q_2 bei treibender Schnecke

5

$i = \dfrac{n_1}{n_2}$	5	7,5	10	15	20	25	30	40	50
q_2	1,16	1,1	1	0,81	0,68	0,59	0,52	0,41	0,28

Paarungsbeiwert q_3 für zylindrische Schnecke

6

Schnecke	Rad (Werkstoffe)	q_3
Stahl, gehärtet und geschliffen	Cu-Sn-Schleuderbronze	1
	Al-Legierung	0,87
	Grauguß	0,8
Stahl, vergütet, nicht geschliffen	Cu-Sn-Bronze, Zn-Legierung	0,67
	Al-Legierung, Sintereisen	0,58
	Grauguß	0,55
Grauguß, nicht geschliffen	Cu-Sn-Schleuderbronze	0,87
	Grauguß	0,80

Baubeiwert q_4

7

Bauart	q_4
unten liegende Schnecke (Schnecke fördert Öl)	1
anders liegende Schnecke (Rad fördert Öl)	0,8
zusätzliche Ölkühlung (Strahlschmierung)	> 1

Zahnradgetriebe

8	vorläufiger Mittenkreis-durchmesser d_{m1}	$d_{m1} \approx 0,45\,a$ Richtwerte: $d_{m1} = (0,25 \ldots 0,6)\,a$, obere Werte für aufgesetzte Schnecke
9	vorläufiger Achsmodul m für Schnecke im Achs-schnitt und Schneckenrad im Stirnschnitt	$m \approx 0,1\,d_{m1}$ nach 8.10 Nr. 8
10	Gangzahl z_1 der Schnecke	nach 8.10 Nr. 2
11	Radzähnezahl z_2 und genaue Übersetzung i	$z_2 = z_1\,i$; $i = \dfrac{z_2}{z_1}$
12	Rad-Teilkreis-durchmesser d_2	$d_2 = z_2\,m$
13	vorhandener Achs-abstand a	$a = \dfrac{d_{m1} + d_2}{2}$
14	Mittenkreisdurch-messer des Rades d_{m2}	$d_{m2} = 2\,a - d_{m1}$
15	mittlerer Steigungs-winkel γ_m	$\tan \gamma_m = \dfrac{z_1\,m}{d_{m1}}$

16	Gleitgeschwindig-keit v_g (Zahlenwertgleichung)	$v_g = \dfrac{\pi\,d_{m1}\,n_1}{60\,000 \cos \gamma_m}$	v_g	d_{m1}	n_1
			$\dfrac{m}{s}$	mm	min^{-1}

17	Gesamtwirkungs-grad η_{ges}	nach 8.10 Nr. 26, 27

18	Schnecken-Drehmoment T_1 (Zahlenwertgleichung)	$T_1 = 9550\,\dfrac{P_1}{n_1}$	T_1	P_1	n_1
			Nm	kW	min^{-1}

19	Schnecken-Umfangs-kraft F_{t1}	$F_{t1} = \dfrac{2\,T_1}{d_{m1}}$	F_{t1}	T_1	d_{m1}
			N	Nmm	mm

20	Rad-Umfangs-kraft F_{t2}	$F_{t2} = \dfrac{F_{t1}}{\tan(\gamma_m + \rho')}$

21	Flankensicherheit ν_F	$\nu_F = \dfrac{K_{grenz}\,d_{m1}\,d_{m2}\,q_5}{F_{t2}}$ K_{grenz} Wälzpressungsgrenzwert Nr. 22 q_5 Beiwert Nr. 23

Wälzpressungs-Grenzwert K_{grenz}		Schnecke aus Stahl		**22**
	Radwerkstoff	ungehärtet	gehärtet und geschliffen	
	Cu-Sn-Schleuderbronze	0,36	0,60	
	Al-Legierung	0,15	0,32	
	Al-Si-Legierung	–	0,34	
	Zn-Legierung (Temperatur $< 60\,°C$)	0,13	–	
	Sintereisen Grauguß GG-12 $\quad v_g < 2\,\frac{m}{s}$	0,12	0,25	

23

Beiwert q_s für mittleren Steigungswinkel γ_m

	$\gamma_m \approx$	0°	6°	11°	17°	22°	26,5°	31°	35°	39°
zylindrische Schnecke	$q_s =$	0,41	0,36	0,32	0,29	0,265	0,248	0,233	0,223	0,215
Hohlflankenschnecke	$q_s =$	0,50	0,48	0,46	0,445	0,433	0,425	0,42	0,417	0,415

24

Normalmodul m_n

$$m_n = m \cos \gamma_m$$

25

Schnecken-Kopfkreisdurchmesser d_{k1}

$$d_{k1} = d_{m1} + 2 m_n$$

26

Zahnbreite b

Richtwerte für Zahnbreitenverhältnis ψ

Formzahl z_F	7	8	10	12	14	16	18	20
Zahnbreitenverhältnis $\psi = b/\pi\,m$	1,8	1,9	2,1	2,3	2,5	2,6	2,8	3,0

z_F Formzahl 8.10 Nr. 6

27

Zahnbruchsicherheit ν_B

$$\nu_B = \frac{\pi\,m_n\,b\,C_{grenz}}{F_{t2}} \geqslant 1,5$$

b Zahnwurzelbogen

$$b = \pi\,r_f\,\frac{\varphi°}{180°}$$

$$r_f = \frac{d_{k1}}{2} + c = \frac{d_{k1}}{2} + 0,2\,m_n$$

$$\sin\frac{\varphi°}{2} = \frac{b}{2\,r_f}\;;\;\text{daraus } \varphi°$$

28

C_{grenz} Belastungsgrenzwert in N/mm^2 für den Radwerkstoff (Schnecke aus Stahl)

Radwerkstoff	Zylinderschnecke, gedreht	Zylinderschnecke, gefräst
Cu-Sn-Schleuderbronze	24,0	30,0
Al-Legierung	11,5	14,3
Al-Si-Legierung, Zn-Legierung, Sintereisen	7,6	9,5
Grauguß GG-12	12,0	15,0

29

Schneckenlänge L

nach 8.10 Nr. 14

Zahnradgetriebe

30	angenommener Lager-abstand l_1 auf der Schneckenwelle	$l_1 \approx 1,5\,a$	
31	Schnecken-Radial-kraft F_{r1}	$F_{r1} = F_{t1}\,\dfrac{\tan\alpha_n\,\cos\rho'}{\sin(\gamma_m + \rho')}$	F_{t1} nach Nr. 19
32	Biegebelastung der Schnecke F_1	$F_1 = \sqrt{(F_{t1})^2 + (F_{r1})^2}$	
33	Durchbiegung f_D bei mittiger Schnecken-lage und I = konstant	$f_D = \dfrac{F_1\,l_1^3}{48\,E\,I}$ $\qquad I = \dfrac{\pi d_{f1}^4}{64}$ = axiales Flächenmoment 2. Grades d_{f1} nach 8.10 Nr. 13 $E = 2,1\cdot 10^5\,\dfrac{N}{mm^2}$ für Stahl	
34	Durchbiegungs-sicherheit ν_D	$\nu_D = \dfrac{f_{D\,grenz}}{f_D} > 1$ $\qquad f_{D\,grenz} = \dfrac{d_{m1}}{1000}$	

Ist nach den obigen Rechnungen die Tragfähigkeit als gesichert anzusehen, können die geometrischen Größen nach 8.10 bestimmt werden. Danach sind noch die Sicherheiten gegen Dauerbruch für die gefährdeten Querschnitte der Welle nachzuweisen (Abschnitt 4).

8.12. Wirkungsgrad, Kühlöldurchsatz und Schmierarten der Getriebe

1	Gesamtwirkungs-grad η_{ges} in einer Getriebestufe	$\eta_{ges} = 0{,}96\ldots 0{,}98$ bei Schneckengetrieben gesondert berechnen nach 8.10 Nr. 26, 27	enthält Verzahnungsverluste, Lager-verluste, Plantschverluste bei Öl-füllung bis Zahnfuß, Verluste durch Wellenabdichtungen
2	erforderlicher Kühlöl-durchsatz $\dot{V}_k$ bei Ölumlaufkühlung	$\dot{V}_k = P_1\,\dfrac{1 - \eta_{ges}}{c\,\rho\,(\vartheta_1 - \vartheta_2)}$	

$\dot{V}_k$	P_1	ρ	ϑ	$\eta_{ges},\,c$
$\dfrac{m^3}{s}$	W	$\dfrac{kg}{m^3}$	$°C$	1

P_1 Antriebsleistung

$c\;$ spezifische Wärmekapazität des Öls (für Maschinenöl ist nach Band 1, 10.10):

$$c = 1675\,\frac{J}{kg\,K} \qquad (1\;K = 1\;°C)$$

$\rho\;$ Dichte des Öls $\approx 900\,\dfrac{kg}{m^3}$ (Maschinenöl)

$\vartheta_1,\,\vartheta_2$ Temperatur des zu- und abfließenden Öls

3	erforderliche Schmierarten		

Teilkreisgeschwindigkeit in m/s	Art der Schmierung
$0\ldots 0{,}8$	Fett auftragen
$0{,}8\ldots 4$	Fett- oder Öltauchschmierung
$4\ldots 12$	Öltauchschmierung
$12\ldots 60$	Spritzschmierung

8.13. Planetengetriebe

8.13.1. Bauformen von Stirnrad-Planetengetrieben

A. Aufbau und Arbeitsweise

Jedes einfache Planetengetriebe hat drei Wellen, die sich um eine gemeinsame Zentralachse z drehen können (Bilder 1 bis 3). Zwei der drei Wellen tragen die beiden Sonnenräder, eine den Planetenträger (Steg). Man spricht daher von zwei Sonnenradwellen und einer Stegwelle. Im Normalfall ist eine der drei Wellen mit dem stillstehenden Getriebegehäuse verbunden, die beiden verbleibenden Wellen übernehmen den Antrieb und den Abtrieb. Nur diese Bauformen werden hier behandelt.

Die Getriebeglieder des einfachen Planetengetriebes sind

> die Sonnenräder, das sind stets zwei innen- oder/und außenverzahnte Stirnräder (Ausnahme Wolfromgetriebe in Bild 3);

> die Planetenräder, das sind die beiden sowohl um die eigene Achse als auch um die Zentralachse z umlaufenden Räder (koaxiale Anordnung); sie sind drehfest miteinander verbunden (Planetenräderblock, wie in den Bildern 2 und 3, Stufenplanet); beim dreirädrigen Planetengetriebe (Bild 1) gibt es nur ein Planetenrad (Einfachplanet);

> der Planetenträger (meist Steg genannt); er nimmt die Planetenradachse mit den Planetenrädern auf;

> das Getriebegehäuse, das alle zur Funktion erforderlichen Teile aufnimmt.

Nach der Anzahl der zur Funktion erforderlichen Sonnen- und Planetenräder unterscheidet man:

> Dreirädrige Planetengetriebe mit zwei Sonnenrädern und einem Planetenrad (Bild 1).

> Vierrädrige Planetengetriebe mit zwei Sonnenrädern und zwei Planetenrädern (Bild 2).

> Fünfrädrige Planetengetriebe mit drei Sonnenrädern und zwei Planetenrädern (Wolfromgetriebe nach Bild 3).

Bei den meisten Planetengetrieben trägt der Planetenträger (Steg) nicht nur das zur Funktion erforderliche Einzel- oder Zweierrad, sondern zwei, drei oder mehr davon, gleichmäßig am Umfang der Sonnenräder verteilt. Die zu übertragende Leistung verteilt sich dann auf zwei, drei oder mehr Zweige (Leistungsteilung). Der Zahnradmodul kann entsprechend kleiner gewählt werden und das Getriebe wird kleiner und leichter.

Zahnradgetriebe

B. Dreirädriges Planetengetriebe

Bild 1 zeigt die vereinfachte Konstruktionszeichnung und die Getriebeskizze eines dreirädrigen Planetengetriebes. In der oberen Zeichnungshälfte ist die Bauform für eine kleinere, in der unteren für eine größere Übersetzung dargestellt.

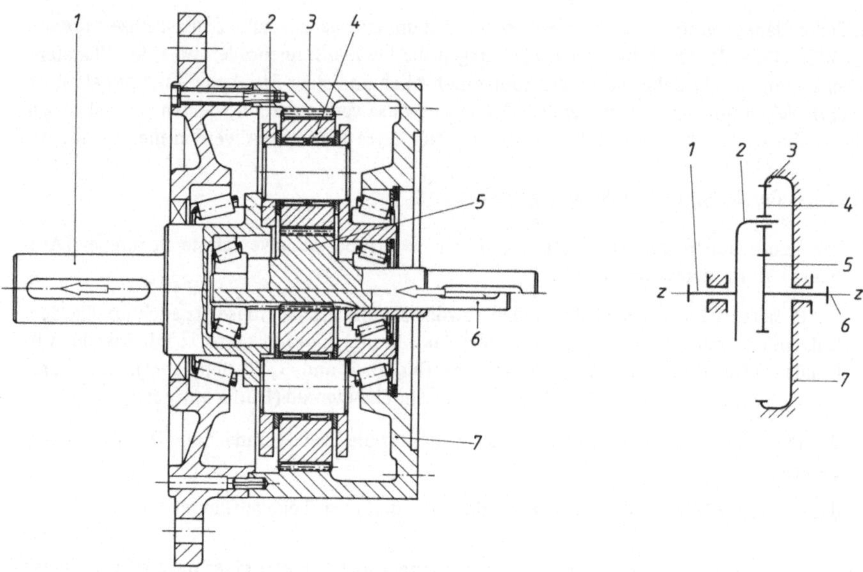

Bild 1. Dreirädriges Planetengetriebe (Heinrich Desch KG)

1 Abtriebswelle (langsam laufende Welle), 2 Planetenträger (Steg), 3 gehäusefestes Sonnenrad (Hohlrad), 4 Planetenrad (Einfachplanet), 5 Sonnenritzel, 6 Antriebswelle (schnell laufende Welle), 7 Gehäuse, z Zentralachse des Getriebes

Im rotationssymmetrischen Getriebegehäuse 3 liegen Antriebswelle 6 und Abtriebswelle 1 in Kegelrollenlagern. Die genutete Abtriebswelle 1 ist am Planetenträger (Steg) 2 angeflanscht und kann direkt auf die Antriebswelle der Arbeitsmaschine aufgesteckt werden (Flanschgetriebe).

Dreht sich die Antriebswelle 6, dann treibt das Sonnenritzel 5 das Planetenrad 4 an, das mit Nadellagern im Steg 2 läuft. Da sich das Planetenrad beim Drehen um die eigene Achse außen am gehäusefesten, innenverzahnten Sonnenrad (Hohlrad) 3 abstützt, dreht sich auch der Steg mit der Abtriebswelle 1 um die eigene Achse. An- und Abtriebswelle drehen sich bei solchen Getrieben stets gleichsinnig.

Man nennt diese Bauart ein dreirädriges Planetengetriebe, weil zur Funktion nur drei Zahnräder erforderlich sind; nämlich die beiden Sonnenräder 3 (feststehend) und 5 und das Planetenrad 4, das sich sowohl um seine eigene Achse als auch um die Zentralachse z des ganzen Getriebes dreht.

Aus der Zeichnung ist nicht ersichtlich, daß das Getriebe nicht nur *ein* Planetenrad besitzt, sondern daß entweder zwei um 180° oder (meist) drei um 120° versetzte Planetenräder im Planetenträger (Steg) gelagert sind.

Beim Dreiersystem braucht dann jedes Planetenrad nur ein Drittel der von den Zähnen aufzunehmenden Leistung zu übertragen. Das Getriebe kann somit insgesamt kleiner gebaut werden. In Wirklichkeit lassen unvermeidbare Fertigungsfehler eine exakt gleichmäßige Leistungsverteilung nicht zu.

Getriebe dieser Bauart werden für Übersetzungen von 4 bis 13 ausgelegt. Durch Hintereinanderschaltung von zwei dieser dreirädrigen Planetengetriebe werden Übersetzungen von $4 \cdot 4 = 16$ bis $13 \cdot 13 = 169$ erzielt.

C. Vierrädriges Planetengetriebe

Das in Bild 2 mit Konstruktionszeichnung und Getriebeskizze dargestellte vierrädrige Planetengetriebe wird von der Stegwelle 8 aus angetrieben. Um hohe Übersetzungen zu erzielen, ist die Achse des Stufenplaneten 5 nur um die geringe Exzentrizität e gegenüber der Zentralachse z versetzt. Der Planetenträger (Steg) ist demnach auf eine Exzenterwelle zusammengeschrumpft. Das wird durch den Vergleich mit den Planetenträgern des dreirädrigen und des fünfrädrigen Getriebes deutlich (Bilder 1 und 3).

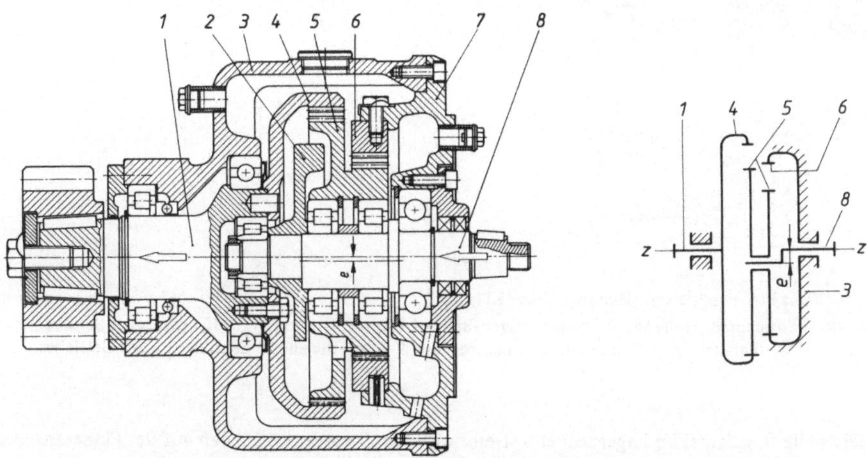

Bild 2. Vierrädriges Planetengetriebe (Prometheus-Maschinenfabrik GmbH)
1 Abtriebwelle, 2 Massenausgleich, 3 Gehäuse, 4 Sonnenrad (Hohlrad), 5 Doppelplanetenrad (Stufenplanet), 6 Sonnenrad (Hohlrad), 7 Gehäusedeckel, 8 Antriebswelle (Stegwelle, Welle des Planetenträgers), z Zentralachse des Getriebes

Das rechte Rad des Stufenplaneten 5 stützt sich beim Drehen um die eigene Achse im gehäusefesten innenverzahnten Sonnenrad 6 ab. Dadurch wird die Drehbewegung über das linke Planetenrad dem zweiten innenverzahnten Sonnenrad 4 und damit der Abtriebswelle 1 zugeleitet.

Mit Getrieben dieser Bauform lassen sich höchste Übersetzungen erzielen, zum Beispiel $i = 10\,000$, wobei allerdings der Getriebewirkungsgrad erheblich absinken kann.

Solche Getriebe können für Arbeitsmaschinen oder -anlagen mit sehr kleinen Drehzahlen verwendet werden, zum Beispiel für Förder- und Montagebänder, für automatische Härteöfen, für Rührwerke, zum Antrieb von Schwenkwerken bei Kränen und zur Blattverstellung von Luftschrauben.

Zahnradgetriebe

D. Fünfrädriges Planetengetriebe (Wolfromgetriebe)

Das in Bild 3 mit Konstruktionszeichnung und Getriebeskizze dargestellte Getriebe ist unter dem Namen Wolfromgetriebe bekannt. Es besitzt fünf Räder, neben dem Stufenplaneten 4 mit den beiden Planetenrädern noch drei Sonnenräder, nämlich das Sonnenritzel 7 und die beiden innenverzahnten Sonnenräder 5 und 2. Das Wolfromgetriebe hat demnach ein Sonnenrad mehr als die in den Bildern 1 und 2 gezeigten Getriebe. Der zweite wesentliche Unterschied wird bei der Betrachtung des Planetenträgers 3 deutlich. Während sowohl beim dreirädrigen als auch beim vierrädrigen Planetengetriebe die Planetenträgerwelle (Stegwelle) drehmomentenbelastet ist und damit einer Torsionsbeanspruchung unterliegt, dreht sich beim Wolfromgetriebe der Planetenträger 3 ohne Belastung mit.

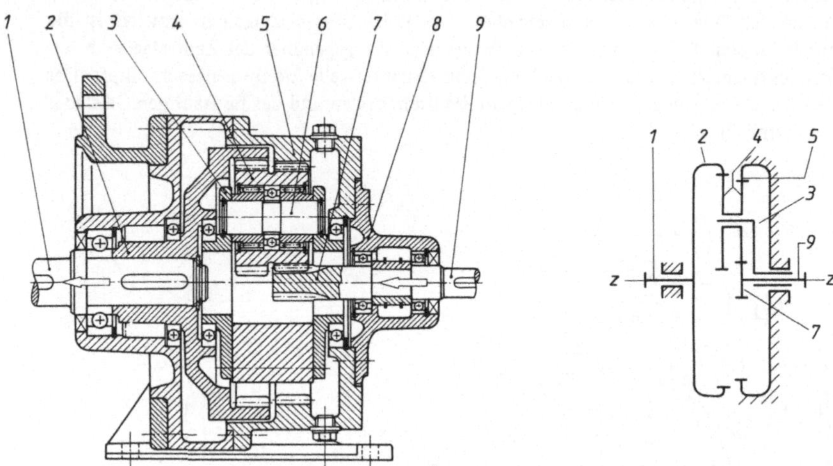

Bild 3. Fünfrädriges Planetengetriebe (Heinrich Desch KG)

1 Abtriebswelle, 2 Sonnenrad (Hohlrad), 3 Planetenträger (Steg), 4 Doppelplanetenrad (Stufenplanet), 5 Sonnenrad (Hohlrad), 6 Planetenradachse, 7 Sonnenritzel, 8 Lagerdeckel, 9 Antriebswelle, z Zentralachse des Getriebes

Die Antriebswelle 9, gelagert im Lagerdeckel 8, treibt mit dem Sonnenritzel 7 den auf der Planetenradachse gelagerten Stufenplaneten 4. Das rechte Planetenrad stützt sich mit seiner Verzahnung im gehäusefesten Hohlrad 5 ab und treibt sowohl den frei umlaufenden Planetenträger 3 als auch das zweite Hohlrad 2, das über eine Paßfeder mit der Abtriebswelle 1 verbunden ist.

Ebenso wie mit dem vierrädrigen Getriebe nach Bild 2 lassen sich auch mit dem Wolfromgetriebe hohe Übersetzungen erreichen, zum Beispiel $i = 40\,000$.

Wegen der Besonderheit des Wolfromgetriebes soll hier die Berechnungsgleichung für die Übersetzung angegeben werden. Mit den im Bild 3 verwendeten Bezeichnungen für die fünf Zahnräder gilt:

$$i = \frac{1 + \dfrac{z_5}{z_7}}{1 - \dfrac{z_{4(\text{links})}\, z_5}{z_{4(\text{rechts})}\, z_2}}$$

z_2, z_5, z_7 Zähnezahlen der entsprechenden Sonnenräder

$z_{4(\text{links})}, z_{4(\text{rechts})}$ Zähnezahlen der beiden Planetenträder des Stufenplaneten

Beispiel: Mit $z_2 = 67$, $z_5 = 65$, $z_7 = 9$, $z_{4(\text{links})} = 29$ und $z_{4(\text{rechts})} = 28$ wird die Übersetzung $i = -1714$, das heißt, erst nach 1714 Drehungen der Antriebswelle 9 hat sich die Abtriebswelle 1 einmal im entgegengesetzten Drehsinn (Minuszeichen!) um die Zentralachse z gedreht.

8.13.2. Begriffe und Bezeichnungen am Planetengetriebe

Standsystem	liegt vor, wenn die Stegwelle s des Planetengetriebes drehfest mit dem Gehäuse g verbunden ist (Stegdrehzahl $n_s = 0$). Vom Standsystem spricht man auch, wenn man sich das Planetengetriebe als mit stillstehendem Steg arbeitend vorstellt. Sonnenradwellen 1 und 3 übernehmen An- oder Abtrieb. Planetenräder sind dann Vorgelegeräder.	1
Umlaufsystem	liegt vor, wenn sich die Stegwelle s des Planetengetriebes dreht ($n_s \neq 0$). Beim Übersetzungsgetriebe ist eine der beiden Sonnenradwellen (1 oder 3) drehfest mit dem Gehäuse g verbunden (häufigster Fall). Verbleibende Sonnenradwelle und Stegwelle s übernehmen An- oder Abtrieb.	2
Überlagerungsgetriebe (Ausgleichsgetriebe, Differential, Summierungsgetriebe)	ist ein Planetengetriebe dann, wenn alle drei Wellen laufen (Dreiwellenbetrieb). Beispielsweise können 2 Motore getrennt je eine Welle antreiben, während die dritte Welle den Abtrieb übernimmt.	3
Übersetzungsgetriebe	ist ein Planetengetriebe dann, wenn eine der beiden Sonnenradwellen (1 oder 3) gehäusefest ist (Zweiwellenbetrieb).	4
Koaxiale Planetengetriebe	sind Planetengetriebe mit gemeinsamer geometrischer Achse von Sonnenrädern und Planetenträger (Steg). Sie heißen auch rückkehrende Getriebe. Wegen ihrer Bedeutung werden hier nur diese Getriebe behandelt.	5
Nicht koaxiale Planetengetriebe	bestehen aus einem Sonnenrad, in das ein Planetenrad eingreift, das An- oder Abtrieb übernimmt. Einfacher Aufbau, geringe Bedeutung.	6
Planetenträger (Steg)	ist das Getriebeglied eines Planetengetriebes, in dem die Planetenräder gelagert sind. Zum Masseausgleich und wegen der Leistungsteilung (siehe unten) besteht der Planetenträger meist aus drei Armen ($120°$-Teilung).	7
Sonnenräder	sind die außen- oder innenverzahnten Stirnräder (oder Kegelräder), deren eigene Achse zugleich Zentralachse z (siehe 8.13.1) des Getriebes ist.	8
Planetenräder (Trabantenräder, Umlaufräder, Planeten)	verbinden die beiden Sonnenräder miteinander und drehen sich mit ihrer eigenen Achse um die dazu parallele Zentralachse z (siehe 8.13.1) des Getriebes (Umlaufsystem).	9
Absolutdrehzahl n_a	ist die Drehzahl eines Sonnenrades, eines Planetenrades oder des Steges relativ zum (stillstehenden) Getriebegehäuse.	10

Zahnradgetriebe

11	Relativdrehzahl n_{rel}	ist die Drehzahl eines Sonnen- oder Planetenrades relativ zum Steg: $n_{rel} = n_a - n_s$ (n_a Absolutdrehzahl, siehe vorn). Entsprechend gilt für die Relativ-Winkelgeschwindigkeit: $\omega_{rel} = \omega_a - \omega_s$.
12	Stegdrehzahl n_s	ist die Drehzahl des Planetenträgers (Steg s) relativ zum (stillstehenden) Getriebegehäuse.
13	Bauverhältnis z (auch Standübersetzung genannt)	ist das Verhältnis der Relativdrehzahlen der beiden Sonnenräder 1 und 3: $z = n_{1\,rel}/n_{3\,rel}$. Das Bauverhältnis z ist damit zugleich diejenige Übersetzung nach DIN 868, die das im Standsystem arbeitende Planetengetriebe besäße. Bei jedem Zahnradgetriebe läßt sich z aus den gegebenen Zähnezahlen der Sonnen- und Planetenräder bestimmen (siehe 8.13.3 und 8.13.4). Vorzeichen des Betrages von z: *positiv* (+) bei *gleichem* Drehsinn, *negativ* bei *entgegengesetztem* Drehsinn der Sonnenräder des gedachten Standsystems.
14	Übersetzung i	ist die für alle Planetengetriebe gültige Beziehung zwischen den Absolutdrehzahlen (oder Winkelgeschwindigkeiten) der Sonnenräder und des Stegs (siehe 8.13.3).
15	Drehzahl-Hauptgleichung	ist die für alle einfachen Planetengetriebe gültige Beziehung zwischen den Absolutdrehzahlen (oder Winkelgeschwindigkeiten) der Sonnenräder und des Stegs (siehe 8.13.3);
16	Reaktionsglied	ist das gehäusefeste Getriebeglied
17	Wellenleistung P	ist das Produkt aus Drehmoment T und Absolut-Winkelgeschwindigkeit $\omega_a = 2\pi n_a$: $$P = T\omega_a$$ Die Wellenleistung P ist die Summe von Wälzleistung P_w und Kupplungsleistung P_k: $$P = P_w + P_k$$
18	Wälzleistung P_w	ist die von einem Zahn zum Gegenzahn zu übertragende Teilleistung. P_w ist das Produkt aus Drehmoment T und die Relativ-Winkelgeschwindigkeit $\omega_{rel} = 2\pi n_{rel}$: $$P_w = T\omega_{rel}$$ Ein im Standsystem arbeitendes Getriebe überträgt nur Wälzleistung ($P_k = 0$).
19	Kupplungsleistung P_k	ist die allein durch den Kupplungseffekt zwischen Sonnen- und Planetenrad auf die Stegwelle (oder umgekehrt) übertragene Teilleistung.

		20
Äußerer Leistungsfluß (Wellenleistungsfluß)	ergibt sich, wenn man für jede der drei Wellen des Planetengetriebes das Produkt aus Wellendrehmoment T und Absolut-Winkelgeschwindigkeit ω_a bildet (unter Beachtung der Vorzeichen für den Drehsinn beider Größen). Positives Produkt bedeutet <u>An</u>triebsleistung, negatives dagegen <u>Ab</u>triebsleistung.	

		21
Innerer Leistungsfluß (Wälzleistungsfluß)	ergibt sich, wenn man für die beiden Sonnenradwellen 1 und 3 des Planetengetriebes das Produkt aus Wellendrehmoment T und Relativ-Winkelgeschwindigkeit ω_{rel} bildet (unter Beachtung der Vorzeichen für den Drehsinn beider Größen). Positives Produkt bedeutet <u>An</u>triebsleistung, negatives dagegen <u>Ab</u>triebsleistung.	

		22
Belastungsausgleich	ist das durch konstruktive und fertigungstechnische Maßnahmen erstrebte Ziel, das vom Sonnenrad zu übernehmende Drehmoment gleichmäßig auf alle beteiligten Planetenräder zu übertragen, um an gleichwertigen Zahneingriffspunkten gleichen Spannungszustand zu erhalten.	

		23
Beanspruchungsausgleich	ist das durch konstruktive und fertigungstechnische Maßnahmen erstrebte Ziel, am Zahn örtliche Spannungsspitzen zu vermeiden.	

		24
Leistungsteilung	ist die Aufteilung der zwischen Sonnenrad- und Stegwelle fließenden Leistung durch die Anordnung mehrerer gleichmäßig am Sonnenradumfang verteilter Planetenräder (meist 3 um $120°$ versetzt).	

		25
Standwirkungsgrad η_0	ist der als bekannt vorausgesetzte Wirkungsgrad des im Standsystem laufenden oder laufend gedachten Planetengetriebes. Mit ihm werden allein die Reibungsverluste im Zahneingriff berücksichtigt.	

Getriebesymbole [26]

Standsystem (Steg s gehäusefest)

Übersetzungen:

$$i_{13} = \frac{n_1}{n_3} \quad \text{oder}$$

$$i_{31} = \frac{n_3}{n_1}$$

Umlaufsystem (Sonnenrad 3 gehäusefest)

Übersetzungen:

$$i_{1s} = \frac{n_1}{n_s} \quad \text{oder}$$

$$i_{s1} = \frac{n_s}{n_1}$$

Umlaufsystem (Sonnenrad 1 gehäusefest)

Übersetzungen:

$$i_{3s} = \frac{n_3}{n_s} \quad \text{oder}$$

$$i_{s3} = \frac{n_s}{n_3}$$

Zahnradgetriebe

8.13.3. Arbeitsplan zur kinematischen und statischen Analyse an einfachen Planetengetrieben

Den folgenden Berechnungsplan in Verbindung mit 8.13.4 und 8.13.5 benutzen!

1	Bauverhältnis z (siehe auch 8.13.4)	$z = \pm \dfrac{z_2 z_3}{z_1 z_2}$ (+) für gleichen, (−) für entgegengesetzten Drehsinn der beiden Sonnenräder beim Standsystem.
2	Drehzahl-Hauptgleichung	$z = \dfrac{n_1 - n_s}{n_3 - n_s}$ Wird ein Sonnenrad festgehalten (wie meistens), dann ist $n_1 = 0$ oder $n_3 = 0$ zu setzen und die Gleichung nach dem gesuchten Drehzahlverhältnis (Übersetzung i) aufzulösen (siehe den folgenden Schritt).
3	Übersetzung $i = \dfrac{n_{an}}{n_{ab}}$	$i = i_{1s} = \dfrac{n_1}{n_s} = 1 - z = \dfrac{1}{i_{s1}}$ Sonnenrad 3 fest ($n_3 = 0$) / Antrieb Sonnenradwelle 1 / Abtrieb Stegwelle s $i = i_{s1} = \dfrac{n_s}{n_1} = \dfrac{1}{1 - z} = \dfrac{1}{i_{1s}}$ Sonnenrad 3 fest ($n_3 = 0$) / Antrieb Stegwelle s / Abtrieb Sonnenradwelle 1 $i = i_{3s} = \dfrac{n_3}{n_s} = 1 - \dfrac{1}{z} = \dfrac{1}{i_{s3}}$ Sonnenrad 1 fest ($n_1 = 0$) / Antrieb Sonnenradwelle 3 / Abtrieb Stegwelle s $i = i_{s3} = \dfrac{n_s}{n_3} = \dfrac{1}{1 - \dfrac{1}{z}} = \dfrac{1}{i_{3s}}$ Sonnenrad 1 fest ($n_1 = 0$) / Antrieb Stegwelle s / Abtrieb Sonnenradwelle 3
4	Absolutdrehzahlen n_1, n_3, n_s	aus der jeweils gültigen Gleichung für i berechnen: n_2 aus $z_{12} = \dfrac{n_1 - n_s}{n_2 - n_s}$ mit $z_{12} = \pm \dfrac{z_2}{z_1}$ nach 8.13.4
5	Relativdrehzahlen $n_{1\,rel}, n_{3\,rel}, n_{2\,rel}$	$n_{1\,rel} = n_1 - n_s$ $n_{3\,rel} = n_3 - n_s$ $n_{2\,rel} = n_2 - n_s$ Mit den Relativdrehzahlen kann die Wälzgeschwindigkeit v_w berechnet werden (Geschwindigkeit der aufeinander abrollenden Wälzkreise mit d_w als Wälzkreisdurchmesser).
6	Wälzgeschwindigkeit v_w	$v_w = \dfrac{\pi d_{w1} \, n_{1\,rel}}{6 \cdot 10^4} = \dfrac{\pi d_{w3} \, n_{3\,rel}}{6 \cdot 10^4}$ $\begin{array}{c\|c\|c} v_w & d_w & n_{rel} \\ \hline \dfrac{m}{s} & mm & min^{-1} \end{array}$
7	Drehmomente T_1, T_3, T_s (ohne Verluste)	Mit dem gegebenen Drehmoment T_1, T_3 oder T_s bestimmt man die beiden noch unbekannten Drehmomente mit Hilfe der Gleichungen nach 8.13.5 oder nach Nr. 10 mit $\eta_0 = 1$.

8

Wellenleistung P_1, P_3, P_s (ohne Verluste) und *äußerer* Leistungsfluß

$$P_1 = \frac{T_1 n_1}{9550}$$

$$P_3 = \frac{T_3 n_3}{9550}$$

$$P_s = \frac{T_s n_s}{9550}$$

Drehmomente und Drehzahlen mit Vorzeichen einsetzen! Ergibt die Rechnung für P positives (+) Vorzeichen, dann liegt Antriebsleistung vor, bei (−) Abtriebsleistung. Damit liegt der *äußere* Leistungsfluß fest.

P	T	n
kW	Nm	min^{-1}

9

Wälzleistung P_{w1}, P_{w3} (ohne Verluste) und *innerer* Leistungsfluß

$$P_{w1} = \frac{T_1 n_{1\,\text{rel}}}{9550}$$

$$P_{w3} = \frac{T_3 n_{3\,\text{rel}}}{9550}$$

Drehmomente und Drehzahlen mit Vorzeichen einsetzen! Damit liegt der *innere* Leistungsfluß fest und die Drehmomente mit Verlusten können berechnet werden (siehe Nr. 10).

10

Drehmomente T_1, T_3, T_s mit Verlusten (Zahnreibungsverlusten, gekennzeichnet durch gegebenen Standwirkungsgrad η_0, für überschlägige Untersuchungen kann $\eta_0 = 0{,}98 \dots 0{,}99$ gesetzt werden)

Innerer Leistungsfluß $1 \Rightarrow 3$

T_1 bekannt	T_3 bekannt	T_s bekannt
$T_3 = -T_1 z\,\eta_0$	$T_1 = -T_3 \dfrac{1}{z\,\eta_0}$	$T_1 = -T_s \dfrac{1}{1 - z\,\eta_0}$
$T_s = -T_1 (1 - z\,\eta_0)$	$T_s = -T_3 \left(1 - \dfrac{1}{z\,\eta_0}\right)$	$T_3 = -T_s \dfrac{1}{1 - \dfrac{1}{z\,\eta_0}}$

Innerer Leistungsfluß $3 \Rightarrow 1$

T_1 bekannt	T_3 bekannt	T_s bekannt
$T_3 = -T_1 \dfrac{z}{\eta_0}$	$T_1 = -T_3 \dfrac{\eta_0}{z}$	$T_1 = -T_s \dfrac{1}{1 - \dfrac{z}{\eta_0}}$
$T_s = -T_1 \left(1 - \dfrac{z}{\eta_0}\right)$	$T_s = -T_3 \left(1 - \dfrac{\eta_0}{z}\right)$	$T_3 = -T_s \dfrac{1}{1 - \dfrac{\eta_0}{z}}$

11

Wirkungsgrad η_P des Planetengetriebes

$$\eta_P = -\frac{P_{ab}}{P_{an}}$$

$$\eta_P = -\frac{T_{ab}}{T_{an}} \cdot \frac{1}{i}$$

$\left.\begin{array}{l} T_{ab} \\ T_{an} \end{array}\right\}$ hier die verlustbehafteten Drehmomente nach Nr. 10 einsetzen!

i Übersetzung nach Nr. 3

12

verlustbehaftete Wälzleistung P_w

$$P_{wan} = P_{ab} \frac{\dfrac{1}{\eta_P} - 1}{\eta_0 - 1}$$

$$P_{wab} = -\eta_0 P_{wan}$$

Die Wellenleistung P_{ab} muß mit dem verlustbehafteten Drehmoment nach Nr. 10 berechnet werden:

$$P_{ab} = T_{ab}\, 2\pi\, n_{ab}$$

13

Verlustleistung P_v

$$P_v = -P_{ab}\left(1 - \frac{1}{\eta_P}\right)$$

Zahnradgetriebe

8.13.4 Bauverhältnis z der wichtigsten Bauformen einfacher Planetengetriebe

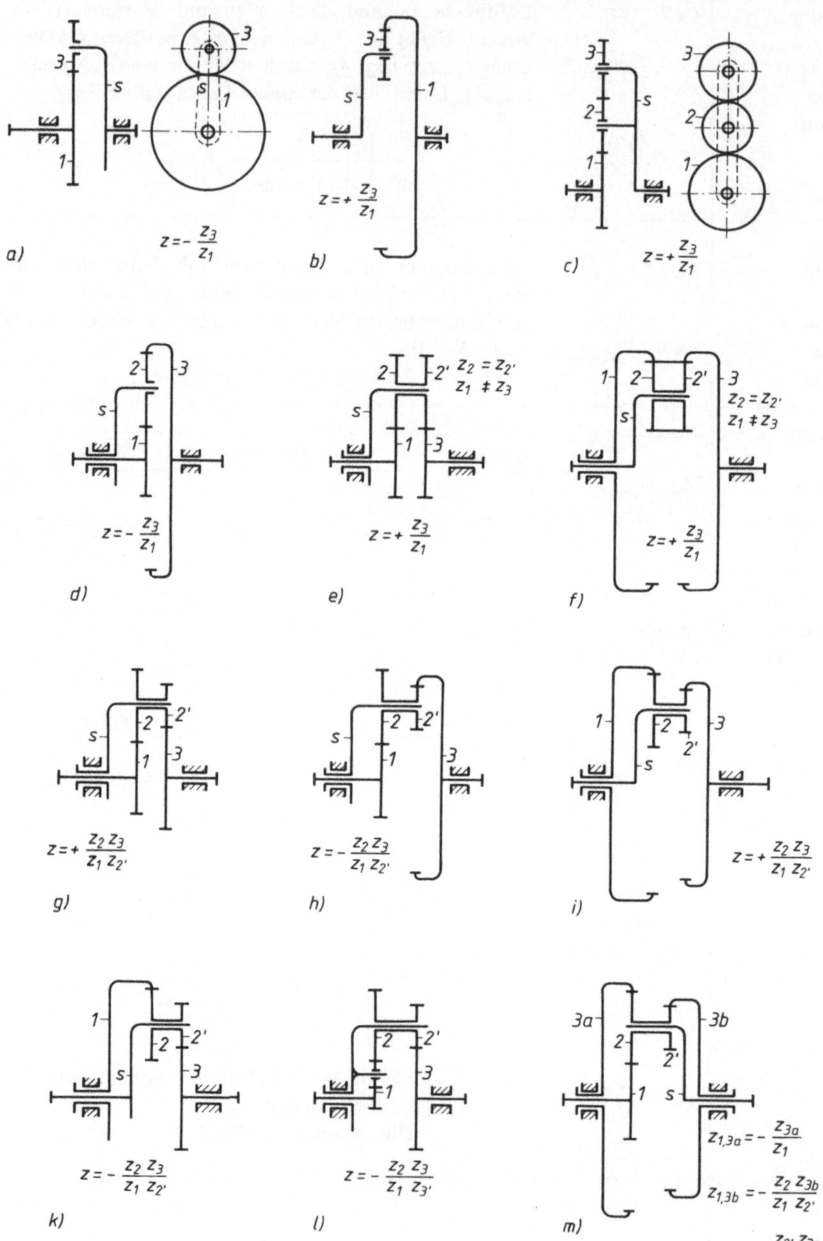

8.13.5. Drehmomentenbeziehungen am verlustfreien Planetengetriebe

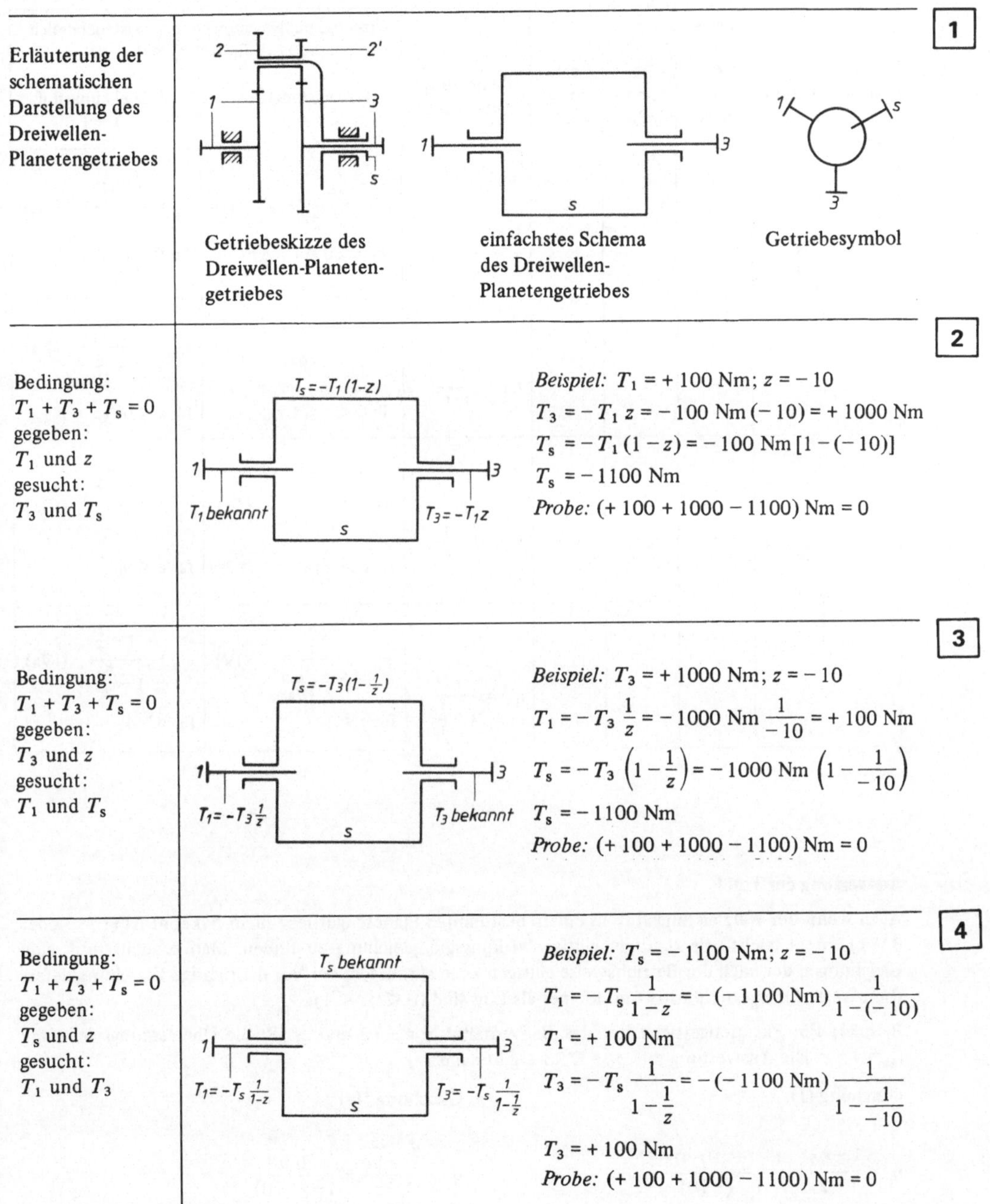

1

Erläuterung der schematischen Darstellung des Dreiwellen-Planetengetriebes

Getriebeskizze des Dreiwellen-Planetengetriebes

einfachstes Schema des Dreiwellen-Planetengetriebes

Getriebesymbol

2

Bedingung:
$T_1 + T_3 + T_s = 0$
gegeben:
T_1 und z
gesucht:
T_3 und T_s

$T_s = -T_1(1-z)$
T_1 bekannt
$T_3 = -T_1 z$

Beispiel: $T_1 = +100$ Nm; $z = -10$
$T_3 = -T_1 z = -100$ Nm $(-10) = +1000$ Nm
$T_s = -T_1(1-z) = -100$ Nm $[1-(-10)]$
$T_s = -1100$ Nm
Probe: $(+100 + 1000 - 1100)$ Nm $= 0$

3

Bedingung:
$T_1 + T_3 + T_s = 0$
gegeben:
T_3 und z
gesucht:
T_1 und T_s

$T_s = -T_3\left(1-\frac{1}{z}\right)$
$T_1 = -T_3\frac{1}{z}$
T_3 bekannt

Beispiel: $T_3 = +1000$ Nm; $z = -10$
$T_1 = -T_3\frac{1}{z} = -1000$ Nm $\frac{1}{-10} = +100$ Nm
$T_s = -T_3\left(1-\frac{1}{z}\right) = -1000$ Nm $\left(1-\frac{1}{-10}\right)$
$T_s = -1100$ Nm
Probe: $(+100 + 1000 - 1100)$ Nm $= 0$

4

Bedingung:
$T_1 + T_3 + T_s = 0$
gegeben:
T_s und z
gesucht:
T_1 und T_3

T_s bekannt
$T_1 = -T_s\frac{1}{1-z}$
$T_3 = -T_s\frac{1}{1-\frac{1}{z}}$

Beispiel: $T_s = -1100$ Nm; $z = -10$
$T_1 = -T_s\frac{1}{1-z} = -(-1100\text{ Nm})\frac{1}{1-(-10)}$
$T_1 = +100$ Nm
$T_3 = -T_s\frac{1}{1-\frac{1}{z}} = -(-1100\text{ Nm})\frac{1}{1-\frac{1}{-10}}$
$T_3 = +100$ Nm
Probe: $(+100 + 1000 - 1100)$ Nm $= 0$

Zahnradgetriebe

8.13.6. Zusammenstellung der Wirkungsgradgleichungen mit ihren Existenzbereichen

Getriebesymbol	Betriebsweise Antriebswelle	Abtriebswelle	Reaktionsglied	Übersetzungsgleichungen	Wirkungsgradgleichungen mit Existenzbereich für $0 < \eta_p < 1$ Wälzleistungsfluß $1 \Rightarrow 3$	Wälzleistungsfluß $3 \Rightarrow 1$
(Getriebesymbol 1, Reaktionsglied 3)	1	s	3	$i_{1s} = 1 - z$	$\eta_p = \dfrac{1 - z\eta_0}{1 - z}$ (I) für $z < 0 \wedge z > \dfrac{1}{\eta_0}$	$\eta_p = \dfrac{1 - \dfrac{z}{\eta_0}}{1 - z}$ (Ia) für $0 < z < \eta_0$
	s	1		$i_{s1} = \dfrac{1}{1 - z}$	$\eta_p = \dfrac{1 - z}{1 - z\eta_0}$ (II) für $0 < z < 1$	$\eta_p = \dfrac{1 - z}{1 - \dfrac{z}{\eta_0}}$ (IIa) für $z < 0 \wedge z > 1$
(Getriebesymbol 1 Reaktionsglied, 3)	3	s	1	$i_{3s} = 1 - \dfrac{1}{z}$	$\eta_p = \dfrac{1 - \dfrac{1}{z\eta_0}}{1 - \dfrac{1}{z}}$ (III) für $z > \dfrac{1}{\eta_0}$	$\eta_p = \dfrac{1 - \dfrac{\eta_0}{z}}{1 - \dfrac{1}{z}}$ (IIIa) für $z < \eta_0$
	s	3		$i_{s3} = \dfrac{1}{1 - \dfrac{1}{z}}$	$\eta_p = \dfrac{1 - \dfrac{1}{z}}{1 - \dfrac{1}{z\eta_0}}$ (IV) für $z < 1$	$\eta_p = \dfrac{1 - \dfrac{1}{z}}{1 - \dfrac{\eta_0}{z}}$ (IVa) für $z > 1$

Auswertung der Tafel

Auch wenn der Wälzleistungsfluß in einem bestimmten Planetengetriebe nicht bekannt ist ($1 \Rightarrow 3$ oder $3 \Rightarrow 1$), ist es leicht, die richtige, gültige Wirkungsgradgleichung zu finden. Man braucht nur beide Gleichungen der nach der Betriebsweise gültigen Zeile auszurechnen. Nur die richtige Gleichung liefert dann Werte für η_p, die positiv und kleiner als Eins sind ($0 < \eta_p < 1$).

Beispiel: Ein Planetengetriebe hat das Bauverhältnis $z = -10$ und es gilt die Übersetzungsgleichung $i_{1s} = 1 - z$. Die Auswertung mit $\eta_0 = 0{,}98$ ergibt dann:

Gleichung (I):

$$\eta_p = \frac{1 - \eta_0}{1 - z} = \frac{1 - (-10) \cdot 0{,}98}{1 - (-10)}$$

$$\eta_p = + 0{,}9818$$

Gleichung (Ia):

$$\eta_p = \frac{1 - \dfrac{z}{\eta_0}}{1 - z} = \frac{1 - \dfrac{-10}{0{,}98}}{1 - (-10)}$$

$$\eta_p = + 1{,}0186$$

Es kann nur Gleichung (I) richtig sein, denn der Wirkungsgrad η_p aus Gleichung (Ia) ist physikalisch unsinnig ($\eta_p > 1$).

8.13.7. Das Aufzeichnen von Drehzahlplänen

Für ein dreirädriges Planetengetriebe sollen die Drehzahlpläne für zwei Betriebsweisen konstruiert werden, nämlich für den Fall des gehäusefesten Stegs (Standgetriebe) und für die Betriebsweise mit gehäusefestem Hohlrad. In beiden Fällen wird die Drehzahl n_1 des Sonnenrades 1 als gegeben angesehen.

Als erstes wird das Getriebeschema maßstäblich aufgezeichnet. Der Abstand zwischen der v-Achse und der n-Achse ist beliebig.

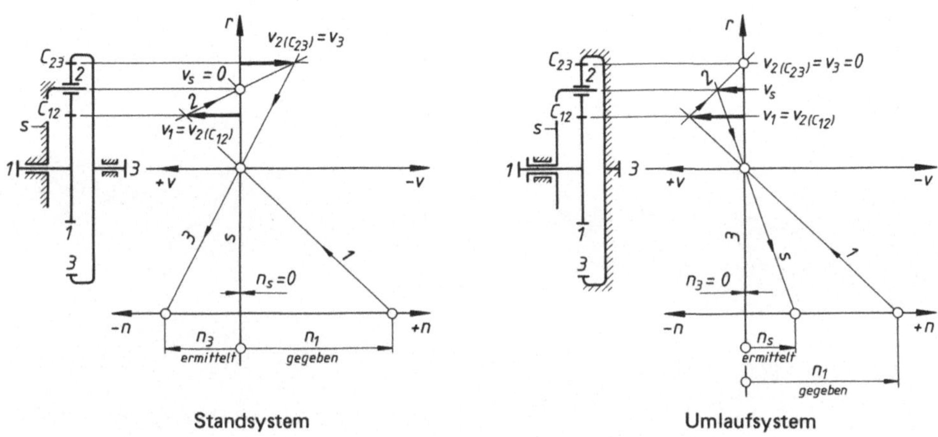

Standsystem   Umlaufsystem

Standsystem ($n_s = 0$)

Mit der gegebenen Drehzahl n_1 kann der Strahl 1 gezeichnet werden. Damit ergibt sich der Geschwindigkeitspfeil für die Umfangsgeschwindigkeit v_1 des Rades 1 im Wälzpunkt C_{12}. Wegen des gemeinsamen Wälzpunktes ist v_1 gleich der Umfangsgeschwindigkeit $v_{2(C_{12})}$ im Wälzpunkt C_{12} ($v_1 = v_{2(C_{12})}$) und es liegt der erste Punkt des Strahls 2 für das Planetenrad 2 fest. Bei stillstehendem Steg ist die Umfangsgeschwindigkeit v_s der Planetenradachse gleich Null und der Strahl 2 kann gezeichnet werden. Strahl 2 schneidet auf der Projektionslinie des Wälzpunktes C_{23} den Geschwindigkeitspfeil für die Umfangsgeschwindigkeit $v_{2(C_{23})}$ im Wälzpunkt C_{23} ab. Dieser Punkt ist auch ein Punkt des Hohlrades 3 ($v_{2(C_{23})} = v_3$), so daß der Strahl 3 eingetragen werden kann, der auf der n-Achse zur Drehzahl n_3 führt. Der Strahl s für den Steg liegt wegen $n_s = 0$ auf der r-Achse.

Jeder Strahl im r, v-Plan ist der „geometrische Ort" aller Geschwindigkeitsvektoren für das zugehörige Getriebeglied. Das heißt, die Spitzen aller möglichen Geschwindigkeitspfeile für umlaufende Punkte des Getriebeglieds liegen auf dem entsprechenden Strahl. Im r, v-Plan (Geschwindigkeitsplan) können diese Strahlen daher als „Geschwindigkeitsstrahlen" bezeichnet werden.

Umlaufsystem ($n_3 = 0$)

Wie beim Standsystem wird auch hier mit dem Strahl 1 begonnen, der wiederum zum Geschwindigkeitspfeil für die Umfangsgeschwindigkeit $v_1 = v_{2(C_{12})}$ führt und damit zum ersten Punkt für den Strahl 2. Diesmal ist nicht $v_s = 0$ wie beim Standsystem mit stillstehendem Steg, sondern wegen des stillstehenden Hohlrades 3 ist im Wälzpunkt C_{23} sowohl die Umfangsgeschwindigkeit des Rades 2 ($v_{2(C_{23})}$) als auch die Umfangsgeschwindigkeit v_3 gleich Null. Damit liegt der zweite Punkt für den Strahl 2 fest, der mit der Projektionslinie der Planetenradachse zur Umfangsgeschwindigkeit v_s und mit dem Strahl s zur Stegdrehzahl n_s führt. Wie beim Standsystem der Strahl s, liegt hier der Strahl 3 auf der r-Achse ($n_3 = 0$).

9. Flach- und Keilriemengetriebe

Normen (Auswahl)

DIN 109   Achsabstände für Riemengetriebe mit Keilriemen

DIN 111   Flachriemenscheiben

DIN 2211   Schmalkeilriemenscheiben

DIN 2215   Endlose Keilriemen

DIN 2217   Keilriemenscheiben

DIN 2218   Endlose Keilriemen für den Maschinenbau; Berechnung der Antriebe, Leistungswerte

DIN 7753   Endlose Schmalkeilriemen für den Maschinenbau; Maße, Berechnung der Antriebe,
Leistungswerte;
– für den Kraftfahrzeugbau, Maße

9.1. Berechnung offener Flachriemengetriebe

Gegeben: Antriebsleistung P, Antriebsdrehzahl n_1, Abtriebsdrehzahl n_2, Scheibenzahl $z = 2$,
geforderte Lebensdauer L_h in h unter Vollast, Achsabstand a, Scheibendurchmesser d_1 oder d_2,
Riemendicke s (oder s aus $s \approx 0{,}01\,d_1 + 3\,\text{mm}$ mit d_1 in mm).

1

Übersetzung i	$i = \dfrac{n_1}{n_2} = \dfrac{d_2}{d_1}$

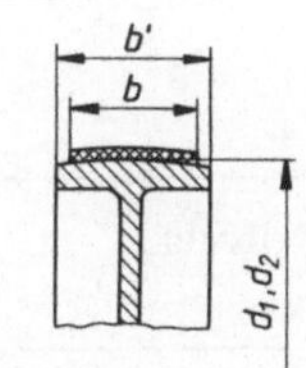

Scheibendurchmesser d_1 oder d_2 Scheibenbreite b' und Riemenbreite b	$d_1 = \dfrac{d_2}{i}$ $d_2 = i\,d_1$

Hauptmaße von Riemenscheiben nach DIN 111 (Auswahl; alle Maße in mm)

2

d	40 45 50 56 63 71 80 90 100 112 125 140; weiter nach Normreihe R 20 bis 5000 (1.1)
b'	20 25 32 40 50 63 80 100 125 140 160 180; weiter nach Normreihe R 20 bis 630 (1.1)
b	16 20 25 32 40 50 71 90 112 125 140 160; weiter nach Normreihe R 20 bis 560 (1.1)

(d und b können beliebig gepaart werden; Verhältnis $s/d_2 \approx 0{,}02 \ldots 0{,}03$)

3

Riemengeschwindigkeit v	$v = \dfrac{\pi\,d_1 n_1}{6 \cdot 10^4} = \dfrac{\pi\,d_2 n_2}{6 \cdot 10^4}$	v	d_1, d_2	n_1, n_2
		$\dfrac{\text{m}}{\text{s}}$	mm	min⁻¹

4

vorläufige Riemenlänge l des offenen Riemengetriebes	$l = 2\,a\cos\beta + \pi\,(d_1 + s)\,\dfrac{90° - \beta}{180°} + \pi\,(d_2 + s)\,\dfrac{90° + \beta}{180°}$

genormte Innenlänge L (siehe Nr. 6) des endlosen Riemens
nach Normzahlenreihe R 20 (siehe 1.1)
Richtwerte für Achsabstand a:
$a \approx (0{,}8 \ldots 1{,}2)\,(d_1 + d_2)$; $a_{max} \approx 5\,(d_1 + d_2)$

Flach- und Keilriemengetriebe

| **5** | Neigungswinkel β und Umschlingungswinkel α | $\sin\beta = 0{,}5\ \dfrac{d_2 - d_1}{a}$
 $\alpha_1 = 180° - 2\beta;\quad \alpha_2 = 180° + 2\beta$ |

$$a = \frac{L - \pi(d_1 + s)\ \dfrac{90° - \beta}{180°} - \pi(d_2 + s)\ \dfrac{90° + \beta}{180°}}{2\cos\beta}$$

6 — tatsächlicher Achsabstand a mit genormter Innenlänge L des Riemens

7 — Anzahl der Biegewechsel ν_b je Sekunde

$$\nu_b = \frac{z\,\upsilon}{L}$$

ν_b	z	υ	L
$\dfrac{1}{s}$	1	$\dfrac{m}{s}$	m

z Scheibenzahl

8 — Biegewechselfaktor B_w^x

$$B_w^x = (3600\,L_h \nu_b)^x$$

L_h Lebensdauer in h

$x = 0{,}11 \ldots 0{,}15$ für Leder
$x = 0{,}12 \ldots 0{,}24$ für Baumwolle
$x = 0{,}13 \ldots 0{,}24$ für Textil, gummiert ⎫ Flachriemen
$x = 0{,}09 \ldots 0{,}11$ für Leder-Kunststoff ⎭
$x = 0{,}11 \ldots 0{,}13$ für Gummi-Keilriemen
S Sicherheit $= 1{,}3 \ldots 1{,}5$

9 — zulässige Zugspannung σ_{zul} des Riemens

$$\sigma_{zul} = \frac{\sigma_B}{B_w^x\, S}$$

$\sigma_{zul},\ \sigma_B$	$B_w^x,\ S$
$\dfrac{N}{mm^2}$	1

10 — Kennwerte von Flachriemen

Riemenwerkstoff	R_m N/mm²	E N/mm²	υ_{max} m/s	ρ kg/m³	ϵ_{bl} %
Leder	35 … 50	300 … 420	45	900	1 … 3
Textil, endlos gewebt auf Perlonbasis	80 … 150	400 … 650	40	1100	–
Leder-Kunststoff (Chromleder-Nylon)	240	500	80	1100	1

11 — Reibzahl μ

$\mu_{\text{Leder/St oder GG}} \approx 0{,}33 + 0{,}02\sqrt{\upsilon}$
$\mu_{\text{Polyamid/St oder GG}} \approx 0{,}25 - 0{,}02\sqrt{\upsilon}$ $\qquad$ (υ in m/s)

12 — Trumfaktor m nach Diagramm

Durchzugsgrad φ	$\varphi = \dfrac{m-1}{m+1} = \dfrac{F_1 - F_2}{F_1 + F_2} = \dfrac{F_n}{F_r}$ für $\alpha = 180°$ F_n Nutzkraft = Umfangskraft F_u F_r Radialkraft $\varphi = \dfrac{m-1}{\sqrt{m\,(m-2\cos\beta)+1}}$ für $\alpha \lessgtr 180°$ $\varphi = 0$ bedeutet $F_1 = F_2$ (Leerlauf) $\varphi = 1$ bedeutet $F_n = F_r$ und $F_2 = 0$ (nicht zu erreichen; siehe Beispiel: Trumkräfte)	**13**

Nutzkraft F_n = Umfangs-kraft F_u	$F_n = \dfrac{10^3\,P}{v\,\eta}$	Wirkungsgrad $\eta \approx 0{,}97$	**14**

F_n	P	v	η
N	kW	$\dfrac{m}{s}$	1

				15
Nutzspannung	$\sigma_n = \dfrac{F_n}{b\,s}$	$b_{erf} \geqslant \dfrac{F_n}{\sigma_{zul}\,s}$		

σ, E	F_n	d_1, b, s	v	ρ	κ
$\dfrac{N}{mm^2}$	N	mm	$\dfrac{m}{s}$	$\dfrac{kg}{m^3}$	1

Fliehspannung σ_f	$\sigma_f = \dfrac{v^2 \rho}{10^6}$	**16**

v Riemengeschwindigkeit
ρ Dichte des Riemenwerkstoffes (siehe Nr. 10)
E Elastizitätsmodul (siehe Nr. 10)
κ Ausbeuteziffer (siehe Schaubild in Nr. 12)

Biegespannung σ_b	$\sigma_b \approx \dfrac{E\,s}{2\,d_1}$	**17**

Maximalspannung σ_{max} im Riemen für offenen Trieb	$\sigma_{max} = \dfrac{\sigma_n}{\kappa} + \sigma_f + \sigma_b \leqslant \sigma_{zul}$	erforderlichenfalls mit größerer (kleinerer) Riemenbreite neu rechnen oder anderen Riemenwerkstoff nach Nr. 10 nehmen	**18**

Banddehnung ϵ in % der Riemenlänge L zur Erzeugung aus-reichender Vorspannung σ_v	$\epsilon = 2\,\%$ für Lederriemen $\epsilon = 0{,}5 \dots 1\,\%$ für Textilriemen auf Zellwollbasis $\epsilon = 3 \dots 4\,\%$ für Leder-Kunststoffriemen	**19**

vorhandene Vorspannung $\sigma_{v\,vorh}$	$\sigma_{v\,vorh} = E\,\epsilon \geqslant \sigma_{v\,erf}$	ϵ in Einheit Eins einsetzen, z.B. $\epsilon = 2\,\% = 0{,}02$	**20**

erforderliche Vorspannung $\sigma_{v\,erf}$	$\sigma_{v\,erf} = \dfrac{\sigma_n}{2\,\varphi} + \sigma_f \leqslant \sigma_{v\,vorh}$	**21**

Trumkräfte F_1, F_2 und Trumspannungen σ_1, σ_2	$F_1 = F_n\,\dfrac{m}{m-1} = \dfrac{F_n}{\kappa}$ F_n nach Nr. 14 und Trumfaktor m nach Nr. 12	**22**

F	σ	A	b, s	α	μ
N	$\dfrac{N}{mm^2}$	mm^2	mm	rad	1

$$F_2 = \dfrac{F_1}{e^{\mu\alpha}} \qquad m = \dfrac{F_1}{F_2} = \dfrac{\sigma_1}{\sigma_2} = e^{\mu\alpha} \qquad \sigma_1 = \sigma_2\,e^{\mu\alpha}$$

Werte für $e^{\mu\alpha}$ siehe Band 1, 5.13 oder mit der e^x-Taste des Rechners (siehe Beispiel)

$$\sigma_1 = \dfrac{F_1}{A} = \dfrac{F_1}{b\,s}$$

$$\sigma_2 = \dfrac{F_2}{A} = \dfrac{F_2}{b\,s}$$

Flach- und Keilriemengetriebe

| 23 | Vorspannkraft F_v | $F_v = (F_1 + F_2)\cos\beta \qquad \beta = \dfrac{180° - \alpha_1}{2} = \dfrac{\alpha_2 - 180°}{2}$ |

| 24 | Nutzkraft F_n und Nutzspannung σ_n (als Probe für Nr. 14 und 15) | $F_n = F_u = F_1 - F_2;\quad \sigma_n = \sigma_1 - \sigma_2 = \sigma_1\,\kappa$
 $F_n = F_1\,\dfrac{m-1}{m} = F_1\,\kappa$ |

| 25 | Ausbeuteziffer κ | $\kappa = \dfrac{F_n}{F_1} = \dfrac{F_1 - F_2}{F_1} = \dfrac{m-1}{m} \qquad$ (siehe Schaubild in Nr. 12) |

| 26 | Dehnschlupf ψ_{el} (elastischer Schlupf) | $\psi_{el} = \dfrac{v_1 - v_2}{v_1} = \dfrac{\sigma_1 - \sigma_2}{E} = \dfrac{(\sigma_1 + \sigma_2)\varphi}{E}$
 v_1, v_2 Umfangsgeschwindigkeit von treibender und getriebener Scheibe |

ψ_{el}	v	σ, E
1	$\dfrac{m}{s}$	$\dfrac{N}{mm^2}$

| 27 | Gesamtschlupf ψ_{ges} | $\psi_{ges} = \psi_{el} + \psi_{gl};\qquad \psi_{gl}$ Gleitschlupf nimmt mit wachsender Antriebsleistung zu $(0,5 \dots 2\%$, also $\psi_{gl} = 0,005 \dots 0,02)$ |

9.2. Berechnung offener Keilriemengetriebe

Gegeben: Antriebsleistung P, Antriebsdrehzahl n_1, Abtriebsdrehzahl n_2, Scheibendurchmesser d_{m1} oder d_{m2}, geforderte Lebensdauer L_h in h unter Vollast, Achsabstand a.

| 1 | Hauptmaße von Keilriemenscheiben nach DIN 2217 (Auswahl), Maße in mm |

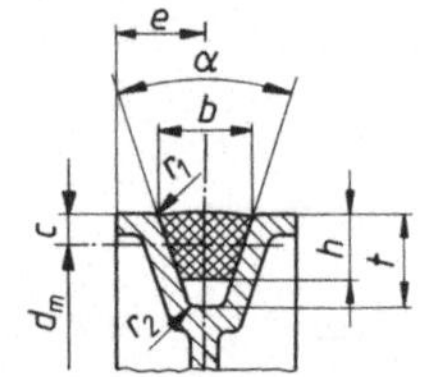 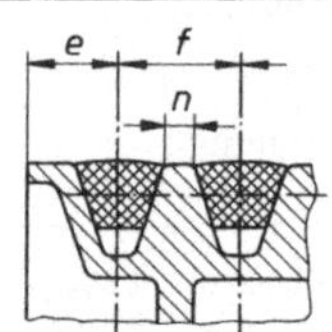

	b (obere Riemenbreite)	6	8	10	13	17	20	25	32	40
Riemenhöhe	h	4	5	6	8	11	12,5	16	20	25
Rillenprofil	c	2	2,5	3	4	5	6	8	10	12
	e Größtmaß	7	8	10	12	15	18	22	27	34
	f	8	10	12	16	20	24	30	38	46
	n	2	2	2	3	3	4	5	6	6
	r_1	0,5	0,5	0,5	1	1	1,5	1,5	2	2
	r_2	0,5	1	1	1	1,5	2	2,5	3	4
Kleinstmaß	t endlose Riemen	6	8	10	12	16	18	22	27	32
	endlose und endliche Riemen	7	9	12	15	18	21	26	31	38
kleinster Scheibendurchm. d_m	endlose Riemen	32	45	63	90	125	180	250	355	500
	endlose und endliche Riemen	50	63	80	100	132	180	236	315	450
	für Scheibendurchmesser $d_m \geqslant$									
Rillenwinkel α	36°	71	100	140	200	280	400	560	800	1120
	34°	32	45	63	90	125	180	250	355	500
	32°	für kleinere Scheibendurchmesser d_m (Beiwert c_3 nach DIN 2218 beachten)								
Innenlängen endloser Keilriemen, gestuft nach Normzahlen der Reihe R 20 DIN 323		200 bis 1250	280 bis 1800	400 bis 2800	560 bis 4000	800 bis 6300	1120 bis 9000	1600 bis 14000	2400 bis 18000	3150 bis

		2
Übersetzung i	$i = \dfrac{n_1}{n_2} = \dfrac{d_{m2}}{d_{m1}}$	

		3
Scheibendurchmesser d_{m1} oder d_{m2}	$d_{m1} = \dfrac{d_{m2}}{i} = \dfrac{6 \cdot 10^4\, v_{opt}}{\pi n_1}$ $d_{m2} = i\, d_{m1}$ $v_{opt} = 16 \dots 25$ m/s für Normalkeilriemen $\phantom{v_{opt}} = 35 \dots 45$ m/s für Schmalkeilriemen	$\begin{array}{c\|c\|c} v & d & n \\ \hline \frac{m}{s} & mm & min^{-1} \end{array}$

		4
Riemengeschwindigkeit v	$v = \dfrac{\pi\, d_{m1}\, n_1}{6 \cdot 10^4} = \dfrac{\pi\, d_{m2}\, n_2}{6 \cdot 10^4}$	

		5
Riemenlänge l_m	$l_m = \dfrac{d_{m1} + d_{m2}}{2}\, \pi + 2\, a + \dfrac{(d_{m2} - d_{m1})^2}{4\, a}$ Richtwert für a: $a \approx 0{,}7 \dots 2(d_{m1} + d_{m2})$	

		6
Umschlingungswinkel α_1	$\alpha_1 \approx 180° - 60°\, \dfrac{d_{m2} - d_{m1}}{a}$	

	7

Nennleistung P_{180} in kW je Riemenstrang nach DIN 2218
für Normalkeilriemen bei 180° Umschlingungswinkel

Riemenbreite b mm	6	8	10	13	17	20	25	32	40
2	0,0368	0,0736	0,140	0,27	0,51	0,736	1,1	1,76	2,72
4	0,0736	0,1400	0,272	0,545	0,95	1,4	2,2	3,45	5,45
6	0,1100	0,2060	0,404	0,81	1,4	2,06	3,24	5,15	8,1
8	0,1400	0,2650	0,53	1,03	1,84	2,72	4,2	6,75	10,3
10	0,1620	0,3160	0,64	1,25	2,28	3,31	5,08	8,15	12,5
12	0,1840	0,3530	0,736	1,47	2,65	3,83	5,9	9,4	14,7
14	0,1910	0,3820	0,81	1,62	2,94	4,27	6,6	10,6	16,2
16	0,1980	0,4040	0,88	1,76	3,16	4,63	7,2	11,5	17,6
18	0,1910	0,4120	0,88	1,91	3,38	4,92	7,6	12,2	19,1
20	0,1765	0,3970	0,88	1,98	3,53	5,07	7,9	12,6	19,8
22	0,1545	0,3600	0,955	1,98	3,53	5,15	8	12,7	19,8
24	0,1100	0,3090	0,81	1,91	3,46	5,00	7,6	12,5	19,1
26	0,0590	0,2200	0,736	1,84	3,31	4,78	7,4	11,8	18,4
28	–	0,1325	0,66	1,69	3,01	4,42	6,85	10,9	16,9
30	–	–	–	1,47	2,65	3,75	5,9	9,55	14,7

(Spalte links: Riemengeschwindigkeit v in m/s)

		8
übertragbare Leistung P' je Riemen in kW	$P' = \dfrac{P_{180}\, c_1\, c_3}{c_2}$ c_1, c_2, c_3 Korrekturfaktoren	

	9

Korrekturfaktor c_1 berücksichtigt den Umschlingungswinkel α_1 an der kleineren Scheibe	Umschlingungswinkel α_1	180°	160°	150°	140°	130°	120°	110°	100°	90°	80°	70°
	Faktor c_1	1	0,98	0,92	0,89	0,86	0,82	0,78	0,73	0,68	0,63	0,58

Flach- und Keilriemengetriebe

| 10 | Korrekturfaktor c_2 berücksichtigt kurzzeitige Überbeanspruchung |

Kurzzeitige Überbeanspruchung im Verhältnis zur normalen Beanspruchung in %	0	25	50	100	150
Faktor c_2	1	1,1	1,2	1,4	1,6

| 11 | Korrekturfaktor c_3 berücksichtigt Unterschreitung des kleinsten Scheibendurchmessers (siehe Hauptmaße in Nr. 1) |

$$c_3 = \frac{\text{gewählter Scheibendurchmesser } d'_{m1}}{\text{kleinster Scheibendurchmesser } d_{m1}}$$

$$c_3 = 1 \quad \text{bei} \quad d'_{m1} = d_{m1}$$

| 12 | Anzahl der erforderlichen Riemenstränge z' |

$$z' = \frac{P}{P'}$$

| 13 | Riemenvorspannung in % der Riemenlänge |

Profilbreite in mm	6	10	13	17	25	40
Vorspannung in %	1,3	1,1	1,0	0,9	0,5	0,5

| 14 | erforderliche Vorspannkraft F_v (Achskraft) |

$$F_v \approx 2 \dots 2{,}5\, F_u \qquad F_u = \frac{10^3\, P'}{v\, \eta}$$

Wirkungsgrad $\eta \approx 0{,}96 \dots 0{,}98$

F_u	P'	v	η
N	kW	$\frac{m}{s}$	1

| 15 | Anzahl der Biegewechsel ν_b |

$$\nu_b = \frac{z\, v}{l_m}$$

ν_b möglichst < 40 1/s

ν_b	z	v	l_m
$\frac{1}{s}$	1	$\frac{m}{s}$	m

z Scheibenzahl

10. Stahlbau

Die wichtigsten Grundlagen aus dem Bereich der Festigkeitslehre sind im Band 1 der „Arbeitshilfen",
Abschnitt 9. Festigkeitslehre, enthalten. Für Aufgaben aus dem Stahlbau sind vor allem die folgenden
Tafeln aus Band 1 zur Berechnung und Gestaltung heranzuziehen:

9.11. Warmgewalzter rundkantiger U-Stahl

9.12. Warmgewalzter gleichschenkliger rundkantiger Winkelstahl

9.13. Warmgewalzter ungleichschenkliger rundkantiger Winkelstahl

9.14. Warmgewalzte I-Träger – Schmale Träger

9.15. Warmgewalzte I-Träger – Mittelbreite Träger

9.33. Zug-, Druck- und Längenänderung (Nomogramm)

9.34. Biegung (Nomogramm)

9.35. Knickung (Nomogramm)

9.44. Niete für Stahl- und Kesselbau

Normen (Auswahl) und Literatur

DIN 1050	Stahl im Hochbau; Berechnung und bauliche Durchbildung
DIN 4100	Geschweißte Stahlbauten mit vorwiegend ruhender Belastung; Berechnung und bauliche Durchbildung
DIN 4114	Stahlbau, Stabilitätsfälle, Berechnungsgrundlagen, Vorschriften
DIN 15018 T1	Krane; Grundsätze für Stahltragwerke, Berechnung
E 18800 T1	Stahlbauten; Berechnung und Konstruktion, Bauteile mit vorwiegend ruhender Belastung

Stahlbau – Ein Handbuch für Studium und Praxis, Band 1 und 2

Stahlbau

10.1. Stahlbaugrundlagen, Omegaverfahren

Grundlagen

Lastannahmen, Einteilung der Lasten	*Hauptlasten (H)* sind: ständige Last, Verkehrslast (einschließlich Schnee-, aber ohne Windlast), freie Massenkräfte von Maschinen. *Zusatzlasten (Z)* sind: Windlast, Bremskräfte, waagerechte Seitenkräfte (z.B. von Kranen), Krane, die nur selten zu Montage- und Reparaturarbeiten benutzt werden (sonst Hauptlasten), Wärmewirkungen (betriebliche und atmosphärische).
Lastfälle	Für Berechnung und Festigkeitsnachweis unterscheiden: Lastfall H Summe der Hauptlasten, Lastfall HZ Summe der Haupt- und Zusatzlasten. Wird ein Bauteil (abgesehen vom Eigengewicht) nur durch Zusatzlasten beansprucht, so gilt die größte davon als Hauptlast.
maßgebender Lastfall	Für *Bemessung und Spannungsnachweis* ist jeweils der Lastfall maßgebend, der die größten Querschnitte ergibt.
Bemessungsregeln, Zugstäbe	Bei *ausmittiger Zugkraft* in einem Stab, der aus einem einzelnen Winkel besteht, darf der Nachweis der Biegespannung unterbleiben, wenn die Spannung aus der Längskraft $0{,}8\,\sigma_{zul}$ nicht überschreitet.
Stützweite	Als *Stützweite* ist der Abstand der Auflagermitten oder der Achsen der stützenden Träger in Rechnung zu stellen.
Lagerung	Bei *Lagerung unmittelbar auf Mauerwerk oder Beton* darf als Stützweite die um 1/20, mindestens aber um 12 cm vergrößerte Lichtweite angenommen werden. (Zulässige Druckspannungen und Pressungen beachten!)
Anschlüsse	An Kopf und Fuß von *nur auf Druck beanspruchten Stützen* brauchen bei winkelrechter Bearbeitung der Endquerschnitte und bei Anordnung ausreichend dicker Auflagerplatten die Verbindungsmittel der Anschlußteile (Schaftblech, Winkel usw.) nur für ein Viertel der Stützlast bemessen zu werden.
Niete	In der Regel Halbrundniete nach DIN 124, nur in besonderen Fällen Senkniete nach DIN 302.
Paßschrauben (DIN 7986)	Für Lochdurchmesser von 20…30 mm: Spiel $< 0{,}3$ mm. Am selben Anschluß mit Nieten nur Paßschrauben verwenden!
Anschlüsse	Jeder Querschnitt ist mit mindestens 2 Nieten oder Schrauben anzuschließen, ausgenommen leichte Vergitterungen (z.B. bei Masten), Geländer und untergeordnete Bauglieder.

Berechnungen

Omegaverfahren (ω-Verfahren)	ist zur knicksicheren Ausbildung von Druckstäben im Hoch-, Kran- und Brückenbau behördlich vorgeschrieben.	**1**

2

Omegaspannung σ_ω

$$\sigma_\omega = \frac{F\,\omega}{A} \leqq \sigma_{zul}$$

$\sigma_\omega, \sigma_{zul}$	F	A	ω
$\dfrac{N}{mm^2}$	N	mm^2	1

F Druckkraft im Stab
ω Knickzahl nach 10.2
σ_{zul} zulässige Spannung nach 10.3 und 10.4

3

Schlankheitsgrad λ

$$\lambda = \frac{s_K}{i}$$

s_K Knicklänge in mm
i Trägheitsradius in mm

4

obere Schlankheitsgrade λ

$\lambda < 20$ keine Knickrechnung nötig, nur Druckrechnung

für Knickstäbe in Stahlbauten $\lambda = 250$
für Knickstäbe in Brückenbauten $\lambda = 150$
für Einzelstäbe in zusammengesetzten Knickstäben $\lambda = 50$

5

Entwurfsgleichung für elastischen Bereich ($\lambda > \approx 100$)

$$I_{erf} = 0{,}12\,F\,s_K^2$$

(für Lastfall H und HZ)

F in kN, s_K in m, I_{erf} in cm^4, A_{erf} in cm^2, k Profilwert, I_{erf} ist das erforderliche *kleinste* axiale Flächenmoment 2. Grades

6

Entwurfsgleichung für unelastischen Bereich ($\lambda < \approx 100$)

(Profilwerte $k = A/i^2$ siehe Bild)

$$A_{erf} = \frac{F}{14} + 0{,}577\,k\,s_K^2$$

(für St 37 und Lastfall H)

$$A_{erf} = \frac{F}{21} + 0{,}718\,k\,s_K^2$$

(für St 52 und Lastfall HZ)

Profil	k	Profil	k	Profil	k
L DIN 1028	6,0	I DIN 1025, Blatt 1	10,0	Quadrat	12,0
⌐L (zwei Winkel)	4,6	[DIN 1026	7,0	Rechteck b, h, $h > b$	$\dfrac{12h}{b}$
T-Profil	2,9	][$l = 0$	8,2	Kreis	4π
Kreuzprofil, 1cm lichter Abstand	4,0	][$l = 1cm$	6,0		
		Abstand l so, daß $I_x = I_y$	1,2	Kreisring	
⌐L DIN 1029, $a:b = 3:2$	7,0	DIN 1024, $b:h = 2:1$	7,5	$\delta : r = 0{,}05$	0,63
		$b:h = 1:1$	5,0	$= 0{,}10$	1,25
L $a:b = 2:1$	11,0	4 Quadrantstähle ohne Zwischenlage	1,8	$= 0{,}15$	1,87
				$= 0{,}20$	2,50

Profilwerte k für Druckstäbe (Näherungswerte)

Stahlbau

<table>
<tr><td>7</td><td>Säulen aus GG nach Omegaverfahren mit σ_{Kzul}</td><td>ω und σ_{Kzul} in Abhängigkeit vom Schlankheitsgrad λ für Grauguß ($\lambda > 100$ unzulässig)</td></tr>
</table>

λ	0	10	20	30	40	50	60	70	80	90	100
ω	1,00	1,01	1,05	1,11	1,22	1,39	1,67	2,21	3,50	4,43	5,45
σ_{Kzul} in N/mm²	88,3	87,3	84,3	79,4	72,6	63,7	53	40,2	25,5	19,5	16

(Zwischen $\lambda = 0\ldots80$ wurde parabolischer Verlauf angenommen)

---

8 | Säulen aus GG mit veränderlichem Querschnitt mit ideellem Flächenmoment $I_i = \mu I_m$ für Querschnitt $m - m$ berechnen.
$i = 0,25 \sqrt{D^2 + d^2}$ für Kreisringquerschnitt

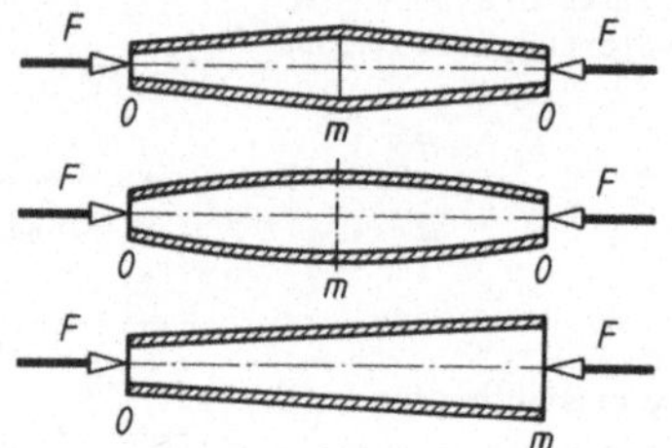

$$\mu = 0,34 + 0,66 \sqrt{I_0/I_m}$$

$$\mu = 0,61 + 0,39 \sqrt{I_0/I_m}$$

$$\mu = 0,2 \ + 0,8 \sqrt{(I_0/I_m)^2}$$

Werte des Faktors μ für Säulen mit stetig veränderlichem Querschnitt

---

Berechnung mehrteiliger Knickstäbe

1 | für Stoffachse $x - x$ wie einteiliger Druckstab

$$\sigma_{vorh} = \omega_x \frac{F}{A} \leqslant \sigma_{zul}$$

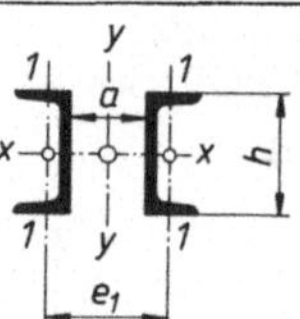

Stoffachse $x-x$ und stofffreie Achse $y-y$; $n = 2$

2 | für stofffreie Achse $y - y$ mit ideellem Schlankheitsgrad λ_{yi}

$$\lambda_{yi} = \sqrt{\lambda_y^2 + \frac{n}{2}\lambda_1^2}$$

λ_y Schlankheitsgrad des Gesamtstabes für stofffreie Achse $y - y$
λ_1 Schlankheitsgrad des Einzelstabes mit Knicklänge s_1 und Flächenmoment I_1
n Anzahl der Druckstäbe

Bei zwei stofffreien Achsen wird λ_y für diejenige Achse bestimmt, die kleineres I ergibt.

Bei Stäben mit einer stofffreien Achse ist I_1 das Flächenmoment 2. Grades für Achse $1-1$ des Einzelquerschnittes; bei Stäben mit zwei stofffreien Achsen ist I_1 für diejenige Achse des Einzelstabes zu berechnen, für die sich das kleinste I ergibt.

λ jedes freien Einzelstabes (zwischen zwei Verbindungen) muß < 50 sein. Ist bei gedrungenen Stäben $\lambda_1 < \sqrt{\lambda_x^2 - \lambda_y^2}$, dann ist die Berechnung für x-Achse, d.h. λ_x, maßgebend.

Schwerpunktsentfernung e_1 soll nicht größer als Querschnittshöhe h in Richtung der stofffreien Achse $y - y$ sein.

Bindebleche sind mindestens in den Drittelpunkten der Gesamtknicklänge und an den Stabenden vorgeschrieben.

10.2. Knickzahlen ω

λ	0	1	2	3	4	5	6	7	8	9

St 33 und St 37 ($\sigma_{d\,zul} = 140\,N/mm^2$)

λ	0	1	2	3	4	5	6	7	8	9
20	1,04	1,04	1,04	1,05	1,05	1,06	1,06	1,07	1,07	1,08
30	1,08	1,09	1,09	1,10	1,10	1,11	1,11	1,12	1,13	1,13
40	1,14	1,14	1,15	1,16	1,16	1,17	1,18	1,19	1,19	1,20
50	1,21	1,22	1,23	1,23	1,24	1,25	1,26	1,27	1,28	1,29
60	1,30	1,31	1,32	1,33	1,34	1,35	1,36	1,37	1,39	1,40
70	1,41	1,42	1,44	1,45	1,46	1,48	1,49	1,50	1,52	1,53
80	1,55	1,56	1,58	1,59	1,61	1,62	1,64	1,66	1,68	1,69
90	1,71	1,73	1,74	1,76	1,78	1,80	1,82	1,84	1,86	1,88
100	1,90	1,92	1,94	1,96	1,98	2,00	2,02	2,05	2,07	2,09
110	2,11	2,14	2,16	2,18	2,21	2,23	2,27	2,31	2,35	2,39
120	2,43	2,47	2,51	2,55	2,60	2,64	2,68	2,72	2,77	2,81
130	2,85	2,90	2,94	2,99	3,03	3,08	3,12	3,17	3,22	3,26
140	3,31	3,36	3,41	3,45	3,50	3,55	3,60	3,65	3,70	3,75
150	3,80	3,85	3,90	3,95	4,00	4,06	4,11	4,16	4,22	4,27
160	4,32	4,38	4,43	4,49	4,54	4,60	4,65	4,71	4,77	4,82
170	4,88	4,94	5,00	5,05	5,11	5,17	5,23	5,29	5,35	5,41
180	5,47	5,53	5,59	5,66	5,72	5,78	5,84	5,91	5,97	6,03
190	6,10	6,16	6,23	6,29	6,36	6,42	6,49	6,55	6,62	6,69
200	6,75	6,82	6,89	6,96	7.03	7,10	7,17	7,24	7,31	7,38
210	7,45	7,52	7,59	7,66	7,73	7,81	7,88	7,95	8,03	8,10
220	8,17	8,25	8,32	8,40	8,47	8,55	8,63	8,70	8,78	8,86
230	8,93	9,01	9,09	9,17	9,25	9,33	9,41	9,49	9,57	9,65

St 52 ($\sigma_{d\,zul} = 210\,N/mm^2$)

λ	0	1	2	3	4	5	6	7	8	9
20	1,06	1,06	1,07	1,07	1,08	1,08	1,09	1,09	1,10	1,11
30	1,11	1,12	1,12	1,13	1,14	1,15	1,15	1,16	1,17	1,18
40	1,19	1,19	1,20	1,21	1,22	1,23	1,24	1,25	1,26	1,27
50	1,28	1,30	1,31	1,32	1,33	1,35	1,36	1,37	1,39	1,40
60	1,41	1,43	1,44	1,46	1,48	1,49	1,51	1,53	1,54	1,56
70	1,58	1,60	1,62	1,64	1,66	1,68	1,70	1,72	1,74	1,77
80	1,79	1,81	1,83	1,86	1,88	1,91	1,93	1,95	1,98	2,01
90	2,05	2,10	2,14	2,19	2,24	2,29	2,33	2,38	2,43	2,48
100	2,53	2,58	2,64	2,69	2,74	2,79	2,85	2,90	2,95	3,01
110	3,06	3,12	3,18	3,23	3,29	3,35	3,41	3,47	3,53	3,59
120	3,65	3,71	3,77	3,83	3,89	3,96	4,02	4,09	4,15	4,22
130	4,28	4,35	4,41	4,48	4,55	4,62	4,69	4,75	4.82	4,89
140	4,96	5,04	5,11	5,18	5,25	5,33	5,40	5,47	5,55	5,62
150	5,70	5,78	5,85	5,93	6,01	6,09	6,16	6,24	6,32	6,40
160	6,48	6,57	6,65	6,73	6,81	6,90	6,98	7,06	7,15	7,23
170	7,32	7,41	7,49	7,58	7,67	7,76	7,85	7,94	8,03	8,12
180	8,21	8,30	8,39	8,48	8,58	8,67	8,76	8,86	8,95	9,05
190	9,14	9,24	9,34	9,44	9,53	9,63	9,73	9,83	9,93	10,03
200	10,13	10,23	10,34	10,44	10,54	10,65	10,75	10,85	10,96	11,06
210	11,17	11,28	11,38	11,49	11,60	11,71	11,82	11,93	12,04	12,15
220	12,26	12,37	12,48	12,60	12,71	12,82	12,94	13,05	13,17	13,28
230	13,40	13,52	13,63	13,75	13,87	13,99	14,11	14,23	14,35	14,47

Stahlbau

10.3. Zulässige Spannungen im Stahlhochbau

a) Zulässige Spannungen in N/mm² für Bauteile

Spannungsart	St 37		St 52	
	Lastfall			
	H	HZ	H	HZ
Druck und Biegedruck, wenn Nachweis auf Knicken und Kippen nach DIN 4114 erforderlich ist	140	160	210	240
Zug und Biegezug, Biegedruck, wenn Ausweichen der gedrückten Gurte nicht möglich ist	160	180	240	270
Schub	90	105	135	155
Lochleibungsdruck bei Verbindung durch Niete oder Paßschrauben	280	320	420	480

b) Zulässige Spannungen in N/mm² der Verbindungsmittel

Spannungsart	Niete (DIN 124 und DIN 302) USt 36-1 für Bauteile aus St 37		R St 44-2 für Bauteile aus St 52		Paßschrauben (DIN 7968) 4.6 für Bauteile aus St 37		5.6 für Bauteile aus St 52		Rohe Schrauben (DIN 7990) 4.6	
	H	HZ	H	HZ	H	HZ	H	HZ	H	HZ
Abscheren $\tau_{a\,zul}$	140	160	210	240	140	160	210	240	112	126
Lochleibungsdruck $\sigma_{l\,zul}$	280	320	420	480	280	320	420	480	240	270
Zug $\sigma_{z\,zul}$	48	54	72	81	112	112	150	150	112	112

10.4. Zulässige Spannungen im Kranbau

a) Zulässige Spannungen in N/mm² für Bauteile

Spannungsart	St 37		St 52-3		Außer dem Allgemeinen Spannungsnachweis auf Sicherheit gegen Erreichen der Fließgrenze
	H	HZ	H	HZ	ist für Krane mit mehr als 20000 Spannungs-
Zug- und Vergleichsspannung	160	180	240	270	spielen noch ein *Betriebsfestigkeitsnachweis* auf Sicherheit gegen Bruch bei zeitlich ver-
Druckspannung, Nachweis auf Knicken	140	160	210	240	änderlichen, häufig wiederholten Spannungen für die Lastfälle H zu führen. Zulässige Span-
Schubspannung	92	104	138	156	nungen beim Betriebsfestigkeitsnachweis siehe Normblatt.

b) Zulässige Spannungen in N/mm² für Verbindungsmittel

Spannungsart		Niete (DIN 124 u. DIN 302) USt 36-1		R St 44-2		Paßschrauben (DIN 7968) 4.6		5.6		Schrauben (DIN 7990) 4.6		5.6	
		H	HZ	H	HZ	H	HZ	H	HZ	H	HZ	H	HZ
Abscheren	einschnittig	84	96	126	144	84	96	126	144	70	80	70	80
	zweischnittig	112	128	168	192	112	128	168	192				
Lochleibungsdruck	einschnittig	210	240	315	360	210	240	315	360	160	180	160	180
	zweischnittig	280	320	420	480	280	320	420	480				
Zug	einschnittig	30	30	45	45	100	110	140	154	100	110	140	154
	zweischnittig	30	30	45	45	100	110	140	154				

10.5. Biegestoß einer Nietverbindung im Stahlhochbau

Die Stoßstelle hat das Biegemoment M und die Querkraft F_q zu übertragen. Berechnet wurden: I_F Flächenmoment 2. Grades der beiden Flanschen in bezug auf die x-Achse; I_S Flächenmoment 2. Grades des Steges; I_L Flächenmoment 2. Grades der Nietlöcher im gezogenen Flansch, bezogen auf die Schwerachse des ungeschwächten Querschnitts (siehe Beispiel).

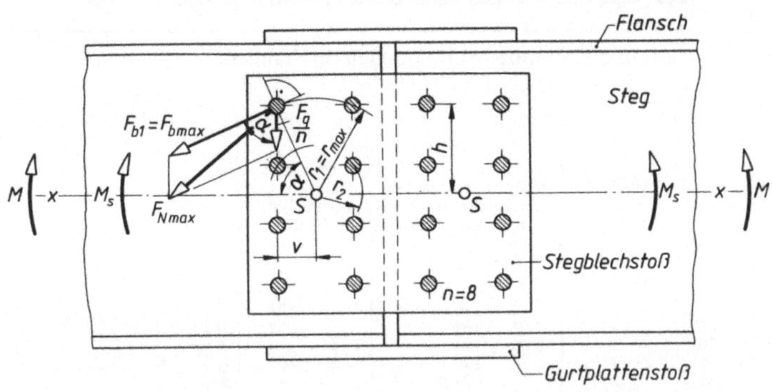

Gesamtflächen-moment I_x, I_{xn}	$I_{xn} = I_F + I_S - I_L$ $\qquad\qquad$ $I_x = I_F + I_S$	**1**
mittlere Gurt-spannung σ_{mz}, σ_{md}	$\sigma_{mz} = \dfrac{M(h-s)}{2\,I_{xn}} \leqslant \sigma_{zul}$ $\qquad$ $\sigma_{md} = \dfrac{M(h-s)}{2\,I_x} \leqslant \sigma_{zul}$	**2**
Gurtkräfte F_z (Zug) und F_d (Druck)	$F_z = \sigma_{mz} A_F$ $\qquad$ A_F Flanschquerschnitt $\qquad$ $F_d = \sigma_{md} A_F$	**3**
erforderliche Nietzahl $n_{a\,erf}$ für Gurtplatten-stoß	$n_{a\,erf} = \dfrac{F_z\ (\text{oder } F_d),\ \text{wenn } F_d > F_z}{\tau_{a\,zul} A_1 m}$ $\qquad$ $\tau_{a\,zul}$ nach 10.3 $\quad m$ Schnittzahl	**4**
Überprüfung auf Lochleibungsdruck σ_l	$\sigma_{l\,vorh} = \dfrac{F_z\ (\text{oder } F_d)}{n\,d_1\,s_{min}} \leqslant \sigma_{l\,zul}$ $\qquad$ $\sigma_{l\,zul}$ nach 10.3 und 10.4	**5**
anteiliges Biegemoment M_S in bezug auf Nietfeldschwer-punkt S	$M_S = M\,\dfrac{I_S}{I_{xn}}$ $\qquad$ Entwurf des Nietbildes für den Stegblechstoß	**6**
maximale Zusatz-nietkraft $F_{b\,max}$	$F_{b\,max} = M_S\,\dfrac{r_{max}}{\Sigma\,r_n^2} \left(= M_S\,\dfrac{r_1}{4\,r_1^2 + 4\,r_2^2}\right)$ $\qquad$ (gilt für das Niet-bild oben)	**7**
maximale Nietkraft $F_{N\,max}$ nach Nietbild	$F_{N\,max} = \sqrt{F_{b\,max}^2 + \left(\dfrac{F_q}{n}\right)^2 + 2\,F_{b\,max}\left(\dfrac{F_q}{n}\right)\cos\alpha}$ $\tan\alpha = \dfrac{h_{max}}{v}$	**8**

Stahlbau

9 | Spannungsnachweis

$$\tau_{a\,\text{vorh}} = \frac{F_{N\,\text{max}}}{m\,A_1} \leqslant \tau_{a\,\text{zul}} \qquad \sigma_{l\,\text{vorh}} = \frac{F_{N\,\text{max}}}{d_1\,s_{\text{min}}} \leqslant \sigma_{l\,\text{zul}}$$

m Schnittzahl

zulässige Spannungen nach Band 1, 9.40 und 9.41

10 Anhaltswerte für Abmessungen der Niet- und Schraubenverbindungen im Stahlbau (alle Maße in mm)

Niet(Schrauben-)durchmesser d	Lochdurchmesser d_1	Kleinster Randabstand[1] in der Kraftrichtung $e_1 \geqslant 2\,d_1$	senkrecht zur Kraftrichtung $e_2 \geqslant 1{,}5\,d_1$	Lochabstand[1] $a \geqslant 3\,d_1$	Größter Randabstand in beiden Richtungen $e_1 = e_2$	Größter Lochabstand Kraftniete(-schrauben) Heftniete(-schrauben) in Druckstäben a	Größter Lochabstand Heftniete(-schrauben) in Zugstäben a
10	11	25	17,5	35	33	88	132
12	13	30	20	40	39	104	156
16	17	35	25	55	51	136	204
20	21	45	32,5	65	63	168	252
22	23	50	35	70	69	184	276
24	25	50	40	75	75	200	300
27	28	60	45	85	84	224	336
30	31	65	50	95	93	248	372
36	37	75	55	115	111	296	444

Obere Spalten: $e_1 = e_2 \leqslant 3\,d_1$; $a \leqslant 8\,d_1$; $a \leqslant 12\,d_1$.

Untere Spalten (**oder**): $e_1 = e_2 \leqslant 6\,s$; $a \leqslant 15\,s$; $a \leqslant 25\,s$.

$e_1 = e_2$	Druckstäbe a	Zugstäbe a
24	60	100
30	75	125
36	90	150
42	105	175
48	120	200
54	135	225
60	150	250
66	165	275
72	180	300
78	195	325
84	210	350

Für a bzw. e ist jeweils der kleinere Wert einzuhalten!

[1]) gerundet

Ablesebeispiel für $s_{\text{min}} = 11$ mm und $d_1 = 21$ mm.
Es kann ausgeführt werden:

$e_1 = 45 \ldots 63$

$e_2 = 32{,}5 \ldots 63$

$a = 65 \ldots 165$ bei Kraftverbindung bzw. Heftverbindung in Druckstäben

$a = 65 \ldots 252$ bei Heftverbindung in Zugstäben

Konstruktionsregel: Kraftverbindungen (Stöße, Anschlüsse) mit den kleinsten und Heftverbindungen mit den größten zulässigen (meist auf ganze 5 oder 10 mm gerundeten) Abständen ausführen.

10.6. Gleitfeste Schraubenverbindungen

(HV-Verbindung: hochfest verspannte Verbindung)

1 | maximale Gebrauchslast F_q (Tragnachweis) siehe 10.11

$$F_q \leqslant F_{g\,\text{zul}} = \frac{\mu\,F_V\,m}{S_g}$$

m Zahl der Reibflächen

μ Reibzahl = 0,35 bei M8 und M10 für alle Stähle

$\mu = 0{,}45$ bei M12…M27 für St52

$\mu = 0{,}6$ für St52 und Sonderhochbaustahl

2 | Vorspannkraft F_V

$$F_V = 0{,}7 \cdot R_{p0,2}\,A_s$$

$R_{p0,2}$ nach 2.9

A_s Spannungsquerschnitt nach 2.18

3 | Gleitsicherheit S_g

$$S_g = 1{,}25 \quad \text{für H}$$
$$ = 1{,}1 \quad \text{für HZ}$$

$F_{g\,\text{zul}}$ zulässige Anschlußkraft, siehe 10.7 und 10.11

Bei zusätzlicher Zugbelastung $F_z \leqslant 0{,}8\,F_V$ muß $F_{g\,\text{zul}}$ im Verhältnis $1 - F_z/F_V$ abgemindert werden! (siehe 10.7)

4 | Tragnachweis für Bauteil an der Verbindungsstelle

$$F_q' = F_q \left(1 - \frac{r}{z} - 0{,}4\,\frac{a}{z}\right)$$

a Schraubenanzahl im untersuchten Querschnitt

r Anzahl der Schrauben, die Kraftanteile vor untersuchtem Querschnitt ableiten

z Gesamtzahl der Schrauben

10.7. Konsolanschluß bei Stahltragwerken

Gewählt:
HV-Schrauben der Güte 10.9 mit $A_s = 245\ \text{mm}^2$ (M 20) im entworfenen Schraubenbild (Rechnungsgang gilt sinngemäß für Niete).

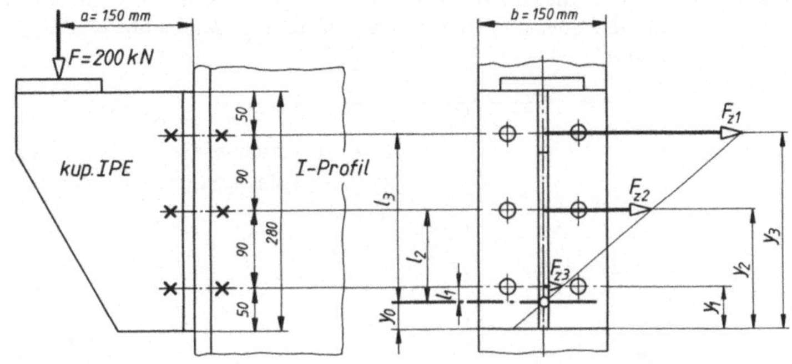

Größe	Beziehung	Ausrechnung (in Verbindung mit 10.11)
Schwerpunktsabstand y_0	$y_0 = A_s\,\dfrac{n}{b}\left(\sqrt{1 + \dfrac{2\,b\,\Sigma y}{A_s\,n^2}} - 1\right)$ (n Schraubenzahl, b Breite)	$= 245 \cdot \dfrac{6}{150}\left(\sqrt{1 + \dfrac{2 \cdot 150 \cdot 860}{245 \cdot 36}} - 1\right)\,\text{mm}$ $= 44\ \text{mm}$
Schwerachsenabstände l_1, l_2, l_3	nach Schraubenbild berechnen	$l_1 = 6\ \text{mm};\quad l_2 = 92\ \text{mm};\quad l_3 = 186\ \text{mm}$
Flächenmoment I_x der Schraubenverbindung	$I_x = \dfrac{b\,y_0^3}{12} + b\,y_0\left(\dfrac{y_0}{2}\right)^2 +$ $+ 2\,A_s(l_1^2 + l_2^3 + l_3^2)$	$= \dfrac{150 \cdot 44^3}{12} + 150 \cdot 44 \cdot 22^2 +$ $+ 2 \cdot 245\,(6^2 + 92^2 + 186^2)\,\text{mm}^4$ $= 2538 \cdot 10^4\ \text{mm}^4$
maximale Zugspannung $\sigma_{z\,max}$ im äußeren Schraubenpaar	$\sigma_{z\,max} = \dfrac{M\,l_{max}}{I_x} = \dfrac{F\,a\,l_{max}}{I_x}$	$= \dfrac{200 \cdot 10^3 \cdot 150 \cdot 186}{2538 \cdot 10^4}\,\dfrac{\text{N}}{\text{mm}^2} = 220\,\dfrac{\text{N}}{\text{mm}^2}$
Zugkräfte F_z in den Schrauben	$F_{z1} = \sigma_{z\,max}\,A_s$ $F_{z2} = \dfrac{F_{z1}\,l_2}{l_3}$ $F_{z3} = \dfrac{F_{z1}\,l_1}{l_3}$	$= 220\,\dfrac{\text{N}}{\text{mm}^2}\cdot 245\ \text{mm}^2 = 53{,}9\ \text{kN} < 0{,}8\,F_V$ $= \dfrac{53{,}9\ \text{kN}\cdot 92\ \text{mm}}{186\ \text{mm}} = 26{,}7\ \text{kN} < 0{,}8\,F_V$ $= \dfrac{53{,}9\ \text{kN}\cdot 6\ \text{mm}}{186\ \text{mm}} = 1{,}74\ \text{kN} < 0{,}8\,F_V$
Verhältnisse $\dfrac{F_z}{F_V}$	$\dfrac{F_{z1}}{F_V};\ \dfrac{F_{z2}}{F_V};\ \dfrac{F_{z3}}{F_V}$ $F_V = 15{,}5\ \text{kN}\ (10.11)$	$= 0{,}35;\ = 0{,}17;\ = 0{,}011$
verminderte zulässige Anschlußkraft F_{gzul}'	$F_{gzul}' = F_{gzul}\left(1 - \dfrac{F_z}{F_V}\right)$ $F_{g\,zul} = 56\ \text{kN}\ (10.11)$	$F_{g1\,zul}' = 56\,(1 - 0{,}35) = 36{,}4\ \text{kN} > F_{q\,vorh}$ $\left(F_{q\,vorh} = \dfrac{F}{n} = \dfrac{200\ \text{kN}}{6} = 33{,}3\ \text{kN}\right)$ $F_{g2\,zul}' = 56\,(1 - 0{,}17) = 46{,}48\ \text{kN} > F_{q\,vorh}$ $F_{g3\,zul}' = 56\,(1 - 0{,}011) = 55{,}38\ \text{kN} > F_{q\,vorh}$

Bei Durchsteck- oder Paßschrauben ist noch der Lochleibungsdruck zu überprüfen.

Stahlbau

10.8. Schweißverbindungen im Stahlbau

Einheiten: Kräfte F in N, Kraftmomente M in Nmm, Spannungen σ, τ in N/mm^2, Längen l, a, c, h, t in mm, Querschnitte A in mm^2, Widerstandsmomente W in mm^3, Flächenmomente 2.Grades I in mm^4.

1	Vorschriften	DIN 4100 Geschweißte Stahlhochbauten zulässige Spannungen in 10.9
2	Werkstoffe	St 37, St 37–2, St 37–3, St 52–3
3	Anschlußbedingung	$l_1 e_1 = l_2 e_2$

4 Beanspruchung auf Zug, Druck oder Schub

$$\sigma_w = \frac{F}{A_w} = \frac{F}{\Sigma a\,l} \leqslant \begin{array}{l} \sigma_{w\,zul} \\ \tau_{w\,zul} \end{array}$$

für Stumpf- und Kehlnähte, sowie für Stöße von Bauteilen, die auf Zug, Druck oder Schub beansprucht werden.

5 Beanspruchung auf Biegung

$$\sigma_w = \frac{M_b}{I_w}\,c \leqslant \sigma_{w\,zul}$$

$$\sigma_w = \frac{M_b}{W_w} \leqslant \sigma_{w\,zul}$$

c Randfaserabstand einer beliebigen Naht von der Null-Linie

M_b Biegemoment

I_w axiales Flächenmoment 2. Grades des Nahtquerschnittes

W_w axiales Widerstandsmoment des Nahtquerschnittes

6 Beanspruchung auf Biegung und Zug oder Druck

$$\sigma_{w\,res} = \frac{M_b}{W_w} + \frac{F_{z,d}}{\Sigma a\,l} \leqslant \sigma_{w\,zul}$$

für Schweißverbindungen mit Kehlnähten, die außer dem Biegemoment noch eine Zugkraft F_z oder Druckkraft F_d übertragen müssen.

7

Beanspruchung auf Biegung und Schub

$$\sigma_{wh} = 0,5\,(\sigma + \sqrt{\sigma^2 + 4\tau^2}) = \text{Hauptspannung}$$

$$= 0,5\left[\frac{M_{b\,max}}{W_w} + \sqrt{\left(\frac{M_{b\,max}}{W_w}\right)^2 + 4\left(\frac{F_q}{\Sigma a\,l}\right)^2}\,\right] \leqslant \sigma_{w\,zul}$$

$$= 0,5\left[\frac{M_b}{W_w} + \sqrt{\left(\frac{M_b}{W_w}\right)^2 + 4\left(\frac{F_{q\,max}}{\Sigma a\,l}\right)^2}\,\right] \leqslant \sigma_{w\,zul}$$

$$\tau_w = \frac{F_{q\,max}}{\Sigma a\,l} \leqslant \tau_{w\,zul}$$

M_b das der größten Querkraft $F_{q\,max}$ zugehörige Biegemoment

F_q die dem größten Biegemoment $M_{b\,max}$ zugehörige Querkraft

W_w Widerstandsmoment der Nahtfläche bei in die Anschlußebene eingeklappter Nahtdicke a

$\Sigma a\,l = A_w$ Fläche der bevorzugt Schubkräfte übertragenden Nähte; bei T- und U-Trägern die Stegnähte

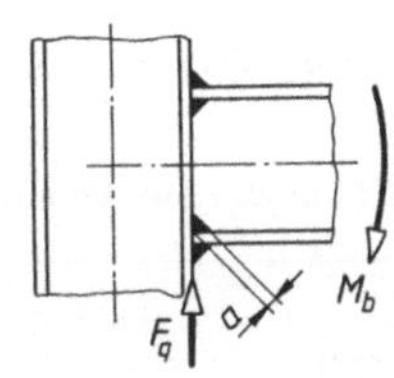

8

geschweißte Biegeträger

$$\sigma_{wh} = 0,5\left[\frac{M_{b\,max}\,c}{I} + \sqrt{\left(\frac{M_{b\,max}\,c}{I}\right)^2 + 4\left(\frac{F_q\,M_A}{I\,\Sigma a}\right)^2}\,\right] \leqslant \sigma_{w\,zul}$$

für Halsnähte zur Gurt/Steg-Verbindung, für Verbindungslängsnähte zwischen Gurtplatten, für Stegblechlängsstöße

$M_{b\,max}$ maximales Moment im Stoßquerschnitt

I Flächenmoment 2. Grades des Querschnitts

c Randfaserabstand der Naht

F_q zum maximalen Moment gehörige Querkraft

M_A statisches Moment (Flächenmoment) der anzuschließenden Querschnittsfläche

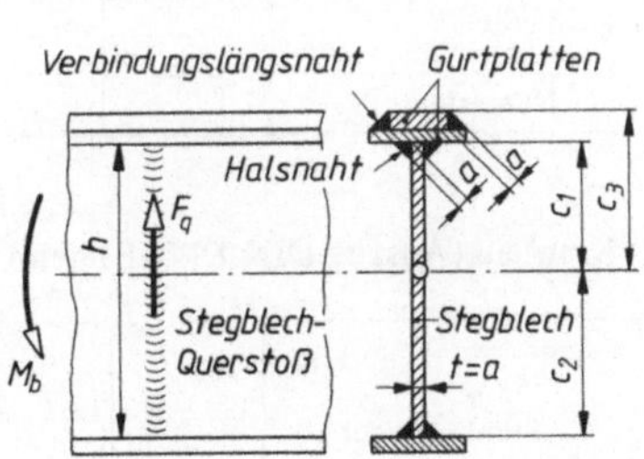

Bei $\Sigma a <$ Stegdicke t muß außerdem sein:

$$\tau_w = \frac{F_{q\,max}\,M_A}{I\,\Sigma a} \leqslant \tau_{w\,zul}$$

Stahlbau

im Stegblechquerstoß muß sein

$$\sigma_{wh} = 0{,}5\left[\frac{M_{b\,max}\,c}{I} + \sqrt{\left(\frac{M_{b\,max}\,c}{I}\right)^2 + 4\left(\frac{F_q}{t\,h}\right)^2}\,\right] \leqslant \sigma_{w\,zul}$$

h Stegblechhöhe
t Stegdicke
c, $M_{b\,max}$ und F_q wie vorher

Außerdem muß sein:

$$\tau_w = \frac{F_{q\,max}}{t\,h} \leqslant \tau_{w\,zul}$$

10.9. Zulässige Schweißnahtspannungen in N/mm²

Stahlbau (Auszug aus DIN 4100)

Nahtart	Nahtgüte	Spannungsart	Stahlsorte St 37 Lastfall H	St 37 Lastfall HZ	Stahlsorte St 52 Lastfall H	St 52 Lastfall HZ
Stumpfnaht, K-Naht mit Doppelkehlnaht (durchgeschweißte Wurzel), K-Stegnaht mit Doppelkehlnaht, HV-Naht mit Kehlnaht (gegengeschweißte Kapplage)	alle Nahtgüten	Druck und Biegedruck	160	180	240	270
	Freiheit von Rissen, Binde- und Wurzelfehlern nachgewiesen	Zug und Biegezug quer zur Nahtrichtung	160	180	240	270
	Nahtgüte nicht nachgewiesen		135	150	170	190
HV-Stegnaht mit Kehlnaht, Kehlnaht	alle Nahtgüten	Druck und Biegedruck Zug und Biegezug Vergleichswert	135	150	170	190
alle Nahtarten		Schub	135	150	170	190

Kranbau (Auszug DIN 15 018) beim Allgemeinen Spannungsnachweis

Stahlsorte der verschweißten Bauteile Kurzname	nach	Lastfall	zulässige Zugspannung für Querbeanspruchung $\sigma_{wz\,zul}$ alle Nahtarten	Stumpfnaht K-Naht Sondergüte	K-Naht Normalgüte	Kehlnaht	zulässige Druckspannung für Querbeanspruchung $\sigma_{wd\,zul}$ Stumpfnaht K-Naht	Kehlnaht	zulässige Schubspannung $\tau_{w\,zul}$ alle Nahtarten
St 37	DIN 17 100	H	160		140	113	160	130	113
		HZ	180		160	127	180	145	127
St 52-3	DIN 17 100	H	240		210	170	240	195	170
		HZ	270		240	191	270	220	191

10.10. Zulässige Spannungen in N/mm² für Punktschweißverbindungen im Stahlleichtbau

| Beanspruchungsart | Werkstoff | | | | | |
| | St 33 Lastfall | | St 37 Lastfall | | St 52 Lastfall | |
	H	HZ	H	HZ	H	HZ
Wenn Nachweis auf Knicken und Kippen nach DIN 4114 erforderlich						
$\tau_{schw\,zul}$	80	90	90	105	135	155
einschnittig $\sigma_{l\,schw\,zul}$	215	250	250	285	375	430
zweischnittig $\sigma_{l\,schw\,zul}$	300	350	350	400	525	600
Wenn Ausweichen der gedrückten Gurte nicht möglich						
$\tau_{schw\,zul}$	90	105	105	115	155	175
einschnittig $\sigma_{l\,schw\,zul}$	250	290	290	325	430	485
zweischnittig $\sigma_{l\,schw\,zul}$	350	400	400	450	600	675

10.11. Zulässige übertragbare Anschlußkraft F_{zul} je Reibfläche, Vorspannkraft F_V und erforderliches Anziehmoment M_A für HV-Verbindungen in Stahlkonstruktionen (Festigkeitsklasse 10.9)

F_{zul} in kN je HV-Schraube und Reibfläche

| Schrauben-durchmesser | Ingenieur- und Hochbau | | | | Brücken- und Kranbau | | | | Vorspann-kraft F_V in kN | Anzieh-moment M_A in Nm |
| | St 33 und St 37 | | St 52 | | St 33 und St 37 | | St 52 | | | |
	H	HZ	H	HZ	H	HZ	H	HZ		
M 12	18,5	21,5	25	28,5	14,5	16,5	19,5	22,5	52	120
M 16	35,5	40,5	47,5	54,0	28,0	32,0	37,0	42,5	99	305
M 20	56,0	63,5	74,5	84,5	43,5	50,0	58,0	66,5	155	597
M 22	69,0	78,5	92,0	104,5	54,0	61,5	72,0	82,5	192	815
M 24	79,5	90,5	106,0	120,5	62,0	71,0	83,0	94,5	221	1020
M 27	105,0	119,5	140,0	159,0	82,0	94,0	109,5	125,0	292	1520

Für Schrauben der Festigkeitsklasse 8.8 sind Vorspannkräfte, Anziehmomente und Tragkräfte mit dem Faktor 0,7 zu multiplizieren.

10.12. Zulässiger Lochleibungsdruck $\sigma_{l\,zul}$ für die Schrauben nach 10.11

| Werkstoff | St 33 und St 37 | | St 52 | |
Lastfall	H	HZ	H	HZ
$\sigma_{l\,zul}$ in N/mm²	480	540	720	810

10.13. Druckfestigkeit für Beton in N/mm²

Festigkeitsklasse	B 5	B 10	B 15	B 25	B 35	B 45	B 55
Druckfestigkeit	5	10	15	25	35	45	55

Stahlbau

10.14. Zulässige Druckspannungen $\sigma_{d\,zul}$ in MN/m² = N/mm² für Mauerwerk

Steinart	Bezeichnung	DIN	Mörtelgruppe		
			I	II	III
Hohlblockstein aus Leichtbeton Hohlblockstein aus Schaumbeton	Hbl 25 Gs 25	18151 4165	0,3	0,5	0,6
Hohlblockstein für Leichtbau	Hbl 50	18151	0,4	0,7	1
Vollziegel	Mz 100	105	0,6	0,9	1,2
Vollziegel	Mz 150	105	0,8	1,2	1,6
Vollziegel	Mz 250	105	1	1,6	2,2
Hochbauklinker Hochlochklinker	KMz 350 KHLz 350	105	–	2,2	3

11. Federn

Normen (Auswahl) und Richtlinien

DIN 2088	Zylindrische Schraubenfedern aus runden Drähten und Stäben, Berechnung und Konstruktion von Drehfedern (Schenkelfedern)
DIN 2089	Zylindrische Schraubenfedern aus runden Drähten und Stäben, Berechnung und Konstruktion von Druck- und Zugfedern
DIN 2090	Zylindrische Schraubendruckfedern aus Flachstahl, Berechnung
DIN 2091	Drehstabfedern, Berechnung und Konstruktion
DIN 2092	Tellerfedern, Berechnung
DIN 2093	Tellerfedern, Maße und Güteeigenschaften
DIN 2095	Zylindrische Druckfedern aus Runddraht, kaltgeformt
DIN 2097	Zylindrische Zugfedern aus Runddraht
VDI-Richtlinie 2005	Gestaltung und Anwendung von Gummifedern, VDI-Verlag GmbH, Düsseldorf

11.1. Federkennlinie, Federrate, Federarbeit, Eigenfrequenz

Federkennlinie, Federrate c, Federarbeit W_f (In DIN 2089, Entwurf, Jan. 79, wird die Federrate mit R bezeichnet)	Für *Zug-, Druck-* und *Biege*federn: $$c = \frac{F_2 - F_1}{f_2 - f_1} = \frac{\Delta F}{\Delta f} \text{ oder}$$ $$c = \frac{dF}{df}$$ $$c \triangleq \tan \alpha$$ $$W_f = \frac{F_1 + F_2}{2}\,\Delta f = \frac{c}{2}\,(f_2^2 - f_1^2)$$ 	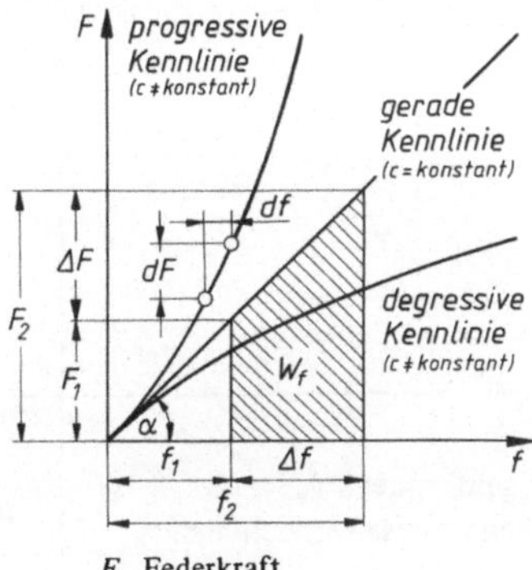

F	f	c	W_f
N	mm	$\dfrac{\text{N}}{\text{mm}}$	Nmm

F Federkraft
f Federweg

Für *Drehstabfedern:* $$c = \frac{M_2 - M_1}{\varphi_2 - \varphi_1} = \frac{\Delta M}{\Delta \varphi} \text{ oder}$$ $$c = \frac{dM}{d\varphi}$$ $$c \triangleq \tan \alpha$$ $$W_f = \frac{M_1 + M_2}{2}\,\Delta\varphi = \frac{c}{2}\,(\varphi_2^2 - \varphi_1^2)$$	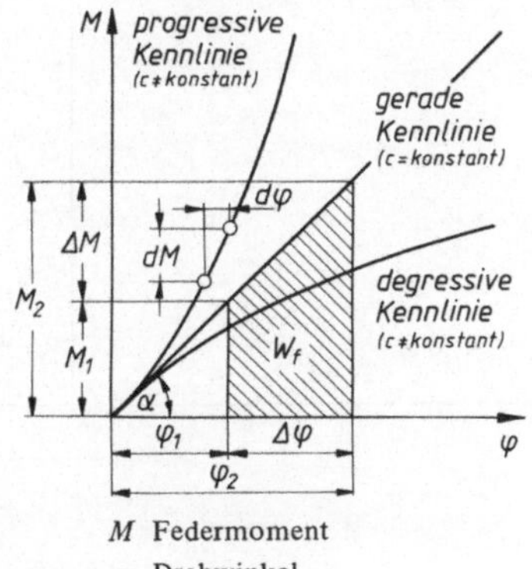

M	φ	c	W_f
Nmm	rad	$\dfrac{\text{Nmm}}{\text{rad}}$	Nmm

M Federmoment
φ Drehwinkel

Beachte: In den Gleichungen für Drehstabfedern steht das Federmoment M für die Federkraft F sowie der Drehwinkel φ für den Federweg f (Analogie: $M \triangleq F$, $\varphi \triangleq f$).

Federn

| 3 | Resultierende Federrate c_0 bei hintereinandergeschalteten Federn | Wegen $\quad F_0 = F_1 = F_2 = \ldots$
 und $\qquad f_0 = f_1 + f_2 + \ldots$

 wird

 $$\frac{1}{c_0} = \frac{1}{c_1} + \frac{1}{c_2} + \ldots$$
 Bei zwei Federn gilt:

 $$c_0 = \frac{c_1 c_2}{c_1 + c_2}$$ | 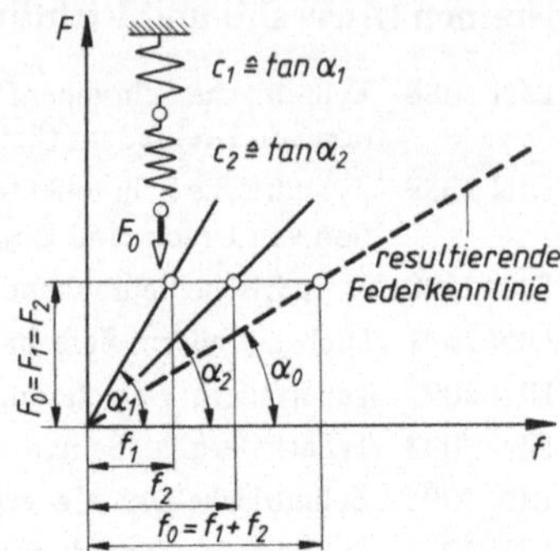 |

| 4 | Resultierende Federrate c_0 bei parallelgeschalteten Federn | Wegen $\quad F_0 = F_1 + F_2 + \ldots$
 und $\qquad f_0 = f_1 = f_2 = \ldots$

 wird

 $$c_0 = c_1 + c_2 + \ldots$$ | 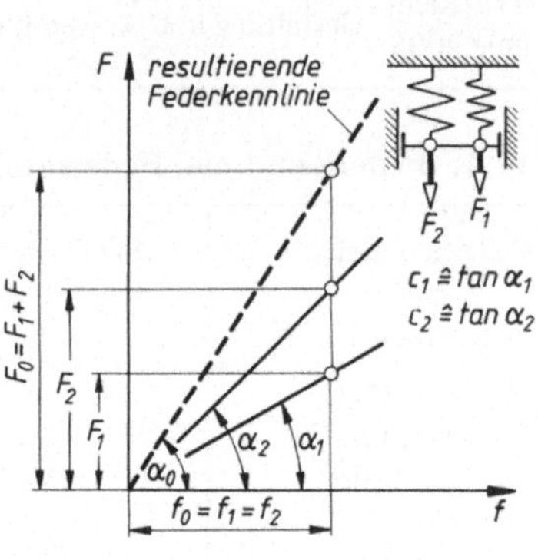 |

| 5 | Eigenfrequenz ν_e (Federmasse vernachlässigt) | $\nu_e = \dfrac{1}{2\pi}\sqrt{\dfrac{c}{m}}$ $\qquad$ $\nu_e = \dfrac{1}{2\pi}\sqrt{\dfrac{c_D}{J}}$ |

für Zug-, Druck- und Biegefedern $\qquad$ für Drehstabfedern

c, c_D	Federraten			
m	Masse des abgefederten Körpers			
J	Trägheitsmoment des Körpers, bezogen auf die Drehachse			

ν_e	c	c_D	m	J
$\dfrac{1}{s} = \mathrm{Hz}$	$\dfrac{\mathrm{N}}{\mathrm{m}}$	$\dfrac{\mathrm{Nm}}{\mathrm{rad}}$	kg	$\mathrm{kgm^2}$

Hz Hertz $\left(1\ \mathrm{Hz} = \frac{1}{s}\right)$

In der Gleichung für Drehstabfedern steht das Trägheitsmoment J für die Masse m (Analogie: $J \hat{=} m$).

11.2. Metallfedern

Wegen der umfangreichen und speziellen Berechnungsverfahren wurden die Tellerfedern nicht aufgenommen (siehe DIN 2092). Gummifedern siehe 11.3.

Größen und Einheiten

Spannung σ, τ in N/mm², Elastizitätsmodul E und Schubmodul G in N/mm² ($E_{\text{Stahl}} = 210\,000$ N/mm², $G_{\text{Stahl}} = 83\,000$ N/mm²), sonst siehe Band 1, 9.5, Federkraft (Federbelastung) F in N, Federmoment (Kraftmoment, Drehmoment) M in Nmm, Federrate c in N/mm (bei Drehstabfedern in Nmm/rad), Federarbeit W_f in Nmm, Widerstandsmoment W in mm³, Flächenmoment 2. Grades I in mm⁴, Federvolumen V in mm³, Federweg f in mm, Drehwinkel φ in rad, sämtliche Längenmaße in mm.

$\boxed{1}$

Rechteck-Blattfeder

$$\sigma_b = \frac{Fl}{W_x} = \frac{6\,Fl}{b\,h^2} \leqslant \sigma_{b\,\text{zul}} \qquad f = \frac{Fl^3}{3\,EI_x} = \frac{4\,Fl^3}{b\,h^3\,E} \qquad c = \frac{E\,b\,h^3}{4\,l^3}$$

$$f_{\max} = \frac{2\,l^2}{3\,h\,E}\,\sigma_{b\,\text{zul}} \qquad W_f = \frac{V\,\sigma_b^2}{18\,E}$$

$$V = b\,h\,l$$

Zulässige Biegespannung $\sigma_{b\,\text{zul}}$:

Bei *ruhender* Belastung $\sigma_{b\,\text{zul}} = 0,7\,R_m$ mit $R_m = 1300 \ldots 1500$ N/mm² für Federstahl (DIN 17 221).

Bei *schwingender* Belastung gilt das Dauerfestigkeits- oder Gestaltfestigkeitsschaubild (siehe Abschnitt 12). Dann muß sein:

$$\sigma_{b\,\text{zul}} \approx \sigma_m + 0,7\,\sigma_A \qquad\qquad \sigma_A \quad \text{Ausschlagfestigkeit}$$
$$\sigma_{a\,\text{vorh}} \leqslant 0,75\,\sigma_A \qquad\qquad \sigma_a \quad \text{Ausschlagspannung}$$

Anhaltswert für $\sigma_A = 50$ N/mm² für Federstahl.

$\boxed{2}$

Dreieck-Blattfeder

$$\sigma_b = \frac{Fl}{W_x} = \frac{6\,Fl}{b\,h^2} \leqslant \sigma_{b\,\text{zul}} \qquad f = \frac{Fl^3}{2\,EI_x} = \frac{6\,Fl^3}{b\,h^3\,E} \qquad c = \frac{b\,h^3\,E}{6\,l^3}$$

$\sigma_{b\,\text{zul}}$ wie in Nr. 1 $\qquad f_{\max} = \frac{l^2\,\sigma_{b\,\text{zul}}}{h\,E} \qquad\qquad W_f = \frac{V\,\sigma_b^2}{6\,E}$

$$V = \frac{1}{2}\,b\,h\,l$$

$\boxed{3}$

Trapez-Blattfeder

$$\sigma_b = \frac{Fl}{W_x} = \frac{6\,Fl}{b\,h^2} \leqslant \sigma_{b\,\text{zul}} \qquad f = K_{\text{Tr}}\,\frac{Fl^3}{3\,EI_x} = K_{\text{Tr}}\,\frac{4\,Fl^3}{b\,h^3\,E} \qquad c = \frac{b\,h^3\,E}{4\,K_{\text{Tr}}\,l^3}$$

$\sigma_{b\,\text{zul}}$ wie in Nr. 1 $\qquad f_{\max} = K_{\text{Tr}}\,\dfrac{2\,l^2\,\sigma_{b\,\text{zul}}}{3\,h\,E} \qquad W_f = \dfrac{K_{\text{Tr}}\,V\,\sigma_b^2}{9\left(1 + \dfrac{b'}{b}\right)E}$

Formfaktor K_{Tr} aus nachstehendem Schaubild $\qquad\qquad V = \dfrac{1}{2}\,b\,h\,l\left(1 + \dfrac{b'}{b}\right)$

Federern

4 **Geschichtete Blattfeder**

$$\sigma_b = \frac{Fl}{W_x} \leqslant \sigma_{b\,zul} \qquad f = K_{Tr}\,\frac{Fl^3}{3\,EI_x} = K_{Tr}\,\frac{4\,Fl^3}{zbh^3E} \qquad c = \frac{zbh^3E}{4\,K_{Tr}\,l^3}$$

$$\sigma_b = \frac{6\,Fl}{zbh^2} \leqslant \sigma_{b\,zul} \qquad f_{max} = K_{Tr}\,\frac{2\,l^2\,\sigma_{b\,zul}}{3\,hE} \qquad W_f = \frac{K_{Tr}\,V\,\sigma_b^2}{9\left(1+\frac{z'}{z}\right)E}$$

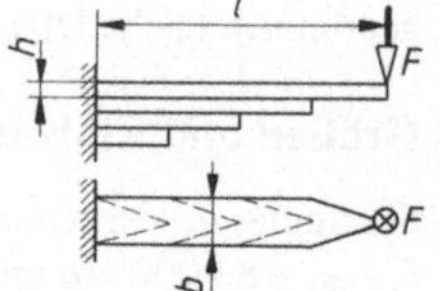

$\sigma_{b\,zul} = 600\ \text{N/mm}^2$ für Vorderfedern an Fahrzeugen
$\sigma_{b\,zul} = 750\ \text{N/mm}^2$ für Hinterfedern

$$V = \frac{1}{2}\,bhl\left(1+\frac{z'}{z}\right)$$

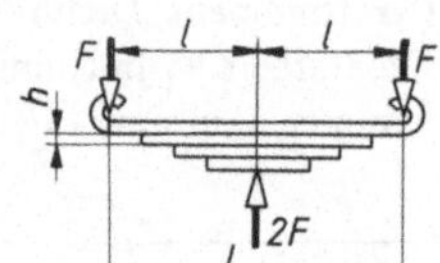

z Anzahl der Blätter
z' Anzahl der Blätter von der Länge L

Formfaktor K_{Tr} aus nachstehendem Schaubild

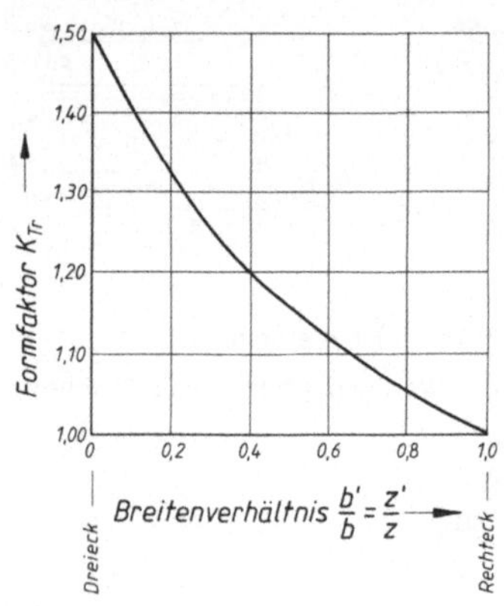

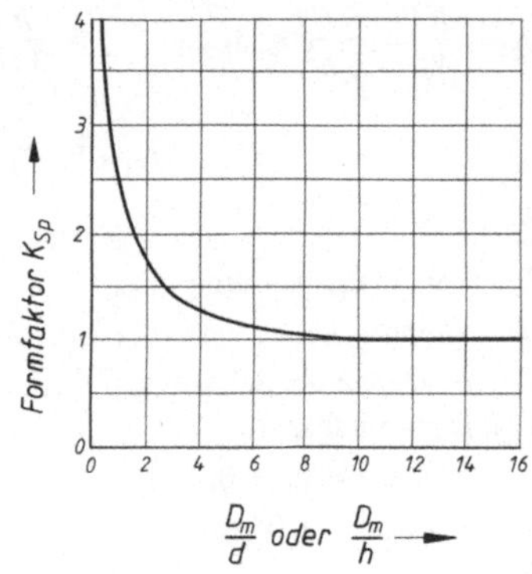

5

Spiralfeder

$$\sigma_b = 10\,K_{Sp}\,\frac{M}{d^3} \leqslant \sigma_{b\,zul} \qquad \varphi = \frac{Ml}{EI_x}\,;\ \ \varphi_{max} = \frac{2\,l\,\sigma_{b\,zul}}{dE} \qquad c = \frac{\pi d^4E}{64\,l}$$

für Kreisquerschnitt $\qquad\qquad\qquad\qquad\qquad\qquad W_f = \dfrac{V\,\sigma^2}{8\,E}$

$$\sigma_b = 6\,K_{Sp}\,\frac{M}{bh^2} \leqslant \sigma_{b\,zul} \qquad \varphi = \frac{Ml}{EI_x}\,;\ \ \varphi_{max} = \frac{2\,l\,\sigma_{b\,zul}}{hE} \qquad c = \frac{bh^3E}{12\,l}$$

für Rechteckquerschnitt $\qquad l = \dfrac{\pi\,(r_a^2 - r_i^2)}{(d\ \text{oder}\ h)+w} \qquad W_f = \dfrac{V\,\sigma^2}{6\,E}$

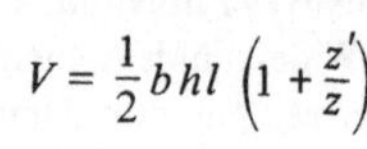

K_{Sp} aus vorstehendem Schaubild

Die zulässige Biegespannung $\sigma_{b\,zul}$ ist abhängig vom Drahtwerkstoff (patentiert-gezogener Federdraht) und vom Drahtdurchmesser.

Anhaltswerte:

Drahtdurchmesser d in mm	2	3	4	5	6	8	10
$\sigma_{b\,zul}$ in N/mm²	1200	1170	1130	980	920	860	800

Drehfeder (Schenkelfeder)

6

$$\sigma_b = 10\, K_{Sp}\, \frac{Fr}{d^3} \leqslant \sigma_{b\,zul} \qquad \varphi = \frac{Flr}{EI_x}; \qquad \varphi_{max} = \frac{2l\,\sigma_{b\,zul}}{(d \text{ oder } h)\,E}$$

Größen c und W_f wie in Nr. 5

$\sigma_{b\,zul}$ wie in Nr. 5

K_{Sp} aus Schaubild in Nr. 4

Bei *schwingender* Belastung ist der Beiwert k, Schaubild in $\boxed{9}$, zu berücksichtigen.

$$l = i_f\,\sqrt{(D_m\,\pi)^2 + s^2}$$

gestreckte Länge der Windungen

i_f Anzahl der federnden Windungen

s Windungssteigung

Entwurfsberechnung des Drahtdurchmessers d:

$$d = k_1\,\frac{\sqrt[3]{Fr}}{1-k_2}$$

d, r	F	k_1, k_2
mm	N	1

$$k_2 = 0,\!06\,\frac{\sqrt[3]{Fr}}{D_i}$$

$k_1 = 0,\!22$ für $d < 5$ mm

$k_1 = 0,\!24$ für $\geqslant 5$ mm

Drehstabfeder

7

$$\tau_{t\,max} = \frac{T}{W_p} = \frac{16\,T}{\pi d^3} \leqslant \tau_{t\,zul} \qquad \varphi = \frac{Tl}{GI_p} = \frac{32\,Tl}{\pi d^4 G} \qquad c = \frac{\pi d^4 G}{32\,l}$$

$$d \geqslant \sqrt[3]{\frac{16\,T}{\pi\,\tau_{t\,zul}}} \qquad\qquad \varphi_{max} = \frac{2l\,\tau_{t\,zul}}{dG} \qquad W_f = \frac{V\,\tau_t^2}{16\,G}$$

$$d \geqslant \frac{2\,l\,\tau_{t\,zul}}{\varphi G}$$

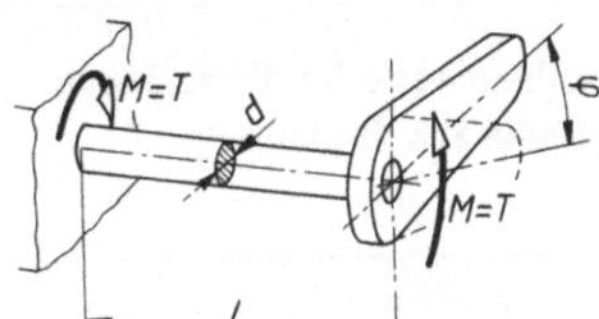

$\tau_{t\,zul}$ für 50 CrV4 ≈ 700 N/mm² für nichtgesetzte Stäbe, ≈ 1000 N/mm² für gesetzte Stäbe; $\tau_{t\,zul} = \pm 100\ldots200$ N/mm² für Dauerbeanspruchung bei geschliffener Oberfläche. Sonst: Gestaltfestigkeit $\tau_G \leqslant 700$ N/mm², Ausschlagfestigkeit $\tau_A \leqslant \pm 200$ N/mm², es muß sein: $\tau_m + \tau_A \leqslant \tau_G$ und $\tau_{a\,zul} \approx 0,\!75\,\tau_A$.

Ringfeder

8

$$\sigma = \frac{F}{\pi\,h_{am}\,b\,\tan(\beta + \rho)} \leqslant \sigma_{zul}$$

$$\sigma_{\text{Außenring}} = \frac{F}{\pi\,h_{am}\,b\,\tan(\beta + \rho)} = \frac{h_m}{h_{am}}\,\sigma \leqslant 800\,\frac{N}{mm^2}$$

$$\sigma_{\text{Innenring}} = \frac{h_m}{h_{im}}\,\sigma \leqslant 1200\,\frac{N}{mm^2}$$

$$f = \frac{LF}{b^2 E\,\pi\,\tan\beta\,\tan(\beta + \rho)}\left(\frac{D_a}{h_{am}} + \frac{D_i}{h_{im}}\right)$$

Für Belasten: $F_{bel} = F_{el}\,\dfrac{\tan(\beta + \rho)}{\tan\beta}$

F_{el} allein von der elastischen Verformung herrührende Federkraft

für Entlasten: $F_{entl} = F_{el}\,\dfrac{\tan(\beta - \rho)}{\tan\beta}$

$$F_{entl} \approx \tfrac{1}{3}\,F_{bel};\quad (\rho_{entl} \leqslant \rho_{bel})$$

$\rho \approx 9°$ für schwere Ringe,

$\rho \approx 7°$ für leichte Ringe,

$\beta \approx 14°,\ b \approx D_a/4$

$$h_m = \frac{1}{4}(D_a - D_i)$$

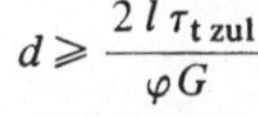

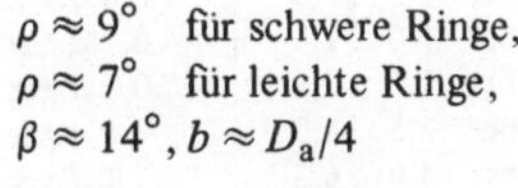

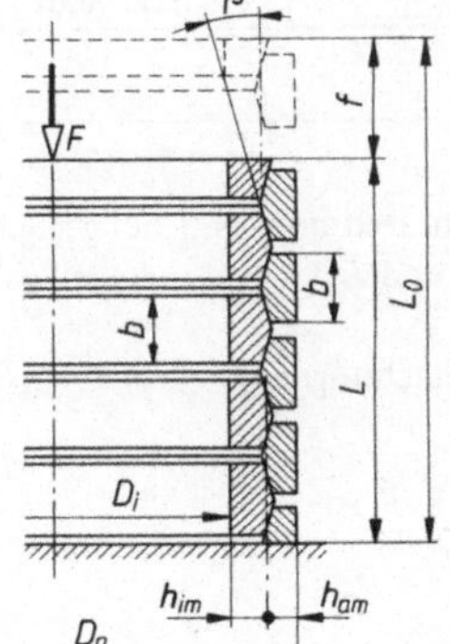

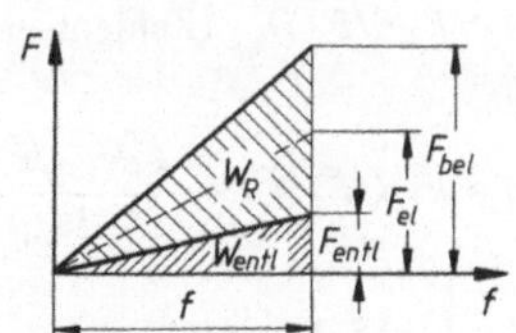

Federn

Zylindrische Schrauben-Druckfeder

$$\tau_i = \frac{8\,F D_m}{\pi\, d^3} = \frac{G d f}{\pi\, i_f D_m^2} \leqslant \tau_{i\,zul} \qquad\qquad F = \frac{d^4 f G}{8\, i_f D_m^3}$$

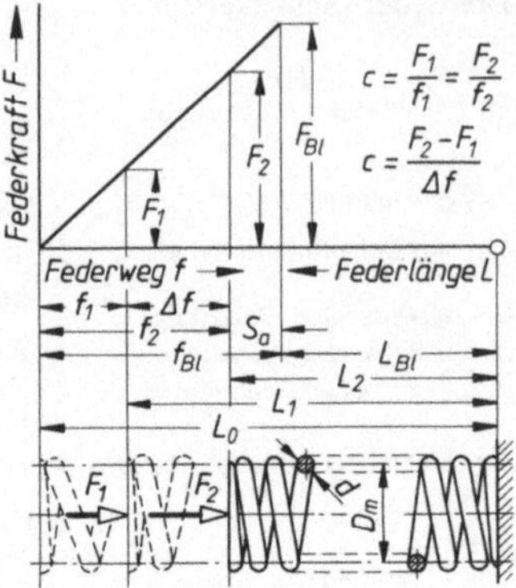

$$d \geqslant \sqrt[3]{\frac{8\,F D_m}{\pi\,\tau_{i\,zul}}}$$

G Schubmodul
$G_{Stahl} = 83\,000$ N/mm²
τ_i ideelle Schubspannung
i_f Anzahl der federnden Windungen

$$f = \frac{8\,D_m^3\, i_f\, F}{d^4 G} \qquad c = \frac{d^4 G}{8\, i_f D_m^3} \qquad i_f = \frac{1}{c} \cdot \frac{d^4 G}{8\, D_m^3} \qquad W_f = \frac{V\,\tau^2}{4\,G}$$

$$L_{Bl} = (i_f + 1{,}8)\,d = i_g\, d; \qquad i_g = i_f + 1{,}8$$
$$L_0 = L_{Bl} + S_a + f_2$$

i_g Gesamtzahl der Windungen
L_{Bl} Blocklänge
S_a Summe aller Windungsabstände

**Anhaltswerte für die zulässige
ideelle Schubspannung**

Drahtdurchmesser in mm	2	4	6	8	10
$\tau_{i\,zul}$ in N/mm²	900	750	670	620	570

Ermittlung der Summe der Mindestabstände S_a bei kaltgeformten Druckfedern
nach DIN 2095

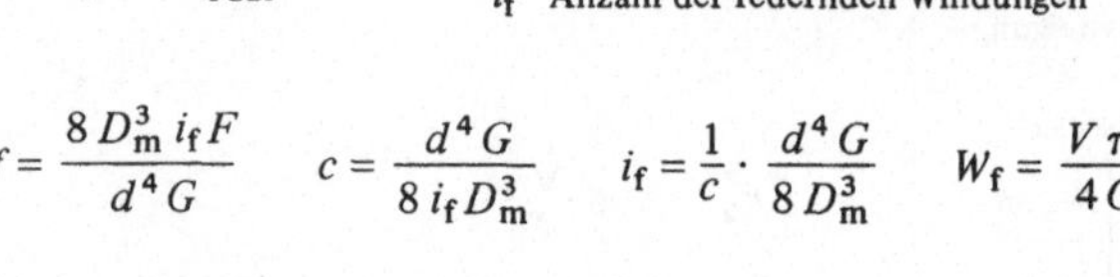

d mm	Berechnungsformel für S_a in mm	4 … 6	über 6 … 8	über 8 … 12	über 12
0,07 … 0,5	$0{,}5\,d + x\,d^2\,i_f$	0,50	0,75	1,00	1,50
über 0,5 … 1,0	$0{,}4\,d + x\,d^2\,i_f$	0,20	0,40	0,60	1,00
über 1,0 … 1,6	$0{,}3\,d + x\,d^2\,i_f$	0,05	0,15	0,25	0,40
über 1,6 … 2,5	$0{,}2\,d + x\,d^2\,i_f$	0,035	0,10	0,20	0,30
über 2,5 … 4,0	$1\,d + x\,d^2\,i_f$	0,02	0,04	0,06	0,10
über 4,0 … 6,3	$1\,d + x\,d^2\,i_f$	0,015	0,03	0,045	0,06
über 6,3 … 10	$1\,d + x\,d^2\,i_f$	0,01	0,02	0,030	0,04
über 10 … 17	$1\,d + x\,d^2\,i_f$	0,005	0,01	0,018	0,022

x-Werte in 1/mm bei Wickelverhältnis $w = \dfrac{D_m}{d}$

Entwurfsberechnung des Drahtdurchmessers d bei gegebener größter Federkraft F_2 und
geschätzten Durchmessern D_a und D_i:

$$d \approx k_1 \sqrt[3]{F_2\, D_a} \quad \text{(Zahlenwertgleichungen!)}$$

$$d \approx k_1 \sqrt[3]{F_2 D_i} + \frac{2\,(k_1 \sqrt[3]{F_2 D_i})^2}{3\,D_i}$$

d, D_a, D_i	F_2	k_1
mm	N	1

$k_1 = 0{,}15$ bei $d < 5$ mm $\qquad$ } für Federstahldraht C
$k_1 = 0{,}16$ bei $d = 5$ mm … 14 mm $\qquad$ (siehe Dauerfestigkeitsschaubild)

Die Gleichung $\tau_i = 8FD_m/\pi d^3$ berücksichtigt nicht die Spannungserhöhung durch die Drahtkrümmung. Bei *schwingender* Belastung der Feder wird diese Spannungserhöhung berücksichtigt. Es gilt dann:

$$\tau_{k1} = k\,\frac{8F_1 D_m}{\pi d^3} = k\,\frac{Gdf_1}{\pi i_f D_m^2} < \tau_{kO}$$

$$\tau_{k2} = k\,\frac{8F_2 D_m}{\pi d^3} = k\,\frac{Gdf_2}{\pi i_f D_m^2} < \tau_{kH} \qquad \Delta F = F_2 - F_1$$

k Beiwert nach nebenstehendem Schaubild in Abhängigkeit vom Wickelverhältnis. Kurve a für Schraubendruckfeder, Kurve b für Drehfedern

τ_{kO} Oberspannungsfestigkeit aus dem Dauerfestigkeitsschaubild für kaltgeformte Druckfedern aus Federstahldraht C

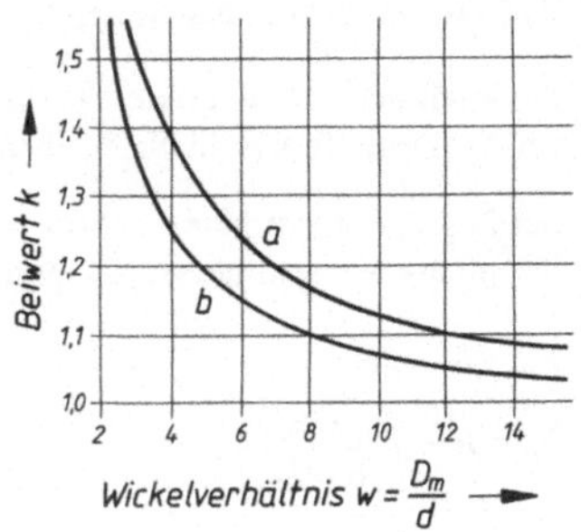

Zusätzliche Bedingungen:

Die Hubspannung τ_{kh} (berechnet mit dem Federhub $h = f_2 - f_1 = \Delta f$) darf die Dauerhubfestigkeit τ_{kH} (siehe Schaubild) nicht überschreiten:

$$\tau_{kh} = k\,\frac{Gdh}{\pi i_f D_m^2} < \tau_{kH} \qquad (h \text{ Federhub}) \qquad \text{oder}$$

$$\tau_{kh} = k\,\frac{8\Delta F D_m}{\pi d^3} < \tau_{kH} \qquad\qquad \Delta F = F_2 - F_1$$

Ebenso darf die größte Schubspannung τ_{k2} (berechnet mit dem Federweg f_2) die Oberspannungsfestigkeit τ_{kO} (siehe Schaubild) nicht überschreiten:

$$\tau_{k2} = k\,\frac{Gdf_2}{\pi i_f D_m^2} < \tau_{kO}$$

$$\tau_{k2} = k\,\frac{8F_2 D_m}{\pi d^3} < \tau_{kO}$$

Zur Überprüfung der Dauerhaltbarkeit bestimmt man aus dem Federweg f_1 oder nach

$$\tau_{k1} = k\,\frac{8F_1 D_m}{\pi d^3}$$

die Spannung τ_{k1}, setzt $\tau_{k1} = \tau_{kU}$ (Unterspannungsfestigkeit aus dem Schaubild) und liest τ_{kO} und τ_{kH} ab.

Sicherheit gegen Ausknicken ist ausreichend, wenn die geometrischen Größen im nebenstehenden Schaubild einen Schnittpunkt unterhalb der Kurven ergeben.

Kurve a: Federn mit geführten Einspannenden
Kurve b: Federn mit veränderlichen Auflagebedingungen

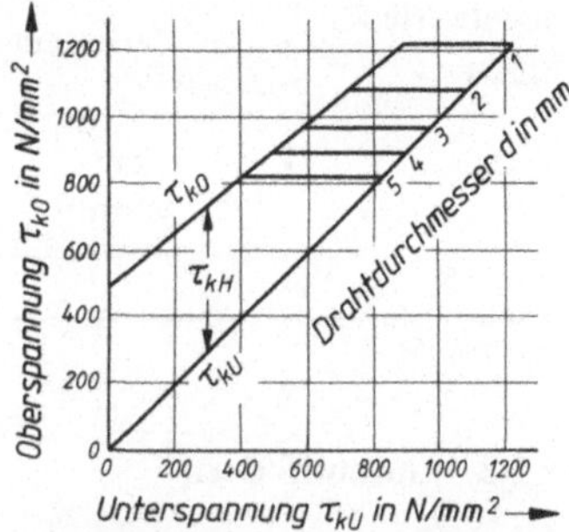

Dauerfestigkeitsschaubild für kaltgeformte Druckfedern aus Federstahldraht C

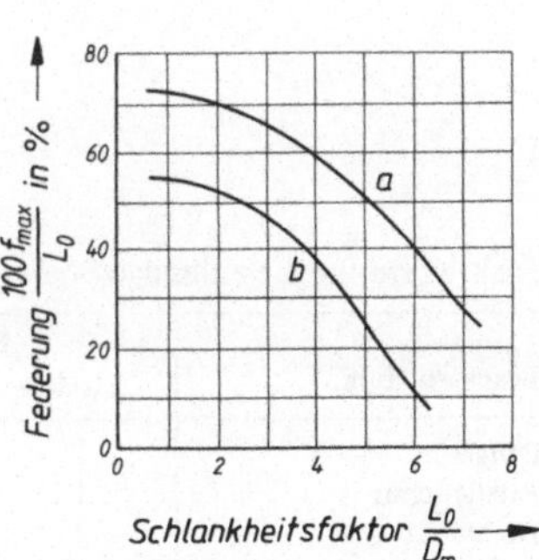

Federn

Zylindrische Schrauben-Zugfeder

Bei Zugfedern ohne innere Vorspannung gelten die Spannungs- und Formänderungsgleichungen wie bei Druckfedern in Nr. 9, ebenso die Anhaltswerte für $\tau_{i\,zul}$.

Bei Zugfedern mit innerer Vorspannkraft F_0 ist statt F die Differenz $F - F_0$ einzusetzen. Die innere Vorspannkraft F_0 ergibt sich aus

$$F_0 = F - fc$$

$$F_0 = F - f\,\frac{Gd^4}{8\,i_f D_m^3}$$

Damit wird nachgeprüft:

$$\tau_{i0} = \frac{8\,F_0 D_m}{\pi\,d^3} \leqslant \tau_{i0\,zul}$$

Richtwerte für $\tau_{i0\,zul}$

Herstellungsverfahren		Wickelverhältnis $w = D_m/d$	
		$w = 4 \ldots 10$	$w > 10 \ldots 15$
kalt-geformt	auf Wickelbank	$0{,}25 \cdot \tau_{i\,zul}$	$0{,}14 \cdot \tau_{i\,zul}$
	auf Automat	$0{,}14 \cdot \tau_{i\,zul}$	$0{,}07 \cdot \tau_{i\,zul}$

11.3. Gummifedern

Anmerkung zu Gummifedern:

Die prozentuale Dämpfung beträgt $d = (W_{fzu} - W_{fab}) \cdot 100/W_{fab}$ $= 6 \ldots 30\,\%$. Der E-Modul aus $E = 2\,G\,(1 + \mu) = 3\,G$ (mit $\mu = 0{,}5$) gilt nur für Federn, bei denen keine Behinderungen an den Befestigungsstellen durch Reibung oder chemische Bindung eintritt. Die Zerreißfestigkeit beträgt etwa $15\ \text{N/mm}^2$. Die Dauerfestigkeit ist abhängig von Beanspruchungsart, Gummiqualität, Herstellungsverfahren und Form. Allseitig eingeschlossener Gummi kann nicht federn (Formfaktor $k = \infty$). Zugbeanspruchung ist bei Gummi zu vermeiden.

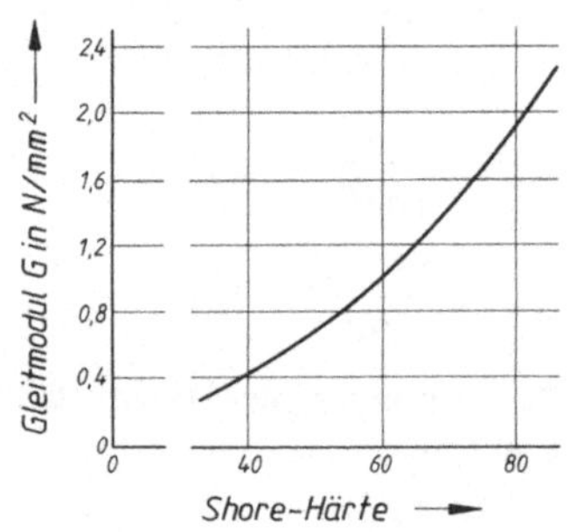

Richtwerte für die zulässige Spannung τ_{zul} in N/mm^2

Beanspruchung	Belastung	
	statisch	dynamisch
Druck	3	± 1
Parallelschub	1,5	$\pm 0{,}4$
Drehschub	2	$\pm 0{,}7$
Verdrehschub	1,5	$\pm 0{,}4$

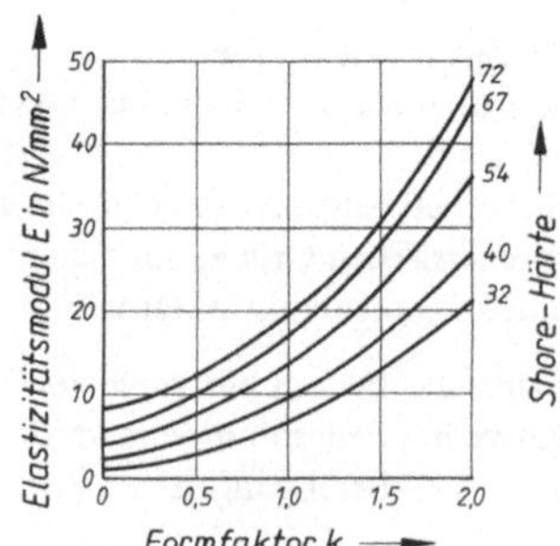

1

Beanspruchung: Druck

$$\sigma = \frac{F}{A} = \frac{fE}{h} \leqslant \sigma_{\text{zul}} \qquad f = \frac{Fh}{EA} \qquad F = \frac{fEA}{h} \qquad c = \frac{AE}{h}$$

$\sigma_G \leqslant 3 \text{ N/mm}^2$; $\sigma_A \leqslant \pm 1 \text{ N/mm}^2$; Gleichungen gelten für $f < 0,2\,h$

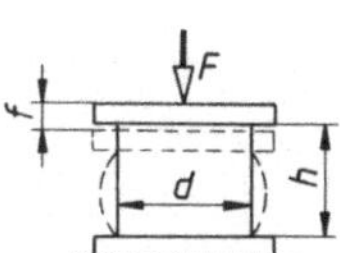

2

Beanspruchung der Scheibenfeder: Parallelschub

$$\tau = \gamma G = \frac{F}{A} = \frac{fG}{h} \leqslant \tau_{\text{zul}} \qquad f = \frac{Fh}{GA} \qquad F = \frac{fGA}{h} \qquad c = \frac{AG}{h}$$

bei kleinem γ ist: $\gamma = \frac{f}{h}$; sonst: aus $\tan\gamma = \frac{f}{h} = \tan\frac{F}{AG}$; $f = h\,\tan\frac{F}{AG}$

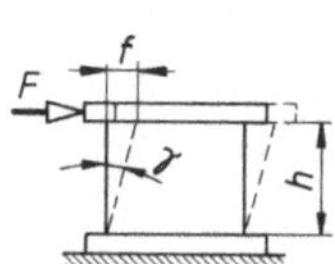

3

Beanspruchung der Hülsenfeder: Parallelschub

$$\tau = \gamma G = \frac{F}{A} = \frac{F}{2\pi rh} \leqslant \tau_{\text{zul}} \qquad f = \frac{F}{2\pi hG}\ln\frac{r_2}{r_1} \qquad c = \frac{F}{f} = \frac{2\pi hG}{\ln\dfrac{r_2}{r_1}}$$

$$\gamma = \frac{F}{2\pi rhG}$$

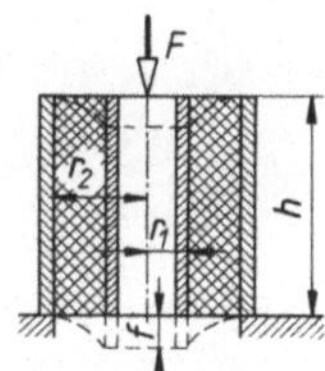

4

Beanspruchung der Hülsenfeder: Drehschub

$$\tau = \frac{M}{2\pi r^2 l} \leqslant \tau_{\text{zul}} \qquad \varphi = \frac{M}{4\pi lG}\left(\frac{1}{r_1^2} - \frac{1}{r_2^2}\right) \qquad c = \frac{M}{\varphi} = \frac{4\pi lG}{\left(\dfrac{1}{r_1^2}\right) - \left(\dfrac{1}{r_2^2}\right)}$$

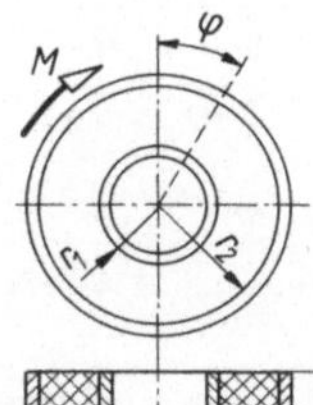

5

Beanspruchung der Scheibenfeder: Verdrehschub

$$\tau = \gamma G = \frac{\varphi r_2 G}{s} \leqslant \tau_{\text{zul}}$$

$$\gamma s \approx \varphi r$$

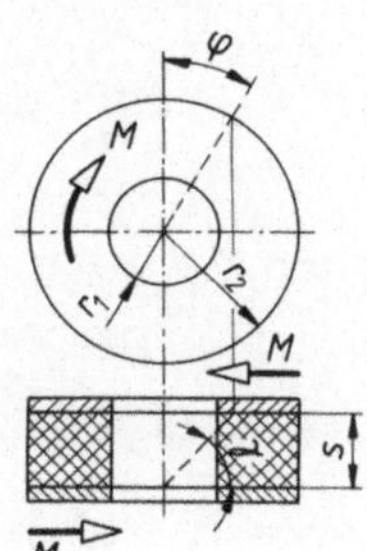

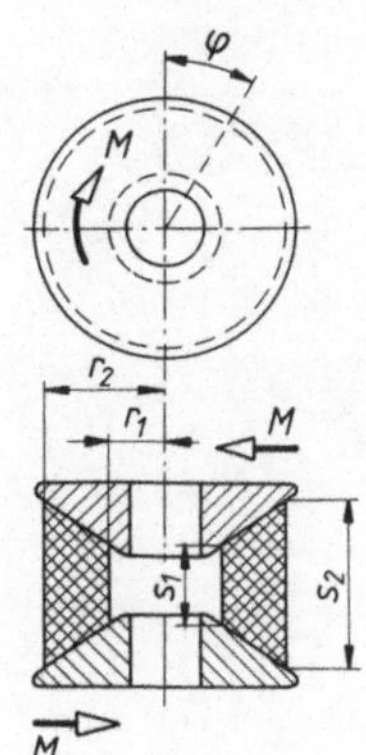

$$M = \frac{2\pi G\varphi}{4s}(4r_2^4 - r_1^4) \qquad\qquad M = \frac{2}{3}\pi G\varphi(r_2^3 - r_1^3)\frac{r_2}{s_2}$$

12. Festigkeit und zulässige Spannung

12.1. Dauerfestigkeit, Gestaltfestigkeit, zulässige Spannung, Sicherheit

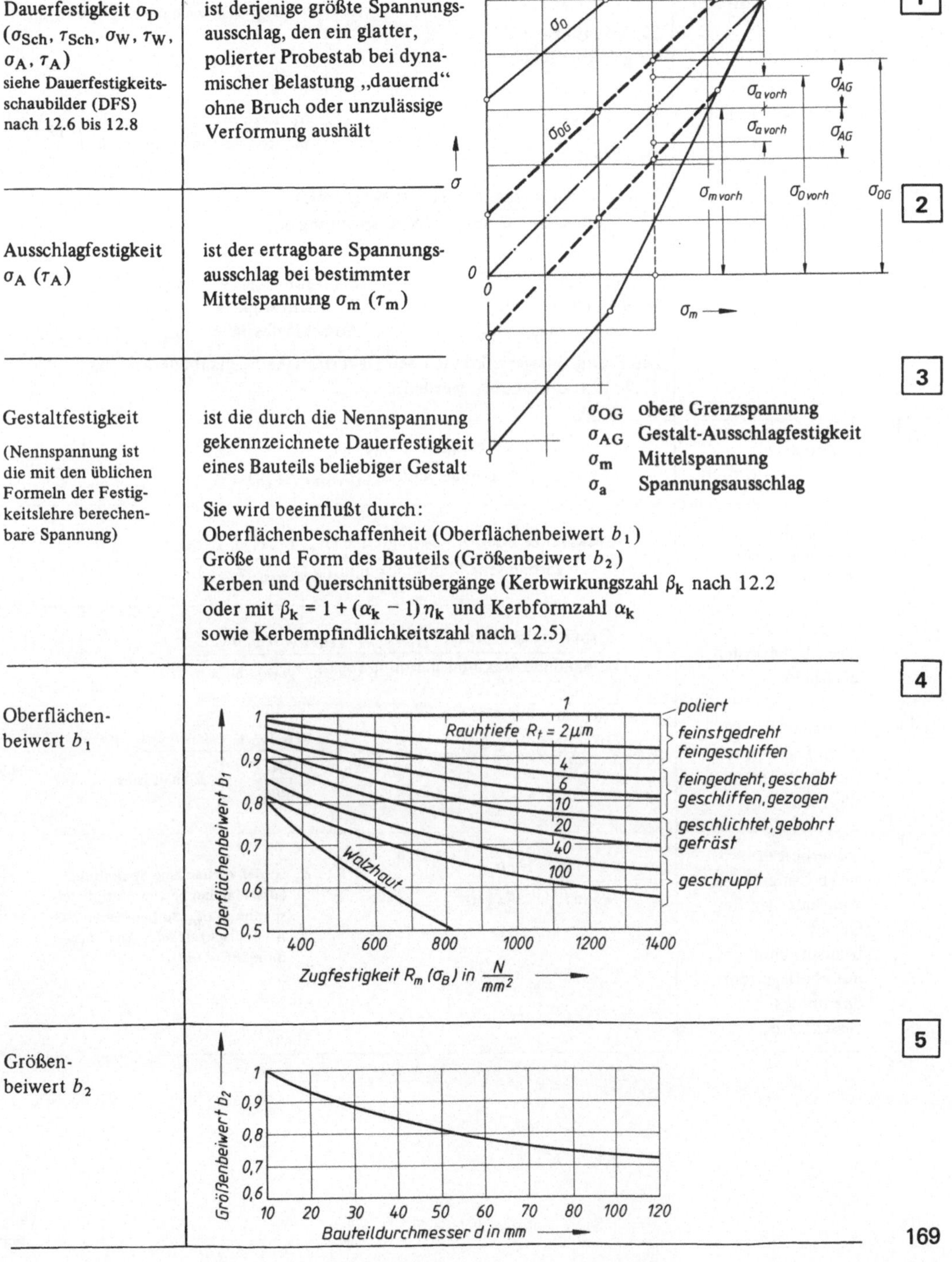

Dauerfestigkeit σ_D (σ_{Sch}, τ_{Sch}, σ_W, τ_W, σ_A, τ_A) siehe Dauerfestigkeitsschaubilder (DFS) nach 12.6 bis 12.8	ist derjenige größte Spannungsausschlag, den ein glatter, polierter Probestab bei dynamischer Belastung „dauernd" ohne Bruch oder unzulässige Verformung aushält	**1**
Ausschlagfestigkeit σ_A (τ_A)	ist der ertragbare Spannungsausschlag bei bestimmter Mittelspannung σ_m (τ_m)	**2**
Gestaltfestigkeit (Nennspannung ist die mit den üblichen Formeln der Festigkeitslehre berechenbare Spannung)	ist die durch die Nennspannung gekennzeichnete Dauerfestigkeit eines Bauteils beliebiger Gestalt	**3**

Sie wird beeinflußt durch:
Oberflächenbeschaffenheit (Oberflächenbeiwert b_1)
Größe und Form des Bauteils (Größenbeiwert b_2)
Kerben und Querschnittsübergänge (Kerbwirkungszahl β_k nach 12.2
oder mit $\beta_k = 1 + (\alpha_k - 1)\,\eta_k$ und Kerbformzahl α_k
sowie Kerbempfindlichkeitszahl nach 12.5)

σ_{OG} obere Grenzspannung
σ_{AG} Gestalt-Ausschlagfestigkeit
σ_m Mittelspannung
σ_a Spannungsausschlag

4

Oberflächenbeiwert b_1

5

Größenbeiwert b_2

Festigkeit und zulässige Spannung

6	zulässige Spannung bei dynamisch belasteten Bauteilen	$$\sigma_{zul} = \frac{\sigma_D\, b_1\, b_2}{\nu\, \beta_k}$$ Sicherheit $\nu = 1{,}2 \ldots 2$ für gekerbte Bauteile	σ_D steht für alle Dauerfestigkeitswerte: $\sigma_{Sch},\ \tau_{Sch},\ \sigma_W,\ \tau_W,\ \sigma_A,\ \tau_A$ σ_{zul} steht auch für τ_{zul} oder $\sigma_{a\,zul}$
7	Kerbwirkungszahl β_k (12.2)	$\beta_k = 1 + (\alpha_k - 1)\,\eta_k$ $\alpha_k > \beta_k > 1$	α_k Kerbformzahl η_k Kerbempfindlichkeitszahl $\Big\}$ 12.5
8	Sicherheit ν allgemein	$$\nu = \frac{\text{Grenzspannung (Festigkeitswert)}}{\text{vorhandene Spannung (Nennspannung } \sigma_n)}$$	
9	Grenzspannungen	Zugfestigkeit R_m Schwellfestigkeit $\sigma_{Sch},\ \tau_{Sch}$ Streckgrenze R_e Wechselfestigkeit $\sigma_W,\ \tau_W$ 0,2-Dehngrenze $R_{p0,2}$ Ausschlagfestigkeit $\sigma_A,\ \tau_A$ Die Festigkeitswerte können den Dauerfestigkeitsschaubildern 12.6, 12.7, 12.8 entnommen werden.	
10	Sicherheit ν gegen Gewaltbruch	$$\nu = \frac{\text{Bruchfestigkeit } (R_m,\ \tau_B)}{\text{vorhandene Maximalspannung } (\sigma_{vorh},\ \tau_{vorh})}$$	
11	Sicherheit ν gegen elastische Verformung	$$\nu = \frac{\text{Streckgrenze oder 0,2-Dehngrenze } (R_e,\ \tau_S,\ R_{p0,2},\ \tau_{0,2})}{\text{vorhandene Maximalspannung } (\sigma_{vorh},\ \tau_{vorh})}$$	
12	Sicherheit ν gegen Dauerbruch, allgemein	$$\nu = \frac{\text{Dauerfestigkeit } (\sigma_D,\ \tau_D,\ \sigma_{Sch},\ \tau_{Sch},\ \sigma_W,\ \tau_W,\ \sigma_A,\ \tau_A)}{\text{vorhandene Maximalspannung } (\sigma_{vorh},\ \tau_{vorh},\ \sigma_a,\ \tau_a)}$$	
13	Sicherheit ν gegen Dauerbruch von Bauteilen, allgemein	$$\nu = \frac{\sigma_D\, b_1\, b_2}{\sigma_{vorh}\, \beta_k}$$	$\begin{array}{c\|c} \sigma_D,\ \sigma_{vorh} & b_1,\ b_2,\ \beta_k,\ \nu \\ \hline \dfrac{N}{mm^2} & \text{Einheit Eins} \end{array}$
14	Sicherheit ν gegen Dauerbruch von Bauteilen bei Grundbeanspruchung σ_m mit überlagertem Spannungsausschlag σ_a	$$\nu = \frac{\sigma_A\, b_1\, b_2}{\sigma_{a\,vorh}\, \beta_k} = \frac{\sigma_{AG}}{\sigma_{a\,vorh}}$$	σ_a ist der vorhandene Spannungsausschlag bei bestimmter Mittelspannung σ_m, zu berechnen aus Ausschlagkraft oder Ausschlagmoment

12.2. Richtwerte für die Kerbwirkungszahl β_k

Kerbform	Beanspruchung	Werkstoff	β_k
Hinterdrehung in Welle (Rundkerbe)	Biegung	St 37 ... 60	1,5 ... 2,2
Hinterdrehung in Welle (Rundkerbe)	Verdrehung	St 37 ... 60	1,3 ... 1,8
Eindrehung für Sg-Ring in Welle	Biegung und Verdrehung	St 37 ... 60	2,5 ... 3
abgesetzte Welle (Lagerzapfen)	Biegung	St 37 ... 60	1,5 ... 2,0
abgesetzte Welle (Lagerzapfen)	Verdrehung	St 37 ... 60	1,3 ... 1,8
Paßfeder – Nut in Welle	Biegung	St 37 ... 60	1,5
Paßfeder – Nut in Welle	Biegung	Cr-Ni-St	1,8
Paßfeder – Nut in Welle	Verdrehung	St 37 ... 60	1,6
Paßfeder – Nut in Welle	Verdrehung	Cr-Ni-St	1,8
Querbohrung in Achse (Schmierloch)	Biegung und Verdrehung	St 37 ... 60	1,4 ... 1,7
Flachstab mit Bohrung	Zug	St 37	1,6 ... 1,8
Flachstab mit Bohrung	Biegung	St 37	1,3 ... 1,5
Welle an Übergangsstelle zu festsitzender Nabe	Biegung und Verdrehung	St 37 ... 60	2

12.3. Festigkeitswerte in N/mm² für verschiedene Stahlsorten

Werkstoff	Elastizitätsmodul E	$R_m{}^{1)}$	$R_e{}^{1)}$ $R_{p0,2}$	$\sigma_{z\text{Sch}}$	$\sigma_{z\,W}$	$\sigma_{b\,\text{Sch}}$	$\sigma_{b\,W}$	$\tau_{t\text{Sch}}$	$\tau_{t\text{W}}$	Schubmodul G
St 37	210 000	370	240	240	175	340	200	170	140	80 000
St 42	210 000	420	260	260	190	360	220	180	150	80 000
St 50	210 000	500	300	300	230	420	260	210	180	80 000
St 52	210 000	520	320	320	240	430	280	220	190	80 000
St 60	210 000	600	340	340	270	470	300	230	210	80 000
St 70	210 000	700	370	370	320	520	340	260	240	80 000
50 Cr Mo 4	210 000	–	900	860	500	940	540	630	370	80 000
20 Mn Cr 5	210 000	–	700	700	540	980	600	490	340	80 000
Al Cu Mg	72 000	420	280	190	110	270	150	130	90	28 000

[1]) Neue Bezeichnungen: R_m für σ_{zB}, R_e für σ_S, $R_{p0,2}$ für $\sigma_{0,2}$

12.4. Festigkeitswerte in N/mm² für verschiedene Graugußsorten [1])

Werkstoff	Elastizitätsmodul E	R_m	σ_{bB}	σ_{dB}	σ_{zW}	σ_{bW}	τ_{tW}	$\sigma_{d\text{Sch}}$	Schubmodul G
GG 12	75 000	120	250	550	30	50	40	140	30 000
GG 14	80 000	140	280	650	40	60	50	170	35 000
GG 18	100 000	180	340	800	50	80	70	200	40 000
GG 22	120 000	220	400	950	60	100	80	240	49 000
GG 26	120 000	260	460	1100	70	120	90	280	50 000
GG 30	120 000	300	480	1200	80	140	100	320	60 000
GTW 35	170 000	350	–	$R_{p0,2} = 190$	100	140	120	250	68 000
GTS 35	170 000	350	–		80	120	100	200	68 000

[1]) Für 15 bis 30 mm Wanddicke; für 8 bis 15 mm 10 % höher, für > 30 mm 10 % niedriger; Dauerfestigkeitswerte im bearbeiteten Zustand; für Gußhaut 20 % Abzug.

Festigkeit und zulässige Spannung

12.5. Formzahlen α_k und Kerbempfindlichkeitszahlen η_k

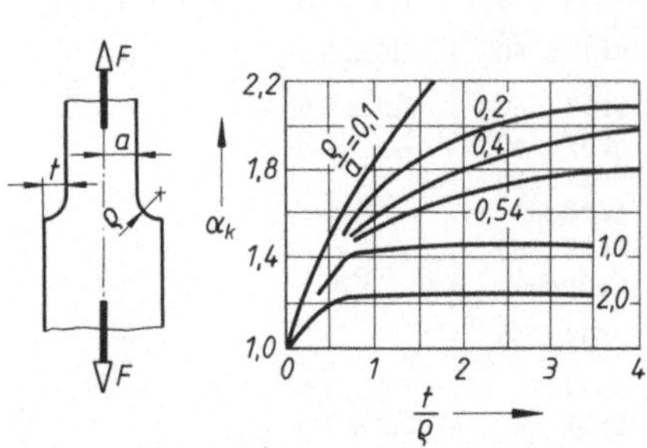

Formzahlen α_k zugbeanspruchter Flachstäbe mit Hohlkehlen in Abhängigkeit von der Kerbschärfe t/ρ

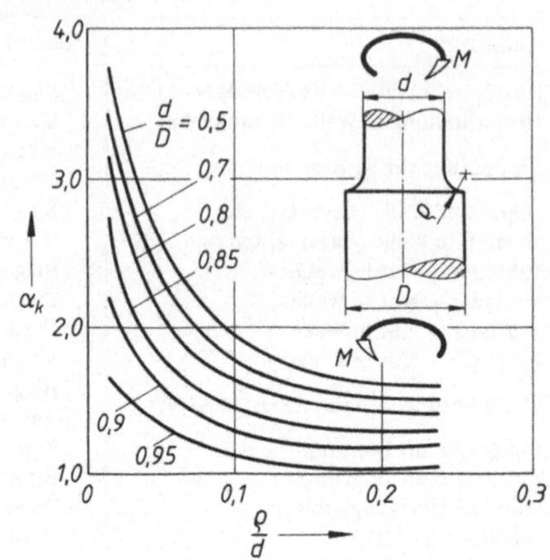

Formzahlen α_k für abgesetzte Wellen bei Torsion

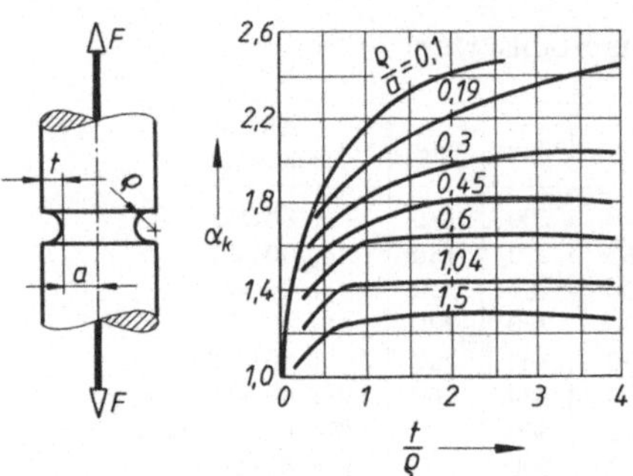

Formzahlen α_k zugbeanspruchter Rundstäbe mit Umlaufkerbe in Abhängigkeit von der Kerbschärfe t/ρ

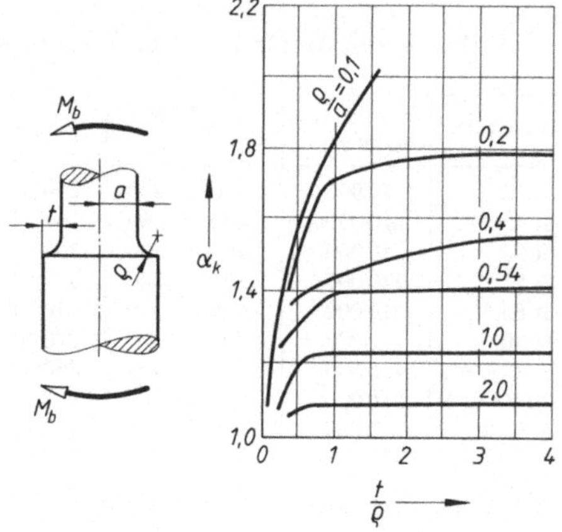

Formzahlen α_k für abgesetzte Wellen bei Biegung

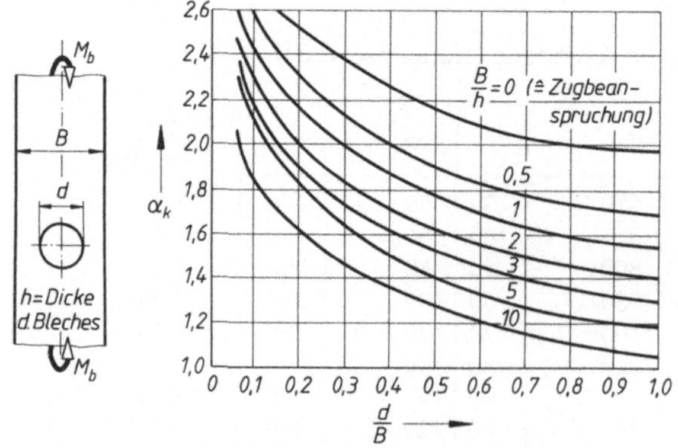

Formzahlen α_k biegebeanspruchter Flachstäbe, quergebohrt, in Abhängigkeit vom Bohrungsverhältnis d/B ($B/h = 0$ entspricht der Zugbeanspruchung)

Kerbempfindlichkeitszahlen η_k

Werkstoff	η_k
St 37	0,3...0,5
St 50	0,35...0,6
St 60	0,4...0,6
St 70	0,55...0,65
30 Cr 4	0,55
25 CrMo 4	0,85
30 CrNiMo 8	0,93
Federstahl	0,90...1,00
GG-26	0,20
Leichtmetalle	0,3...0,7

12.6. Zug-Druck-Dauerfestigkeitsschaubilder für verschiedene Werkstoffe

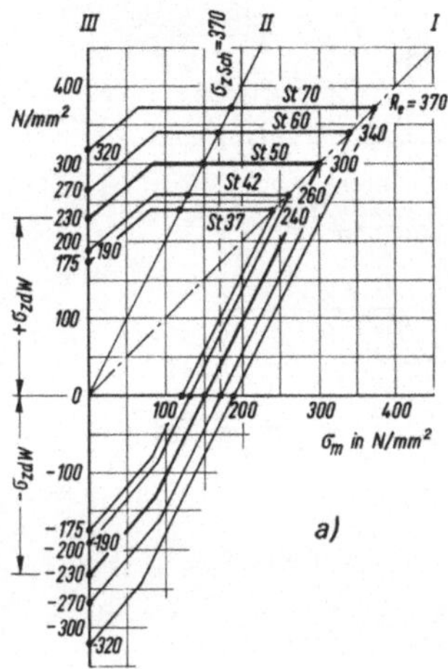

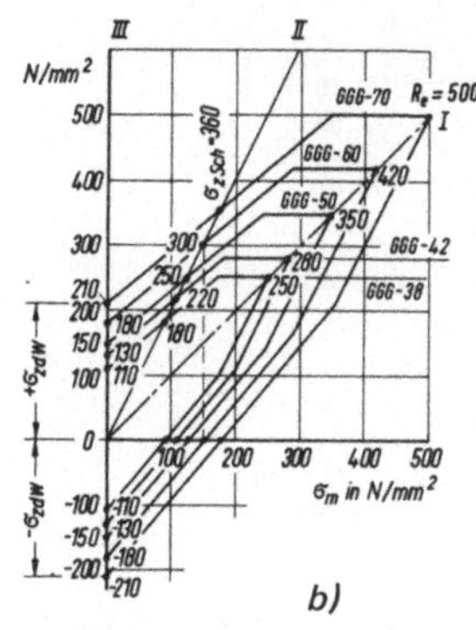

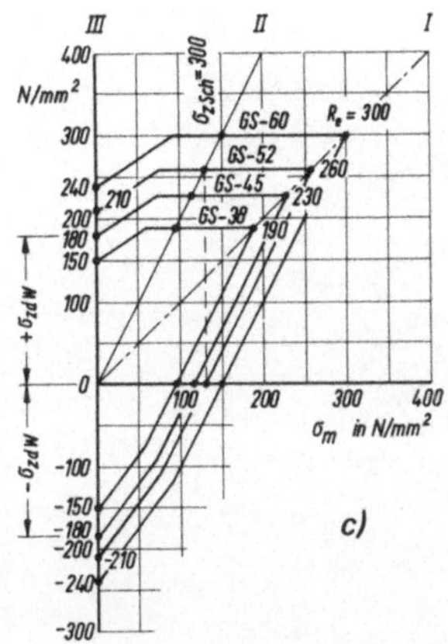

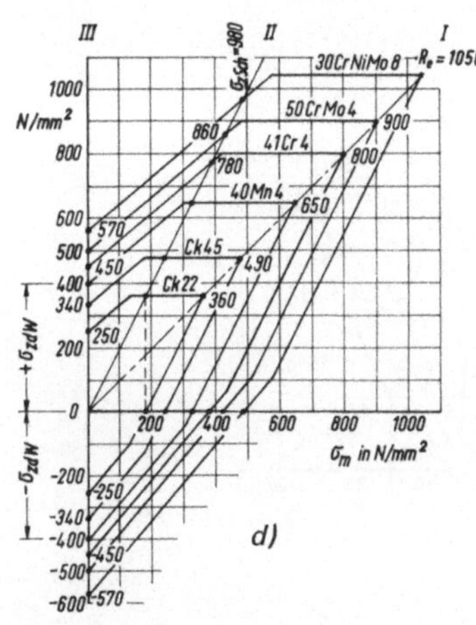

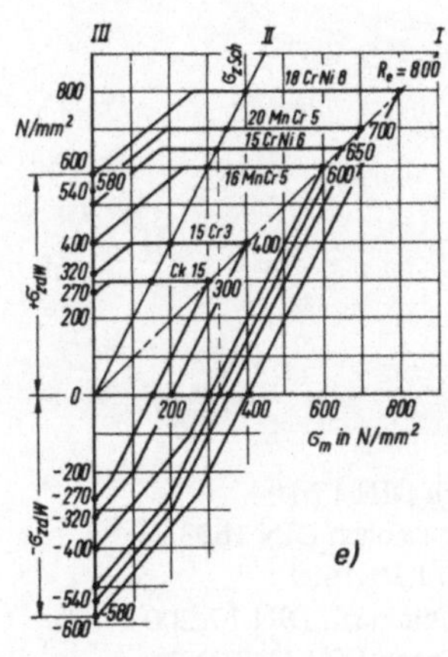

a) Baustähle nach DIN 17 100
b) Kugelgraphitguß nach DIN 1693
c) Stahlguß nach DIN 1681
d) Vergütungsstähle nach DIN 17 200
e) Einsatzstähle nach DIN 17 210

Festigkeit und zulässige Spannung

12.7. Biege-Dauerfestigkeitsschaubilder für verschiedene Werkstoffe

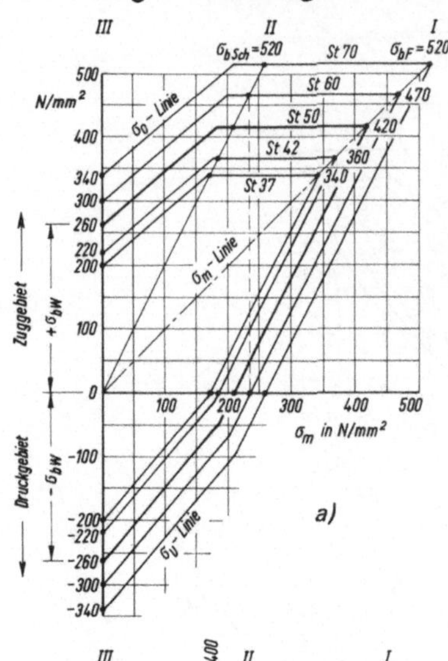

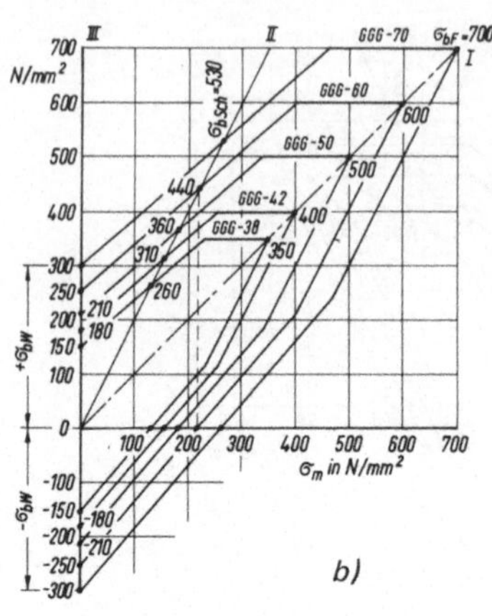

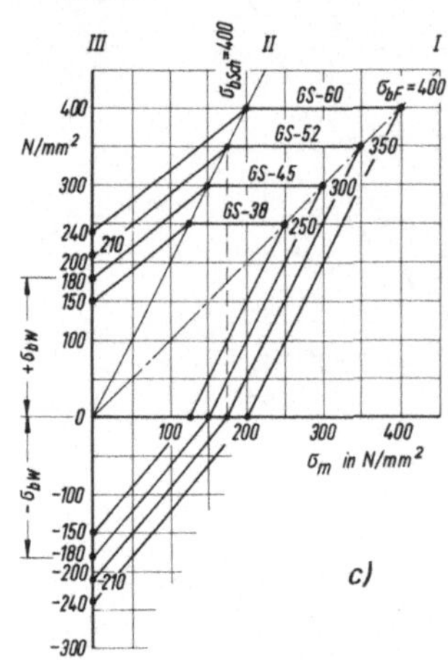

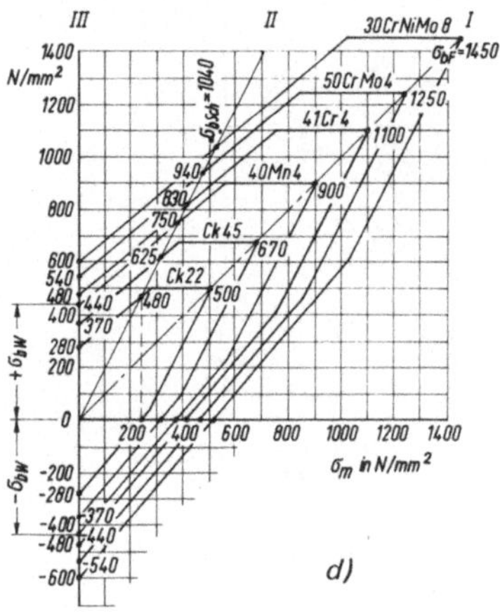

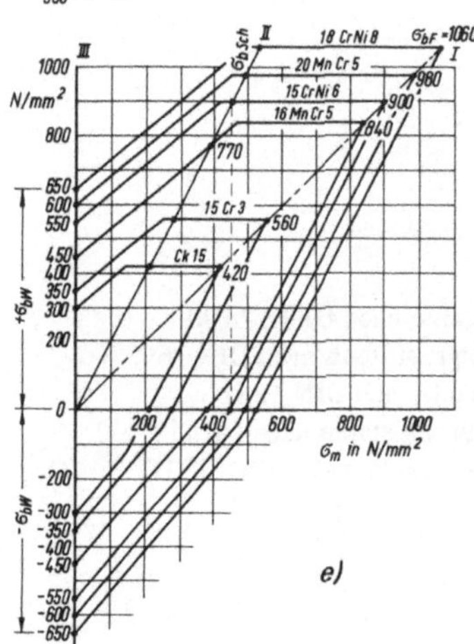

a) Baustähle nach DIN 17 100
b) Kugelgraphitguß nach DIN 1693
c) Stahlguß nach DIN 1681
d) Vergütungsstähle nach DIN 17 200
e) Einsatzstähle nach DIN 17 210

12.8. Torsions-Dauerfestigkeitsschaubilder für verschiedene Werkstoffe

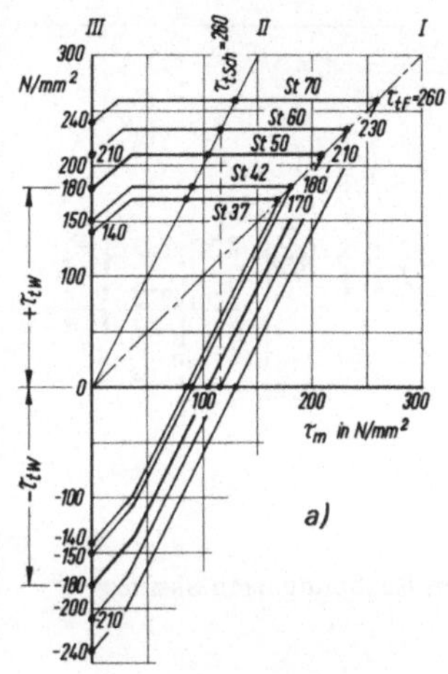

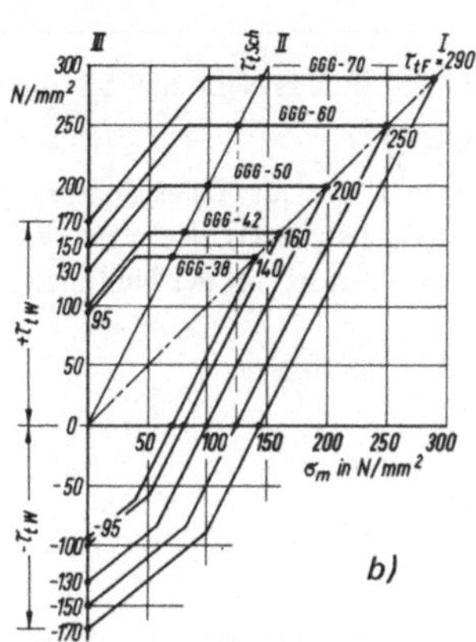

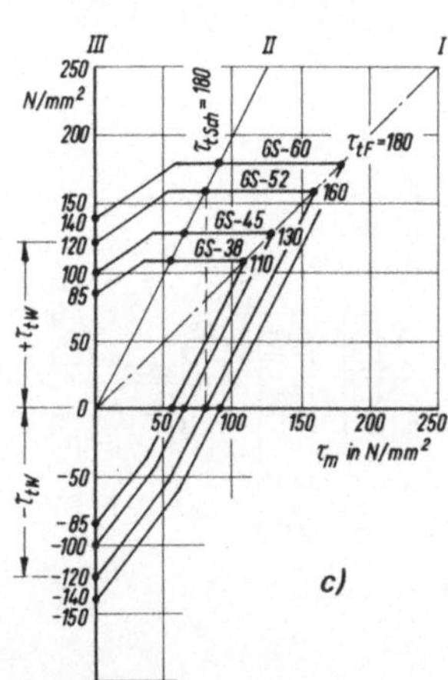

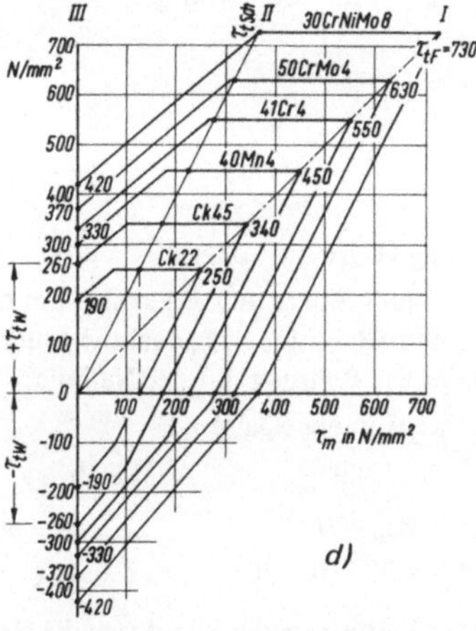

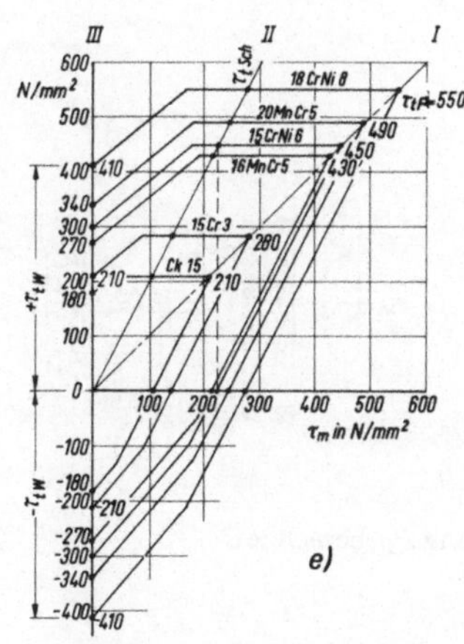

a) Baustähle nach DIN 17 100
b) Kugelgraphitguß nach DIN 1693
c) Stahlguß nach DIN 1681
d) Vergütungsstähle nach DIN 17 200
e) Einsatzstähle nach DIN 17 210

Toleranzen und Passungen

Beispiel für Toleranzen und Passungen

Beispiel : Passungen für das Nennmaß 55 mm (sämtliche Werte in μm)

a) Spielpassung H8/f7

Man geht von einer Skizze aus. Da es sich um das Paßsystem Einheitsbohrung handelt (Buchstabe H), deckt sich die untere Begrenzung des
Toleranzfeldes der Bohrung mit der Nullinie.

In Tafel 1.8 steht in der Spalte

für H8:

für f7:

$A_{oI} = +46;\quad A_{uI} = 0$

$A_{oA} = -30;\quad A_{uA} = -60$

$T = A_{oI} - A_{uI} = 46 - 0 = 46$

$T = A_{oA} - A_{uA} = -30 - (-60) = 30$

Höchstpassung P_o und Mindestpassung P_u erhält man mit der folgenden Rechnung nach Skizze:

$P_o = A_{oI} + A_{uA} = 46 + 60 = 106$

$P_u = A_{oA} = 30$

b) Preßpassung H7/r6

Man geht von einer Skizze aus. Da es sich um das Paßsystem Einheitsbohrung handelt (Buchstabe H), deckt sich die untere Begrenzung des
Toleranzfeldes der Bohrung mit der Nullinie.

In Tafel 1.8 steht in der Spalte

für H7:

für r6:

$A_{oI} = +30;\quad A_{uI} = 0$

$A_{oA} = +60;\quad A_{uA} = +41$

$T = A_{oI} - A_{uI} = 30 - 0 = 30$

$T = A_{oA} - A_{uA} = +60 - (+41) = 19$

Übermaß $P_ü$ erhält man auch hier durch die Rechnung nach Skizze:

$P_o = A_{uI} - A_{oA} = 0 - 60 = -60$

$P_u = A_{oI} - A_{uA} = 30 - 41 = -11$

c) Übergangspassung H7/j6

Man geht von einer Skizze aus. Da es sich um das System Einheitsbohrung handelt (Buchstabe H), deckt sich die untere Begrenzung
des Toleranzfeldes der Bohrung mit der Nullinie.

In Tafel 1.8 steht in der Spalte

für H7:

für j6:

$A_{oI} = +30;\quad A_{uI} = 0$

$A_{oA} = +12;\quad A_{uA} = -7$

$T = A_{oI} - A_{uI} = 30 - 0 = 30$

$T = A_{oA} - A_{uA} = +12 - (-7) = 19$

Mit Hilfe der Skizze wird die Höchstpassung P_o und die Mindestpassung P_u berechnet:

$P_o = A_{oI} + A_{uA} = 30 - (-7) = 37$ (positive Passung, Spiel)

$P_u = A_{uI} - A_{oA} = 0 - 12 = -12$ (negative Passung, Übermaß)

Berechnungsbeispiele für Schraubenverbindungen

Beispiel 1: Die beiden Platten einer dynamisch axial belasteten, vorgespannten Schraubenverbindung sollen mit Durchsteckschrauben verbunden werden (Schaftschrauben mit metrischem ISO-Regelgewinde).

Gegeben: axiale Betriebskraft $\qquad\quad F_{A\,max} = 15\,000\;\text{N} = F_A$

$\qquad\qquad\qquad\qquad\qquad\qquad\qquad\; F_{A\,min} = 0$

Mindestklemmkraft $\qquad\quad F_{K\,erf} = 1000\;\text{N}$

Belastungsart $\qquad\qquad\qquad$ dynamisch

Krafteinleitungsfaktor $\qquad\; n = 0{,}5$

Festigkeitsklasse $\qquad\qquad$ 8.8

Werkstoff der Platten $\qquad\;$ St 50

Klemmlänge $\qquad\qquad\qquad l_K = 60\;\text{mm}$

Anziehen der Schrauben von Hand mit Drehmomentenschlüssel

Gesucht: Alle wichtigen Größen der vorgespannten Schraubenverbindung bei axial wirkender Betriebskraft F_A und Querkraft $F_Q = 0$.

Lösung: *1. Erforderlicher Spannungsquerschnitt $A_{S\,erf}$ und Schraubendurchmesser d*

$$A_{S\,erf} \geqslant \frac{\alpha_A\,(F_{K\,erf} + F_A)}{\nu\,R_{p0{,}2}}$$

$\qquad\qquad\qquad\qquad\qquad\quad \alpha_A = 1{,}6$ gewählt nach 2.10

$\qquad\qquad\qquad\qquad\qquad\quad F_A = 15\,000\;\text{N}$ (gegebene Größe)

$\qquad\qquad\qquad\qquad\qquad F_{K\,erf} = 1\,000\;\text{N}$ (gegebene Größe)

$\qquad\qquad\qquad\qquad\qquad\qquad \nu = 0{,}6$ angenommen

$\qquad\qquad\qquad\qquad\qquad R_{p0{,}2} = 660\;\text{N/mm}^2$ nach 2.9

$$A_{S\,erf} \geqslant \frac{1{,}6 \cdot (1000 + 15\,000)\,\text{N}}{0{,}6 \cdot 660\;\dfrac{\text{N}}{\text{mm}^2}} = 64{,}6\;\text{mm}^2$$

Nach 2.18 wird das Gewinde M12 gewählt mit $A_S = 84{,}3\;\text{mm}^2 > A_{S\,erf} = 64{,}6\;\text{mm}^2$.

2. Federsteifigkeit C_S der Schraube

$$C_S = \frac{E_S}{\dfrac{l_1}{A} + \dfrac{l_2}{A_S} + 2 \cdot \dfrac{l_3}{A_S}}$$

Für die Schraubenlänge wird $l = 80\;\text{mm}$ festgelegt. Mit den Angaben in 2.13 ergeben sich die Teillängen:

$l_1 = l - b = (80 - 30)\,\text{mm} = 50\;\text{mm}$

$l_2 = l_K - (l - b) = l_K - l_1 = (60 - 50)\,\text{mm} = 10\;\text{mm}$

$l_3 = 0{,}4 \cdot d = 0{,}4 \cdot 12\;\text{mm} = 4{,}8\;\text{mm}$

$E_S = 2{,}1 \cdot 10^5\;\text{N/mm}^2$ nach 2.16

A und A_S nach 2.18

$$C_S = \frac{2{,}1 \cdot 10^5\;\dfrac{\text{N}}{\text{mm}^2}}{\dfrac{50\;\text{mm}}{113\;\text{mm}^2} + \dfrac{10\;\text{mm}}{84{,}3\;\text{mm}^2} + 2 \cdot \dfrac{0{,}4 \cdot 12\;\text{mm}}{84{,}3\;\text{mm}^2}} = 3{,}11 \cdot 10^5\;\frac{\text{N}}{\text{mm}}$$

Zur Kontrolle wird mit der Überschlagsformel nach 2.4, Nr. 3 nachgerechnet:

$$C_S = \frac{E_S\,A_S}{l_K} = \frac{2{,}1 \cdot 10^5\;\dfrac{\text{N}}{\text{mm}^2} \cdot 84{,}3\;\text{mm}^2}{60\;\text{mm}} = 2{,}95 \cdot 10^5\;\frac{\text{N}}{\text{mm}}$$

Es liegt also annähernde Übereinstimmung vor.

Die Nachgiebigkeit δ_S der Schraube, mit der ebenfalls gerechnet werden kann, ist der Kehrwert der Federsteifigkeit C_S, also

$$\delta_S = \frac{1}{C_S} = \frac{1}{3{,}11 \cdot 10^5\;\dfrac{\text{N}}{\text{mm}}} = 0{,}32 \cdot 10^{-5}\;\frac{\text{mm}}{\text{N}}$$

Schraubenverbindungen

3. Querschnitt A_{ers} des Ersatz-Hohlzylinders

$$A_{ers} = \frac{\pi}{4}\left[\left(d_a + \frac{l_K}{a}\right)^2 - D_B^2\right]$$

d_a = 19 mm nach 2.13
l_K = 60 mm (gegebene Größe)
a = 10 für Stahl
D_B = 13,5 mm nach 2.13

$$A_{ers} = \frac{\pi}{4}\left[\left(19\text{ mm} + \frac{60\text{ mm}}{10}\right)^2 - 13{,}5^2\text{ mm}^2\right] = 348\text{ mm}^2$$

4. Federsteifigkeit C_P der verspannten Teile (Platten)

$$C_P = \frac{E_P A_{ers}}{l_K}$$

E_P = E_{Stahl} = $2{,}1 \cdot 10^5$ N/mm^2
A_{ers} = 348 mm^2
l_K = 60 mm (gegebene Größe)

$$C_P = \frac{2{,}1 \cdot 10^5\,\dfrac{N}{mm^2} \cdot 348\text{ mm}^2}{60\text{ mm}} = 12{,}2 \cdot 10^5\,\frac{N}{mm}$$

Wie bei der Schraube kann auch hier mit der Nachgiebigkeit δ_P gearbeitet werden:

$$\delta_P = \frac{1}{C_P} = \frac{1}{12{,}2 \cdot 10^5\,\dfrac{N}{mm}} = 0{,}082 \cdot 10^{-5}\,\frac{mm}{N}$$

5. Kraftverhältnis Φ und Φ_n

$$\Phi = \frac{C_S}{C_S + C_P} = \frac{3{,}11 \cdot 10^5\,\dfrac{N}{mm}}{(3{,}11 \cdot 10^5 + 12{,}2 \cdot 10^5)\,\dfrac{N}{mm}} = 0{,}203$$

$$\Phi_n = n \cdot \Phi = 0{,}5 \cdot 0{,}203 \approx 0{,}1 \quad \text{(Krafteinleitungsfaktor } n = 0{,}5 \text{ gewählt)}$$

6. Setzkraft F_Z

$$F_Z = f_Z C_S (1 - \Phi)$$

$$F_Z = 0{,}006\text{ mm} \cdot 3{,}11 \cdot 10^5\,\frac{N}{mm} \cdot (1 - 0{,}203)$$

$$F_Z = 1487\text{ N}$$

Für das Klemmlängenverhältnis
l_K/d = 60 mm/12 mm = 5 kann nach 2.4,
Nr. 8 mit einem Setzbetrag f_Z von
0,006 mm gerechnet werden.

7. Montagevorspannkraft F_{VM}

$$F_{VM} = \alpha_A \left[F_{K\,erf} + F_Z + (1 - n\,\Phi)\,F_A\right]$$

$$F_{VM} = 1{,}6 \cdot [1000\text{ N} + 1487\text{ N} + (1 - 0{,}5 \cdot 0{,}203) \cdot 15\,000\text{ N}] = 25\,543\text{ N}$$

8. Schraubenkraft F_S

$$F_S = F_{VM} + n\,\Phi\,F_A$$

$$F_S = 25\,543\text{ N} + 0{,}5 \cdot 0{,}203 \cdot 15\,000\text{ N} = 27\,066\text{ N}$$

9. Kraftnachweis zur ersten Kontrolle

$$F_{0{,}2} = A_S\,R_{p0{,}2} = 84{,}3\text{ mm}^2 \cdot 660\,\frac{N}{mm^2} = 55\,638\text{ N}$$

$$F_S = 27\,066\text{ N} < F_{0{,}2} = 55\,638\text{ N}$$

Die Rechnung zeigt, daß die größte Schraubenzugkraft F_S kleiner ist als die Streckgrenzkraft $F_{0,2}$ für die Festigkeitsklasse 8.8 der Schraube. Es kann also bei dem unter 1. gewählten Gewinde M12 bleiben. Ob eine neue Rechnung mit M10 sinnvoll ist, kann erst nach dem
Spannungsvergleich entschieden werden (Nr. 13 und Nr. 16).

10. Erforderliches Anziehdrehmoment M_A

$$M_A = F_{VM} \left[\frac{d_2}{2} \tan(\alpha + \rho') + \mu_A \cdot 0,7\, d \right]$$

$$M_A = 50\,794 \text{ Nmm} \approx 51 \text{ Nm}$$

$d_2 = 10,863$ mm nach 2.18
$\alpha = 2,94°$ nach 2.18
$\rho' = 9°$ nach 2.4, Nr. 14 gewählt
$\mu_A = 0,1$ nach 2.4, Nr. 13 gewählt
$d = 12$ mm für Gewinde M12

11. Montagevorspannung σ_{VM}

$$\sigma_{VM} = \frac{F_{VM}}{A_S} = \frac{25\,543 \text{ N}}{84,3 \text{ mm}^2} = 303 \, \frac{\text{N}}{\text{mm}^2}$$

12. Torsionsspannung τ_t

$$\tau_t = \frac{F_{VM}\, d_2 \tan(\alpha + \rho')}{2\, W_{pS}} = \frac{25\,543 \text{ N} \cdot 10,863 \text{ mm} \cdot \tan(2,94° + 9°)}{2 \cdot 218,3 \text{ mm}^3} = 134 \, \frac{\text{N}}{\text{mm}^2} \, \Big| \, W_{pS} \text{ nach 2.18}$$

13. Vergleichsspannung σ_{red}

$$\sigma_{red} = \sqrt{\sigma_{VM}^2 + 3\,\tau_t^2} = \sqrt{\left(303 \, \frac{\text{N}}{\text{mm}^2}\right)^2 + 3 \cdot \left(134 \, \frac{\text{N}}{\text{mm}^2}\right)^2} = 382 \, \frac{\text{N}}{\text{mm}^2} < 0,9 \cdot 660 \, \frac{\text{N}}{\text{mm}^2} = 594 \, \frac{\text{N}}{\text{mm}^2}$$

Spannungsvergleich:
Die höchste auftretende Beanspruchung liegt mit σ_{red} = 382 N/mm² unter dem 0,9-fachen
der 0,2-Dehngrenze des Schraubenwerkstoffs mit $R_{p0,2}$ = 660 N/mm². Die Bedingung
$\sigma_{red} \leqslant 0,9 \cdot R_{p0,2}$ ist also erfüllt.

14. Ausschlagkraft F_a

$$F_a = \frac{F_{A\,max} - F_{A\,min}}{2} \, n\, \Phi = \frac{15\,000 \text{ N} - 0}{2} \cdot 0,5 \cdot 0,203 = 761 \text{ N}$$

15. Ausschlagspannung σ_a

$$\sigma_a = \frac{F_a}{A_S} = \frac{761 \text{ N}}{84,3 \text{ mm}^2} = 9 \, \frac{\text{N}}{\text{mm}^2} < 0,9 \cdot \sigma_A = 0,9 \cdot 50 \, \frac{\text{N}}{\text{mm}^2} = 45 \, \frac{\text{N}}{\text{mm}^2}$$

Die Bedingung $\sigma_a \leqslant 0,9 \cdot \sigma_A$ ist also erfüllt. Die Schraube ist dauerbruchsicher.

16. Flächenpressung p

$$p = \frac{F_S}{A_p} = \frac{27\,066 \text{ N}}{140 \text{ mm}^2} = 193 \, \frac{\text{N}}{\text{mm}^2} < p_G = 500 \, \frac{\text{N}}{\text{mm}^2}$$

Die Bedingung $p \leqslant p_G$ nach Nr. 22 ist also erfüllt.

17. Abschlußbetrachtung
Die Vergleichsspannung σ_{red} = 382 N/mm² ist das 382/660 = 0,58fache der 0,2-Dehn-
grenze $R_{p0,2}$ = 660 N/mm². Auch die Flächenpressung p = 193 N/mm² liegt weit unter
dem Grenzwert p_G = 500 N/mm². Tatsächlich zeigt eine Rechnung mit M10 unter sonst
gleichen Bedingungen, daß diese Schraube bei besserer Ausnutzung gerade noch ausreicht.

Schraubenverbindungen

Beispiel 2: Das Tellerrad an einem Ausgleichsgetriebe soll mit Schaftschrauben mit metrischem ISO-Regelgewinde befestigt werden.

Gegeben: zu übertragendes Drehmoment $\qquad M = 2300$ Nm

Lochkreisdurchmesser $\qquad\qquad d_L = 130$ mm

Anzahl der Schrauben $\qquad\qquad n = 12$ (angenommen)

Klemmlänge $\qquad\qquad\qquad\quad l_K = 20$ mm

Festigkeitsklasse $\qquad\qquad\qquad$ 12.9

Werkstoff der verspannten Teile $\quad$ Stahlguß

Anziehen der Schrauben von Hand mit Drehmomentenschlüssel

Gesucht: Alle wichtigen Größen der vorgespannten Schraubenverbindung unter der Bedingung, daß eine axial wirkende Betriebskraft nicht auftritt ($F_A = 0$).

Lösung: *1. Erforderliche Klemmkraft $F_{K\,erf}$ je Schraube*

$$F_{K\,erf} = \frac{2M}{n\,\mu_A\,d_L}$$

$$F_{K\,erf} = \frac{2 \cdot 2300 \cdot 10^3 \text{ Nmm}}{12 \cdot 0,1 \cdot 130 \text{ mm}} = 29\,490 \text{ N}$$

$M = 2300 \cdot 10^3$ Nmm

$n = 12$

$d_L = 130$ mm

$\mu_A = 0,1$ für St/St nach 2.4, Nr. 13

2. Erforderlicher Spannungsquerschnitt $A_{S\,erf}$ und Schraubendurchmesser d

$$A_{S\,erf} \geqslant \frac{\alpha_A\,F_{K\,erf}}{0,6 \cdot R_{p0,2}}$$

$\alpha_A = 1,6$ nach 2.10

$R_{p0,2} = 1100$ N/mm² nach 2.9

$$A_{S\,erf} \geqslant \frac{1,6 \cdot 29\,490 \text{ N}}{0,6 \cdot 1100 \dfrac{\text{N}}{\text{mm}^2}} = 71,5 \text{ mm}^2$$

Nach 2.18 wird das Gewinde M12 gewählt mit $A_S = 84,3$ mm² $> A_{S\,erf} = 71,5$ mm².

3. Federsteifigkeit C_S der Schraube

Da hier noch nicht festliegt, ob das gewählte Gewinde M12 beibehalten wird, kann erst einmal mit der Überschlagsformel nach 2.4, Nr. 3 gerechnet werden:

$$C_S = \frac{E_S\,A_S}{l_K} = \frac{2,1 \cdot 10^5 \dfrac{\text{N}}{\text{mm}^2} \cdot 84,3 \text{ mm}^2}{20 \text{ mm}} = 8,85 \cdot 10^5 \frac{\text{N}}{\text{mm}}$$

4. Querschnitt A_{ers} des Ersatz-Hohlzylinders

$$A_{ers} = \frac{\pi}{4}\left[\left(d_a + \frac{l_K}{a}\right)^2 - D_B^2\right] = \frac{\pi}{4}\left[\left(19 \text{ mm} + \frac{20 \text{ mm}}{10}\right)^2 - 13,5^2\,\text{mm}^2\right] = 203,2 \text{ mm}^2$$

Zu den eingesetzten Größen siehe Beispiel 1, Nr. 3.

5. Federsteifigkeit C_P der verspannten Teile

$$C_P = \frac{E_P\,A_{ers}}{l_K} = \frac{2,1 \cdot 10^5 \dfrac{\text{N}}{\text{mm}^2} \cdot 203,2 \text{ mm}^2}{20 \text{ mm}} = 21,3 \cdot 10^5 \frac{\text{N}}{\text{mm}}$$

6. Kraftverhältnis Φ

$$\Phi = \frac{C_S}{C_S + C_P} = \frac{8,85 \cdot 10^5 \dfrac{\text{N}}{\text{mm}}}{(8,85 \cdot 10^5 + 21,3 \cdot 10^5)\dfrac{\text{N}}{\text{mm}}} = 0,294$$

7. Setzkraft F_Z

$F_Z = f_Z C_S (1 - \Phi)$ $\qquad \qquad$ f_Z in Abhängigkeit von l_K/d nach 2.4, Nr. 8:

$F_Z = 0{,}004 \text{ mm} \cdot 8{,}85 \cdot 10^5 \, \dfrac{N}{mm} \cdot (1 - 0{,}294)$ $\qquad$ $\dfrac{l_K}{d} = \dfrac{20 \text{ mm}}{12 \text{ mm}} = 1{,}7 \Rightarrow f_Z \approx 0{,}004 \text{ mm}$

$F_Z = 2499 \text{ N}$

8. Montagevorspannkraft F_{VM}

$F_{VM} = \alpha_A [F_{Kerf} + F_Z + (1 - n \cdot \Phi)F_A]$ $\qquad \qquad$ *Beachte: $F_A = 0$!*

$F_{VM} = 1{,}6 \cdot (29\,490 \text{ N} + 2499 \text{ N}) = 51\,182 \text{ N}$

9. Schraubenkraft F_S

$F_S = F_{VM} + n \, \Phi \, F_A$ $\quad$ mit $\quad F_A = 0$ wird daraus

$F_S = F_{VM} = 51\,182 \text{ N}$

10. Kraftnachweis zur ersten Kontrolle

Wie im Beispiel 1, Nr. 9 und mit $F_S = F_{VM}$ sowie $R_{p0,2} = 1100 \text{ N/mm}^2$ erhält man:

$$F_{0,2} = A_S R_{p0,2} = 84{,}3 \text{ mm}^2 \cdot 1100 \, \frac{N}{mm^2} = 92\,730 \text{ N}$$

$$F_S = F_{VM} = 51\,182 \text{ N} < F_{0,2} = 92\,730 \text{ N}$$

Die Rechnung zeigt, daß die größte Schraubenzugkraft $F_S = F_{VM}$ kleiner ist als die Streckgrenzkraft $F_{0,2}$ für die Festigkeitsklasse 12.9 der Schraube. Das gewählte Gewinde M12 kann also beibehalten werden.

11. Erforderliches Anziehdrehmoment M_A

$$M_A = F_{VM} \left[\frac{d_2}{2} \tan(\alpha + \rho') + \mu_A \cdot 0{,}7 \cdot d \right]$$

Es können die in Beispiel 1, Nr. 10 gewählten Größen verwendet werden.

$$M_A = 51\,182 \text{ N} \cdot \left[\frac{10{,}863 \text{ mm}}{2} \cdot \tan(2{,}94° + 9°) + 0{,}1 \cdot 0{,}7 \cdot 12 \text{ mm} \right] = 101\,778 \text{ Nmm}$$

$$M_A \approx 102 \text{ Nm}$$

12. Spannungen und Flächenpressung

Die folgenden Größen werden wie im Beispiel 1 nach 2.4 berechnet. Man erhält:

Montagevorspannung $\quad \sigma_{VM} = 607 \, \dfrac{N}{mm^2}$ $\qquad \qquad$ Torsionsspannung $\tau_t = 269 \, \dfrac{N}{mm^2}$

Vergleichsspannung $\quad \sigma_{red} = 765 \, \dfrac{N}{mm^2} < 0{,}9 \cdot R_{p0,2} = 990 \, \dfrac{N}{mm^2}$

Flächenpressung $\qquad p = 366 \, \dfrac{N}{mm^2} < p_G = 500 \, \dfrac{N}{mm^2}$

Die Rechnung zeigt, daß unter den gegebenen Bedingungen die gewählte Schraube M12 beibehalten werden kann.

Schweißverbindungen im Maschinenbau

Beispiel: Auf die Welle aus St 50 soll der Flachstahlhebel aus St 37 umlaufend in zwei Nähten 1 und 2 aufgeschweißt werden. Vorgesehen ist eine Flachkehlnaht mit 5 mm Nahtdicke. Der Hebel wird laufend schwellend bis zur Höchstkraft belastet.

Die Schweißnähte sind nachzuprüfen.

Gegeben:

Höchstkraft	F =	4,5 kN
Länge	l =	135 mm
Durchmesser	d_1 =	48 mm
Durchmesser	d_2 =	50 mm
Schweißnahtdicke	a =	5 mm, umlaufend
Güteklasse II		
Werkstoff St 37		

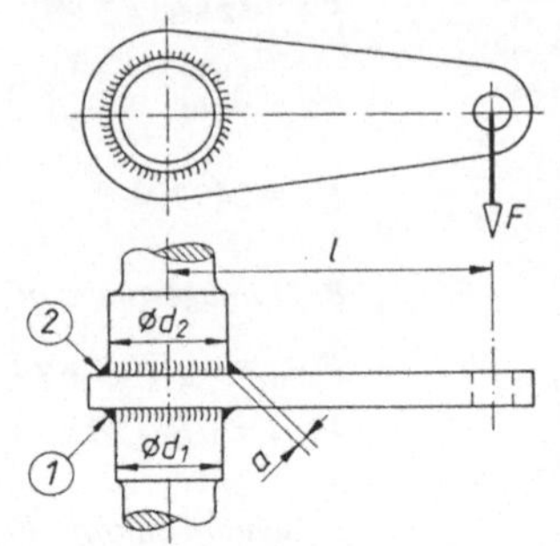

Lösung:

1. Schweißnahtbeanspruchung

Die beiden Schweißnähte werden durch das Torsionsmoment $T = Fl$ auf Torsion beansprucht

2. Torsionsmoment T

$$T = Fl = 4500 \text{ N} \cdot 135 \text{ mm} = 607\,500 \text{ Nmm} = 607,5 \text{ Nm}$$

3. Nahtbilder und polare Widerstandsmomente W_{w1}, W_{w2} der Schweißnähte

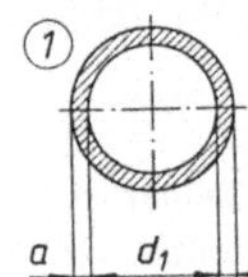

$$W_p = \frac{\pi}{16} \cdot \frac{d_a^4 - d_i^4}{d_a}$$

(gilt allgemein)

Die Schweißnahtdicke a denkt man sich in die Anschlußebene hineingeklappt.

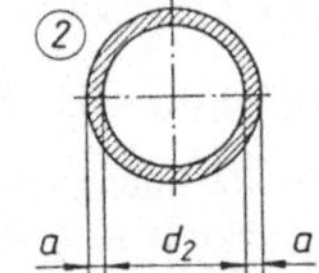

$$W_{w1} = \frac{\pi}{16} \cdot \frac{(d_1 + 2a)^4 - d_1^4}{d_1 + 2a} \qquad W_{w2} = \frac{\pi}{16} \cdot \frac{(d_2 + 2a)^4 - d_2^4}{d_2 + 2a}$$

$$W_{w1} = \frac{\pi}{16} \cdot \frac{(48 + 10)^4 \text{ mm}^4 - 48^4 \text{ mm}^4}{(48 + 10) \text{ mm}} \qquad W_{w2} = \frac{\pi}{16} \cdot \frac{(50 + 10)^4 \text{ mm}^4 - 50^4 \text{ mm}^4}{(50 + 10) \text{ mm}}$$

$$W_{w1} = 20,34 \cdot 10^3 \text{ mm}^3 \qquad W_{w2} = 21,96 \cdot 10^3 \text{ mm}^3$$

4. Aufstellen der Spannungsgleichungen

Dem äußeren Drehmoment $M = Fl$ (rechtsdrehend) wirken die inneren Torsionsmomente T_1 und T_2 (linksdrehend) in den beiden Schweißnähten 1 und 2 entgegen. Die Momentengleichgewichtsbedingung um den Hebeldrehpunkt lautet demnach:

$$\Sigma M = 0 = -Fl + T_1 + T_2$$

Mit der Torsionshauptgleichung (siehe Band 1, Festigkeitslehre) $\tau_t = T/W_p$ und daraus $T = \tau_t W_p$ oder $T = \tau_{wt} W_{wp}$ für die Schweißnahtspannung wird

$$Fl = \tau_{wt1} W_{w1} + \tau_{wt2} W_{w2} \quad \text{(vereinfacht wird } W_{wp} = W_w \text{ geschrieben)}$$

Das ist eine Gleichung mit zwei Unbekannten. Es muß demnach eine zweite Gleichung zur Lösung gefunden werden. Das ist die Formänderungsgleichung $\varphi = \tau_t l/Gr$ aus der Festigkeitslehre (Band 1). Für den vorliegenden Fall mit $\varphi_1 = \varphi_2 = \varphi$ wird

$$\varphi = \frac{\tau_{wt1} l}{Gr_1} = \frac{\tau_{wt2} l}{Gr_2} \Rightarrow \tau_{wt2} = \tau_{wt1} \frac{r_2}{r_1} = \tau_{wt1} \frac{d_2}{d_1} \quad \text{oder auch} \quad \tau_{wt1} = \tau_{wt2} \frac{d_1}{d_2}$$

Offenkundig ist wegen $d_2 > d_1$ die Schweißnahtspannung $\tau_{wt2} > \tau_{wt1}$, was sich bei der Ausrechnung bestätigen muß.

Mit der Einsetzungsmethode kann nun die Momentengleichgewichtsbedingung in eine
Gleichung mit nur einer Unbekannten umgewandelt werden:

$$Fl = \tau_{wt1}\, W_{w1} + \tau_{wt1}\, \frac{d_2}{d_1}\, W_{w2} = \tau_{wt1}\left(W_{w1} + \frac{d_2}{d_1}\, W_{w2}\right)$$

$$\tau_{wt1} = \frac{Fl}{W_{w1} + \dfrac{d_2}{d_1}\, W_{w2}}\;;\quad \text{ebenso wird}\quad \tau_{wt2} = \frac{Fl}{\dfrac{d_1}{d_2}\, W_{w1} + W_{w2}}$$

Eine Probe kann zum Beispiel mit $\tau_{wt1} = \tau_{wt2}\, \dfrac{d_1}{d_2}$ durchgeführt werden.

5. Ausrechnen der beiden Schweißnahtspannungen

$$\tau_{wt1} = \frac{4500\,\text{N} \cdot 135\,\text{mm}}{20{,}34 \cdot 10^3\,\text{mm}^3 + \dfrac{50\,\text{mm}}{48\,\text{mm}} \cdot 21{,}96 \cdot 10^3\,\text{mm}^3} = 14{,}1\,\frac{\text{N}}{\text{mm}^2}$$

$$\tau_{wt2} = \frac{4500\,\text{N} \cdot 135\,\text{mm}}{\dfrac{48\,\text{mm}}{50\,\text{mm}} \cdot 20{,}34 \cdot 10^3\,\text{mm}^3 + 21{,}96 \cdot 10^3\,\text{mm}^3} = 14{,}6\,\frac{\text{N}}{\text{mm}^2} > \tau_{wt1} = 14{,}1\,\frac{\text{N}}{\text{mm}^2}$$

Probe: $\tau_{wt1} = \tau_{wt2}\, \dfrac{d_1}{d_2} = 14{,}6\,\dfrac{\text{N}}{\text{mm}^2} \cdot \dfrac{48\,\text{mm}}{50\,\text{mm}} \approx 14{,}1\,\dfrac{\text{N}}{\text{mm}^2}$

6. Spannungsnachweis (Spannungsvergleich)

Die größte vorhandene Torsionsspannung $\tau_{wt2} = 14{,}6\,\text{N/mm}^2$ muß kleiner sein als die
zulässige Schubspannung $\tau_{w\,zul}$ für dynamische Belastung nach Nr. 11:

$$\tau_{w\,zul} = \frac{\tau_D\, b_1 b_2}{\nu}$$

$$\tau_{w\,zul} = \frac{170\,\dfrac{\text{N}}{\text{mm}^2} \cdot 0{,}55 \cdot 0{,}8}{2{,}5} = 29{,}9\,\frac{\text{N}}{\text{mm}^2}$$

$\tau_D = \tau_{t\,Sch,\,St37} = 170\,\text{N/mm}^2$
(nach 3.1 Nr. 13)
$b_1 = 0{,}55$ (nach 3.1. Nr. 18 für umlaufende
    Flachkehlnaht bei Torsion)
$b_2 = 0{,}8$ (nach 3.1. Nr. 15 für Güteklasse II)
$\nu = 2{,}5$ (nach 3.1 Nr. 17 für 100 %
    Höchstbelastung)

Die Sicherheitsbedingung für die am stärksten beanspruchte Schweißnaht ist also erfüllt:

$$\tau_{wt\,max} = \tau_{wt2} = 14{,}6\,\frac{\text{N}}{\text{mm}^2} < \tau_{w\,zul} = 29{,}9\,\frac{\text{N}}{\text{mm}^2}$$

Achsen, Wellen, Zapfen

Berechnungsbeispiel für eine Welle

Beispiel: Wellenberechnung (Entwurf)

Gegeben: Getriebewelle mit Schrägzahnrad nach 4.6, Nr. 1.
Antriebsleistung $P = 18{,}5$ kW; Antriebsdrehzahl $n_1 = 1440$ min^{-1};
Zähnezahl $z_1 = 24$; Schrägungswinkel $\beta = 15°$; Normalmodul $m_n = 4$ mm;
Eingriffswinkel $\alpha_n = 20°$; $l = 300$ mm; $l_1 = 380$ mm; $l_2 = 80$ mm.

Gesucht: Kräfte am Zahnrad, maximales Biegemoment, Wellendurchmesser.

Lösung: Drehmoment M_1 nach 8.1. B:

$$M_1 = 9{,}55 \cdot 10^6 \, \frac{P}{n_1} = 9{,}55 \cdot 10^6 \frac{18{,}5}{1440} \text{ Nmm} = 122{,}7 \cdot 10^3 \text{ Nmm} \approx 123 \text{ Nm}$$

Teilkreisdurchmesser d_1 nach 8.3, Nr. 13:

$$d_1 = \frac{z_1 m_n}{\cos \beta} = \frac{24 \cdot 4 \text{ mm}}{\cos 15°} = 99{,}3865 \text{ mm}$$

Kräfte am Zahnrad nach 8.1. D:

Umfangskraft $\quad F_t = \dfrac{2 M_1}{d_1} = \dfrac{2 \cdot 122{,}7 \cdot 10^3 \text{ Nmm}}{99{,}3865 \text{ mm}} = 2469$ N

Radialkraft $\quad F_r = F_t \, \dfrac{\tan \alpha_n}{\cos \beta} = 930$ N

Axialkraft $\quad F_a = F_t \tan \beta = 662$ N

Maximales Biegemoment $M_{b\,max}$ nach 4.6, Nr. 1:
Mit $r = d_1/2 \approx 49{,}7$ mm und den Längen $l = 300$ mm, $l_1 = 380$ mm,
$l_2 = 80$ mm wird

$$M_{b\,max} = \sqrt{(930 \text{ N} \cdot 80 \text{ mm} + 662 \text{ N} \cdot 49{,}7 \text{ mm})^2 + (2469 \text{ N} \cdot 80 \text{ mm})^2}$$
$$M_{b\,max} = 224{,}8 \cdot 10^3 \text{ Nmm} \approx 225 \text{ Nm}$$

Zur Berechnung des Wellendurchmessers d an der Lagerstelle B wird gewählt:
Werkstoff St 50; Verbindung Ritzel/Welle mit Paßfeder (siehe 4.2, Nr. 3);
geschliffene Oberfläche.

Überschlägige Durchmesserbestimmung nach 4.1:
Mit $M = 123$ Nm ergibt sich aus Kurve C ein Durchmesser von ca. 40 mm.

Vergleichsmoment M_v nach 4.2, Nr. 6, mit Drehmoment $M_1 =$ Torsionsmoment T:
$$M_v = \sqrt{(225 \text{ Nm})^2 + 0{,}75 \, (0{,}7 \cdot 123 \text{ Nm})^2} = 237 \text{ Nm}$$

Zulässige Biegespannung $\sigma_{b\,zul}$ nach 4.2, Nr. 8:
Mit $\sigma_{bW,St50} = 260$ N/mm^2 nach 12.7, sowie $b_1 = 0{,}9$ und $b_2 = 0{,}85$ nach 12.1,
sowie $\beta_k = 1{,}5$ nach 12.2 und $\nu = 1{,}5$ wird

$$\sigma_{b\,zul} = \frac{\sigma_{bW,St50} \, b_1 b_2}{\beta_k \, \nu} = 88{,}4 \, \frac{\text{N}}{\text{mm}^2}$$

Erforderlicher Wellendurchmesser d_{erf} nach 4.2, Nr. 7:

$$d_{erf} = \sqrt[3]{\frac{32\,M_v}{\pi\,\sigma_{b\,zul}}} = \sqrt[3]{\frac{32 \cdot 237 \cdot 10^3\,\text{Nmm}}{\pi \cdot 88{,}4\,\dfrac{\text{N}}{\text{mm}^2}}} = 30\,\text{mm}$$

Unter Berücksichtigung von $t_1 = 5$ mm nach Abschnitt 5.12 wird

$d = d_{erf} + t_1 = 30$ mm $+\,5$ mm $= 35$ mm und damit nach 1.1
$d = 40$ mm gewählt.

Zweite Möglichkeit der Berechnung durch Nachrechnung des nach 4.1
überschlägig ermittelten Durchmessers mit $d_{Kern} = 40$ mm $-\,5$ mm $= 35$ mm
(siehe 4.2):

Axiales Widerstandsmoment $W = 4{,}21 \cdot 10^3\,\text{mm}^3$
polares Widerstandsmoment $W_p = 2\,W = 8{,}42 \cdot 10^3\,\text{mm}^3$

Biegespannung $\sigma_b = \dfrac{M_{b\,max}}{W} = \dfrac{225 \cdot 10^3\,\text{Nmm}}{4{,}21 \cdot 10^3\,\text{mm}^3} = 53{,}4\,\dfrac{\text{N}}{\text{mm}^2}$

Torsionsspannung $\tau_t = \dfrac{T}{W_p} = \dfrac{123 \cdot 10^3\,\text{Nmm}}{8{,}42 \cdot 10^3\,\text{mm}^3} = 14{,}6\,\dfrac{\text{N}}{\text{mm}^2}$

Vergleichsspannung σ_v nach 4.2, Nr. 4:

$$\sigma_v = \sqrt{\left(53{,}4\,\frac{\text{N}}{\text{mm}^2}\right)^2 + 3\left(0{,}7 \cdot 14{,}6\,\frac{\text{N}}{\text{mm}^2}\right)^2}$$

$$\sigma_v = 56{,}3\,\frac{\text{N}}{\text{mm}^2} < \sigma_{b\,zul} = 88{,}4\,\frac{\text{N}}{\text{mm}^2}$$

Vorhandene Sicherheit ν nach 4.2, Nr. 10:

$$\nu = \frac{\sigma_{bW}\,b_1 b_2}{\beta_k\,\sigma_v} = \frac{260\,\dfrac{\text{N}}{\text{mm}^2} \cdot 0{,}9 \cdot 0{,}85}{1{,}5 \cdot 56{,}3\,\dfrac{\text{N}}{\text{mm}^2}} = 2{,}4 > 1{,}5\,.$$

Auch diese Rechnung zeigt, daß $d = 40$ mm an der Lagerstelle B ausgeführt werden kann.

Nabenverbindungen

Berechnungsbeispiele für Nabenverbindungen

Beispiel 1: In einem Getriebe sollen Vollwelle und Zahnrad als Längspreßverband gefügt werden. Der Konstrukteur soll dazu die erforderliche Preßpassung festlegen. Es ist schwellende Belastung zu erwarten. Die Rechnungen werden nach Tafel 5.3.2 durchgeführt.

Gegeben: Wellendrehmoment $M = 2000$ Nm
Fugendurchmesser $d_F = 63$ mm
Fugenlänge $l_F = 50$ mm
Außendurchmesser
des Außenteils $d_{Aa} = 160$ mm
Wellenwerkstoff: St 50
Zahnradwerkstoff: Einsatzstahl Ck 15
Fügeflächen mit den gemittelten Rauhtiefen $R_{z\,Ai} = R_{z\,Ia} = 6\ \mu$m

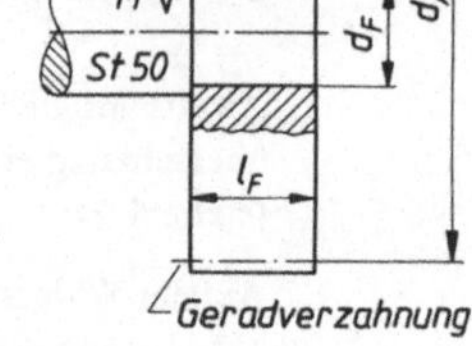

Lösung: Alle Hinweise auf Gleichungsnummern beziehen sich auf die Tafel 5.3.2. Berechnen von Preßverbänden.

1. Erforderliche Fugenpressung p_F (Nr. 1)

$$p_F = \frac{2M}{\pi\, d_F^2\, l_F\, \mu} \leqslant p_{zul}$$

$M = 2000$ Nm $= 2 \cdot 10^3$ Nm
$M = 2 \cdot 10^6$ Nmm
$d_F = 63$ mm
$l_F = 50$ mm
$\mu_{St/St} = 0{,}08$ angenommen nach Nr. 2
für geschmierte Oberflächen

$$p_{zul,\,St50} = \frac{R_{e\,(St50)}}{1{,}5} = \frac{300\ \text{N/mm}^2}{1{,}5} = 200\ \frac{\text{N}}{\text{mm}^2}$$

$$p_F = \frac{2 \cdot 2 \cdot 10^6\,\text{Nmm}}{\pi \cdot 63^2\,\text{mm}^2 \cdot 50\,\text{mm} \cdot 0{,}08} = 80{,}2\ \frac{\text{N}}{\text{mm}^2}$$

$$p_F = 80{,}2\ \frac{\text{N}}{\text{mm}^2} < p_{zul,\,St50} = 200\ \frac{\text{N}}{\text{mm}^2}$$

2. Durchmesserverhältnis Q_A

$$Q_A = \frac{d_F}{d_{Aa}} = \frac{63\ \text{mm}}{160\ \text{mm}} = 0{,}394 \approx 0{,}4$$

3. Auswertung des Arbeitsdiagramms (Nr. 17)

Mit $Q_A \approx 0{,}4$ liest man im Arbeitsdiagramm die Rechengröße $R = p_F\, d_F / Z$ ab:

$$\frac{p_F\, d_F}{Z} \approx 88\ \frac{\dfrac{\text{N}}{\text{mm}^2} \cdot \text{mm}}{\mu\text{m}} = R$$

4. Wirksames Übermaß Z

Über die Rechengröße aus dem Arbeitsdiagramm wird nun das wirksame Übermaß Z berechnet:

$$\frac{p_F\, d_F}{Z} = R$$

$$Z = \frac{p_F\, d_F}{R} = \frac{80{,}2\ \dfrac{\text{N}}{\text{mm}^2} \cdot 63\ \text{mm}}{88\ \dfrac{\dfrac{\text{N}}{\text{mm}^2} \cdot \text{mm}}{\mu\text{m}}} = 57{,}4\ \mu\text{m} \approx 57\ \mu\text{m} = 0{,}057\ \text{mm}$$

5. Kontrollrechnung mit Gleichung Nr. 7

Gleichung Nr. 7 gilt für den Fall der Vollwelle und gleichelastischen Werkstoff von Welle und Nabe. Dieser Fall liegt hier vor:

$$Z = \frac{2 p_F \, d_F}{E \, (1 - Q_A^2)} = \frac{2 \cdot 80{,}2 \, \dfrac{N}{mm^2} \cdot 63 \, mm}{210\,000 \, \dfrac{N}{mm^2} \, (1 - 0{,}394^2)}$$

$Z = 0{,}057 \, mm = 57 \, \mu m$

Das Ergebnis für das wirksame Übermaß Z stimmt mit dem über das Arbeitsdiagramm gewonnenen überein.

6. Übermaß $P_ü$ (Nr. 8)

Das erforderliche Übermaß $P_ü$ setzt sich zusammen aus dem wirksamen Übermaß Z und der Glättung G:

$P_ü = Z + G$ $\qquad\qquad$ $G = 0{,}8 \, (R_{zAi} + R_{zIa}) = 0{,}8 \, (6 \, \mu m + 6 \, \mu m)$ nach Nr. 9

$P_ü = 57 \, \mu m + 10 \, \mu m = 67 \, \mu m$ $\qquad$ $G = 9{,}6 \, \mu m \approx 10 \, \mu m$

7. Festlegen der Preßpassung

Sind alle in den Rechnungen gegebenen und angenommenen Größen tatsächlich vorhanden, vor allem auch der Haftbeiwert μ, dann würde der Preßverband das Drehmoment $T = 2000$ Nm übertragen können, wenn vor dem Fügen das Übermaß $P_ü = 67 \, \mu m$ vorliegt. Nach den Erläuterungen in Nr. 18 wird aus der Tabel 1.8 die Preßpassung H7/x6 gewählt:

$A_{uI} = 0$ $\qquad\qquad\qquad\qquad$ $A_{uA} = 122 \, \mu m$

$A_{oI} = 30 \, \mu m$ $\qquad\qquad\qquad$ $A_{oA} = 141 \, \mu m$

Damit ergeben sich die Übermaße:

Mindestpassung $\quad P_u = A_{uI} - A_{oA} = 0 - 141 \, \mu m = -141 \, \mu m$

Höchstpassung $\quad P_o = A_{oI} - A_{uA} = 30 \, \mu m - 122 \, \mu m = -92 \, \mu m$

Die Höchstpassung $P_o = 92 \, \mu m$ liegt um ca. 37 % über dem errechneten Übermaß $P_ü = 67 \, \mu m$. Folglich kann bei Vorliegen der Höchstpassung der Preßverband das Drehmoment $T = 2750$ Nm übertragen, immer vorausgesetzt, alle Annahmen waren richtig.

8. Spannungsnachweise (siehe Nr. 11, Spannungsbild)

Den hier verwendeten Formänderungsgleichungen Nr. 6 und Nr. 7 liegt das Hookesche Gesetz $\sigma = \epsilon E$ zugrunde. Sie gelten also nur im sogenannten elastischen Bereich. Die größte vorhandene Normalspannung σ_{vorh} darf also die Proportionalitätsgrenze nicht überschreiten. Praktisch kann als Grenzspannung die Streckgrenze R_e oder die 0,2-Dehngrenze $R_{p0,2}$ (bei Werkstoffen ohne ausgeprägte Streckgrenze, z.B. bei Vergütungsstählen) herangezogen werden. Für die Werkstoffe St 50 für die Welle und Ck 15 für die Nabe (Zahnrad) zeigen die Dauerfestigkeitsschaubilder gleiche Werte an:

$$R_{e\,(St\,50)} = 300 \, \frac{N}{mm^2} \qquad\qquad\qquad R_{e\,(Ck\,15)} = 300 \, \frac{N}{mm^2}$$

Ausgangsgrößen für die Berechnung der vorhandenen Spannungen sind das größte wirksame Übermaß Z_g und die sich dabei einstellende größte Fugenpressung p_{Fg}.

Nabenverbindungen

8.1. Größtes wirksames Übermaß Z_g (Nr. 8)

$Z_g = P_u - G = 141 \ \mu m - 10 \ \mu m = 131 \ \mu m = 0{,}131 \ mm$

8.2. Größte Fugenpressung p_{Fg} (Nr. 7)

$$p_{Fg} = \frac{Z_g E (1 - Q_A^2)}{2 d_F}$$

$$p_{Fg} = \frac{0{,}131 \ mm \cdot 210\,000 \ \dfrac{N}{mm^2} \cdot (1 - 0{,}394^2)}{2 \cdot 63 \ mm}$$

$$p_{Fg} = 184 \ \frac{N}{mm^2} < p_{zul} = 200 \ \frac{N}{mm^2}$$

$Z_g = 0{,}131 \ mm$

$E = 210\,000 \ \dfrac{N}{mm^2}$

$Q_A = 0{,}394$

$d_F = 63 \ mm$

8.3. Tangentialspannungen σ_t und Radialspannungen σ_r (Nr. 12)

$$\sigma_{t\,Ai} = p_{Fg} \frac{1 + Q_A^2}{1 - Q_A^2} = 184 \ \frac{N}{mm^2} \cdot \frac{1 + 0{,}394^2}{1 - 0{,}394^2} = 252 \ \frac{N}{mm^2}$$

$$\sigma_{t\,Aa} = p_{Fg} \frac{2 Q_A^2}{1 - Q_A^2} = 184 \ \frac{N}{mm^2} \cdot \frac{2 \cdot 0{,}394^2}{1 - 0{,}394^2} = 68 \ \frac{N}{mm^2}$$

Kontrollrechnung:

$\sigma_{t\,Ai} - \sigma_{t\,Aa} = p_{Fg}$
(siehe Spannungsbild)

$(252 - 68)\dfrac{N}{mm^2} = 184 \dfrac{N}{mm^2}$

$$\sigma_{t\,Ii} = p_{Fg} \frac{2}{1 - Q_I^2} = p_{Fg} \frac{2}{1 - 0} = 2 p_{Fg} = 2 \cdot 184 \ \frac{N}{mm^2} = 368 \ \frac{N}{mm^2} > R_{e(I)} = 300 \ \frac{N}{mm^2}$$

$$\sigma_{t\,Ia} = p_{Fg} \frac{1 + Q_I^2}{1 - Q_I^2} = p_{Fg} \frac{1 + 0}{1 - 0} = p_{Fg} = 184 \ \frac{N}{mm^2}$$

$$\sigma_{r\,Ai} = p_{Fg} = 184 \ \frac{N}{mm^2} \qquad \sigma_{r\,Aa} = 0 \qquad \sigma_{r\,Ii} = 0 \qquad \sigma_{r\,Ia} = p_{Fg} = 184 \ \frac{N}{mm^2}$$

8.4. Mittlere tangentiale Zugspannung σ_{zmA} (Nr. 13)

$$\sigma_{zmA} = \frac{p_{Fg} d_F}{d_{Aa} - d_F} = \frac{184 \ \dfrac{N}{mm^2} \cdot 63 \ mm}{160 \ mm - 63 \ mm} = 120 \ \frac{N}{mm^2}$$

8.5. Mittlere tangentiale Druckspannung σ_{dmI} (Nr. 15)

$$\sigma_{dmI} = p_{Fg} = 184 \ \frac{N}{mm^2}$$

9. Spannungsvergleiche und festigkeitstechnische Anmerkungen

a) Die größten Tangentialspannungen treten an den Innenseiten der Fügeteile auf:

tangentiale Zugspannung $\qquad \sigma_{t\,Ai} = 252 \ N/mm^2 > \sigma_{t\,Aa} = 68 \ N/mm^2$
tangentiale Druckspannung $\qquad \sigma_{t\,Ii} = 368 \ N/mm^2 > \sigma_{t\,Ia} = 184 \ N/mm^2$.

b) Die Spannung $\sigma_{t\,Ii}$ ist größer als die Streckgrenze $R_e = 300 \ N/mm^2$ für die Werkstoffe von Welle und Nabe. Die Werkstoffteilchen in den entsprechenden Ringzonen der Fügeteile verformen sich also nicht mehr nach dem Hookeschen Gesetz elastisch sondern plastisch.

c) Die hier errechneten Spannungen treten bei Größtübermaß auf. In diesem Falle sind Überschreitungen der Streckgrenze zulässig, solange der Werkstoff in diesen Ringzonen nicht geschädigt wird. Das ist hier nicht der Fall, denn es ist

$\sigma_{t\,Ii} < R_m \approx 500 \ N/mm^2$ (Zugfestigkeit der Werkstoffe).

10. Größte Einpreßkraft F_e (Nr. 10)

$$F_e = p_{Fg}\, \pi d_F\, l_F\, \mu_e$$

$$F_e = 184\,\frac{N}{mm^2} \cdot \pi \cdot 63\ mm \cdot 50\ mm \cdot 0{,}06$$

$$F_e = 109\,252\ N \approx 109\ kN$$

$p_{Fg} = 184\ N/mm^2$

$d_F\ \ = 63\ mm$

$l_F\ \ = 50\ mm$

$\mu_e\ \ = 0{,}06$ (nach Nr. 2 für St/St, geschmiert)

Beispiel 2: Eine Riemenscheibe aus GG-20 soll mit einer Welle aus St 50 durch einen Querpreßverband (Schrumpfverbindung) verbunden werden. Belastungsfall: schwellend.

Gegeben:

Drehmoment	M	$= 5600\ Nm$
Fugendurchmesser	d_F	$= 80\ mm$
Fugenlänge	l_F	$= 120\ mm$
Nabenaußendurchmesser	d_{Aa}	$= 190\ mm$
Haftbeiwert	μ	$= 0{,}08$ (ermittelt)
Glättung	G	$= 19\ \mu m = 0{,}019\ mm$

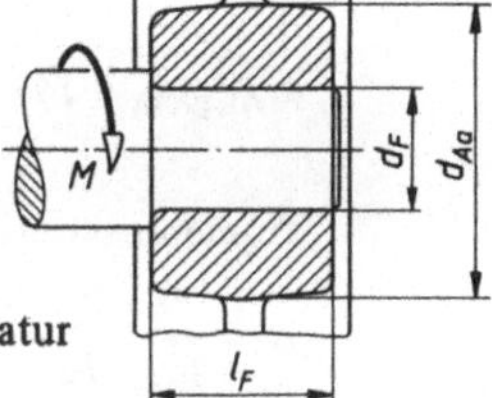

Gesucht: das Toleranzfeld der Welle für Bohrung H7 und die Fügetemperatur

Lösung:
(gekürzte
Wieder-
gabe)

$$p_F = \frac{2M}{\pi d_F^2\, l_F\, \mu} = \frac{2 \cdot 5600 \cdot 10^3\ Nmm}{\pi \cdot 80^2\ mm^2 \cdot 120\ mm \cdot 0{,}08} = 58\,\frac{N}{mm^2}$$

$$Q_A = \frac{d_F}{d_{Aa}} = \frac{80\ mm}{190\ mm} = 0{,}42$$

$$R = \frac{p_F\, d_F}{Z} = 54\,\frac{\frac{N}{mm^2} \cdot mm}{\mu m}\quad \text{(aus dem Arbeitsdiagramm in 5.3.2.)}$$

$$Z = \frac{p_F\, d_F}{R} = \frac{58\,\frac{N}{mm^2} \cdot 80\ mm}{54\,\frac{\frac{N}{mm^2} \cdot mm}{\mu m}} \approx 86\,\mu m$$

$$P_{\ddot{u}} = Z + G = 86\ \mu m + 19\ \mu m = 105\ \mu m$$

vorläufiges unteres Abmaß der Welle:

$$A_{uA} = P_o + T_B \qquad P_o = P_{\ddot{u}} = 105\ \mu m$$
$$A_{uA} = 105\ \mu m + 30\ \mu m = 135\ \mu m$$

$T_{B\,(H7)} = 30\ \mu m$ (für Nennmaßbereich bis 80 mm)

Aus Tafel 1.8 für die Qualität 6 für die Welle abgelesen:

Toleranzfeld x6 mit den Abmaßen: $\qquad A_{uA} = 146\ \mu m \qquad A_{uI} = 0$
$$A_{oA} = 165\ \mu m \qquad A_{oI} = 30\ \mu m$$
$\left.\right\}$ Bohrung H7

$$P_u = A_{uI} - A_{oA} = 0 - 165\ \mu m = -165\ \mu m$$
$$P_o = A_{oI} - A_{uA} = 30\ \mu m - 146\ \mu m = -116\ \mu m$$
$$Z_g = P_u - G = 165\ \mu m - 19\ \mu m = 146\ \mu m$$

Nabenverbindungen

$$p_{Fg} = R \frac{Z_g}{d_F} = 54 \frac{\frac{N}{mm^2} \cdot mm}{\mu m} \cdot \frac{146\ \mu m}{80\ mm} = 98{,}6 \frac{N}{mm^2}$$

$$p_{zul,\,GG\text{-}20} = \frac{R_{m,\,GG\text{-}20}}{3} = \frac{200\ \frac{N}{mm^2}}{3} \approx 67 \frac{N}{mm^2}$$

$$p_{Fg} = 98{,}6 \frac{N}{mm^2} > p_{zul,\,GG\text{-}20} = 67 \frac{N}{mm^2}$$

Der Pressungsvergleich zeigt, daß eine Riemenscheibe aus festerem GG verwendet werden sollte, z.B. aus GG-30 mit $R_m = 300\ N/mm^2$ und $p_{zul} = 100\ N/mm^2$.

$$\sigma_{t\,Ai,\,größt} = p_{Fg} \cdot \frac{1 + Q_A^2}{1 - Q_A^2} = 98{,}6 \frac{N}{mm^2} \cdot \frac{1 + 0{,}42^2}{1 - 0{,}42^2} = 141 \frac{N}{mm^2}$$

$$\sigma_{t\,Ai,\,größt} = 141 \frac{N}{mm^2} > \frac{R_m}{2} = \frac{200\ \frac{N}{mm^2}}{2} = 100 \frac{N}{mm^2}; \qquad R_{m\,(GG\text{-}20)} = 200 \frac{N}{mm^2}$$

Fügetemperaturdifferenz Δt:

$$\Delta t = \frac{P_{ü} + P_s}{\alpha_{GG}\, d_F} = \frac{0{,}165\ mm + 0{,}080\ mm}{9 \cdot 10^{-6}\ \frac{1}{°C} \cdot 80\ mm} \qquad\qquad P_s = \frac{d_F}{1000} = \frac{80\ mm}{1000} = 0{,}080\ mm$$

$$\Delta t \approx 340\ °C \qquad\qquad\qquad\qquad \alpha_{GG} = 9 \cdot 10^{-6}\ \frac{1}{°C}$$

Beispiel 3: Die skizzierte Kegelverbindung eines Zahnrades mit dem Wellenende einer Getriebewelle ist zu berechnen. Es ist schwellende Belastung anzunehmen.

Gegeben:

Wellendrehmoment	$M = 2000\ Nm$
Wellendurchmesser	$d_1 = 63\ mm$
Fügelänge	$l_F = 50\ mm$
Wellenwerkstoff	Ck 45
Zahnradwerkstoff	Ck 15
Kegelverhältnis	$C = 1:10$

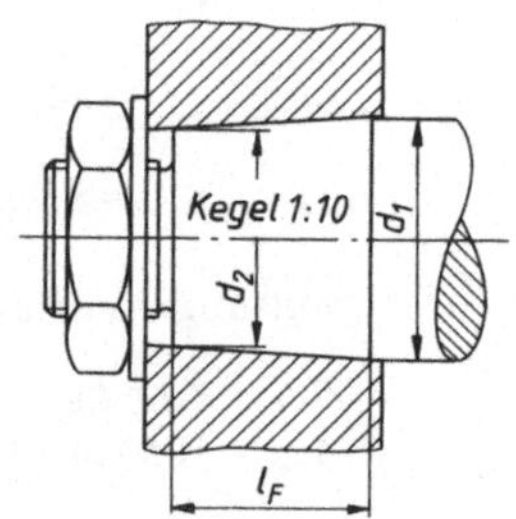

Lösung: 1. *Wellendurchmesser d_2*

$$d_2 = d_1 - Cl = d_1 - Cl_F = 63\ mm - \frac{1}{10} \cdot 50\ mm$$

$$d_2 = 58\ mm$$

2. *Mittlerer Kegeldurchmesser d_m*

$$d_m = \frac{d_1 + d_2}{2} = \frac{63\ mm + 58\ mm}{2} = 60{,}5\ mm$$

3. Einstellwinkel $\alpha/2$

$$\frac{\alpha}{2} = \text{arc tan } \frac{C}{2} = \text{arc tan } \frac{1}{10 \cdot 2} = 2{,}862\,405\,226° = 2°51'45''$$

4. Einpreßkraft F_e

$$F_e = \frac{2M}{d_m \mu_e} \sin\left(\frac{\alpha}{2} + \rho_e\right)$$

Für den Rutschbeiwert μ_e wird nach 5.3.2 festgelegt:

$$\mu_e = 0{,}1$$

Damit wird der Reibwinkel ρ_e ermittelt:

$$\rho_e = \text{arc tan } \mu_e = \text{arc tan } 0{,}1 = 5{,}7°$$

$$F_e = \frac{2 \cdot 2000 \cdot 10^3 \text{ Nmm}}{60{,}5 \text{ mm} \cdot 0{,}1} \cdot \sin(2{,}9° + 5{,}7°)$$

$F_e = 98\,866 \text{ N} = 98{,}9 \text{ kN}$ (Ausgangsgröße zur Berechnung des Anziehdrehmomentes M_A
für die Mutter)

5. Fugenpressung p_F

$$p_F = \frac{2M \cos(\alpha/2)}{\pi \mu_e d_m^2 l_F} = \frac{2 \cdot 2000 \cdot 10^3 \text{ Nmm} \cdot \cos 2{,}9°}{\pi \cdot 0{,}1 \cdot 60{,}5^2 \text{ mm}^2 \cdot 50 \text{ mm}} = 69{,}5 \frac{\text{N}}{\text{mm}^2}$$

6. Pressungsvergleich

Der Werkstoff mit der niedrigeren Streckgrenze R_e oder 0,2-Dehngrenze $R_{p0,2}$ ist hier der
Zahnradwerkstoff Ck 15 mit $R_e = 300$ N/mm² (siehe Dauerfestigkeitsschaubild für Zug-
Druck-Beanspruchung in Abschnitt 12).

Die zulässige Flächenpressung wird nach 5.3.2 für schwellende Belastung angenommen:

$$p_{\text{zul, Ck 15}} = \frac{R_{e,\text{Ck 15}}}{1{,}5} = \frac{300 \frac{\text{N}}{\text{mm}^2}}{1{,}5} = 200 \frac{\text{N}}{\text{mm}^2} ; \qquad \text{folglich ist}$$

$$p_F = 69{,}5 \frac{\text{N}}{\text{mm}^2} < p_{\text{zul}} = 200 \frac{\text{N}}{\text{mm}^2}$$

Gleitlager

Berechnungsbeispiele für Gleitlager

Beispiel 1: Berechnung eines Radialgleitlagers im Schwerlastbereich

Gegeben:

Lagerkraft	$F = 190\,000$ N
Lagerdurchmesser	$d = 0{,}38$ m
Lagerbreite	$b = 0{,}3$ m
Wellendrehzahl	$n = 3\ \text{s}^{-1} = 180\ \text{min}^{-1}$
Umgebungstemperatur	$\vartheta_\text{U} = 20\ °\text{C}$
Wärmeabfuhrzahl	$\alpha = 20\ \dfrac{\text{W}}{\text{m}^2\,\text{K}} = 20\ \dfrac{\text{Nm}}{\text{s}\,\text{m}^2\,\text{K}}$

Werkstoffpaarung: St/LgPbSn (siehe 7.1, Nr. 1)
Ölsorte: ISO VG 100 DIN 51 519 mit VI = 50 (siehe 7.1, Nr. 11)

Lösung: Alle Nummerhinweise beziehen sich auf 7.1.

1. *Spezifische Lagerbelastung p* (Nr. 1)

$$p = \frac{F}{b\,d} \leqslant p_\text{zul} \qquad\qquad F, b, d \text{ und } p_\text{zul} \text{ sind gegebene Größen}$$

$$p = \frac{190\,000\ \text{N}}{0{,}3\ \text{m} \cdot 0{,}38\ \text{m}} = 1{,}67 \cdot 10^6\ \frac{\text{N}}{\text{m}^2} < p_\text{zul} = 12{,}5 \cdot 10^6\ \frac{\text{N}}{\text{m}^2} \text{ (nach Nr. 1)}$$

2. *Relative Lagerbreite β* (Nr. 2)

$$\beta = \frac{b}{d} = \frac{0{,}3\ \text{m}}{0{,}38\ \text{m}} = 0{,}789 \approx 0{,}8$$

3. *Lagerzapfenvolumen V* (Nr. 3)

$$V = \frac{\pi}{4}\,d^2 b = \frac{\pi}{4} \cdot (0{,}38\ \text{m})^2 \cdot 0{,}3\ \text{m} = 0{,}034\ \text{m}^3$$

4. *Umfangsgeschwindigkeit v* (Nr. 4)

$$v = \pi\,d\,n = \pi \cdot 0{,}38\ \text{m} \cdot 3\ \frac{1}{\text{s}} = 3{,}58\ \frac{\text{m}}{\text{s}}$$

5. *Winkelgeschwindigkeit ω* (Nr. 5)

$$\omega = 2\pi n = 2\pi \cdot 3\ \frac{1}{\text{s}} = 18{,}85\ \frac{1}{\text{s}}$$

6. *Wärmeabgebende Lageroberfläche A_G* (Nr. 6)

$$A_\text{G} = A_\text{L} + A_\text{W} \qquad\qquad A_\text{L} = 20\,d\,b\ \text{gewählt}$$
$$A_\text{G} = 3{,}724\ \text{m}^2 \qquad\qquad\quad A_\text{W} = 10\,d^2\ \text{gewählt}$$

7. *Relatives Lagerspiel ψ_B* (Nr. 7)

$$\psi_\text{B} = 0{,}8 \cdot \sqrt[4]{v} \cdot 10^{-3} = 0{,}8 \cdot \sqrt[4]{3{,}58} \cdot 10^{-3} = 0{,}0011$$
$$\psi_\text{B} = 1{,}1 \cdot 10^{-3}$$

8. *Lagerspiel P_sB* (Nr. 8)

$$P_\text{sB} = \psi_\text{B}\,d = 1{,}1 \cdot 10^{-3} \cdot 0{,}38\ \text{m} = 0{,}418 \cdot 10^{-3}\ \text{m} = 0{,}418\ \text{mm}$$

9. *Richtungskonstante m* (Nr. 11)

$$m = 3{,}996$$

10. Hilfsfaktor W_M (Nr. 12)

$$W_M = \lg \lg \left(\frac{\eta_M}{\rho} \cdot 10^6 + 0{,}8 \right) \qquad\qquad \eta_M = 51{,}9 \cdot 10^{-3} \, \frac{Ns}{m^2} \text{ nach Nr. 11}$$

$$W_M = 0{,}2472 \qquad\qquad\qquad\qquad \rho = 900 \, \frac{kg}{m^3}$$

11. Sommerfeldkonstante C_{So} (Nr. 13)

$$C_{So} = \frac{p \, \psi_B^2}{\omega} = \frac{1{,}67 \cdot 10^6 \, \frac{N}{m^2} \cdot (1{,}1 \cdot 10^{-3})^2}{18{,}85 \, \frac{1}{s}} = 0{,}107 \, \frac{Ns}{m^2}$$

Erster Iterationsschritt:

12. Hilfsfaktor W_x mit $\vartheta_{eff} = 60\,°C$ (Nr. 14)

$W_x = m \, (\lg T_M - \lg T_x) + W_M \qquad\qquad m = 3{,}996$ (siehe oben)

$W_x = 3{,}996 \, (\lg 323{,}15 - \lg 333{,}15) + 0{,}2472 \qquad T_M = 50\,°C + 273{,}15\,K = 323{,}15\,K$

$W_x = 0{,}1943 \qquad\qquad\qquad\qquad\qquad\qquad T_x = \vartheta_{eff} + 273{,}15\,K = 60\,°C + 273{,}15\,K$

$\qquad\qquad\qquad\qquad\qquad\qquad\qquad\qquad T_x = 333{,}15\,K$

$\qquad\qquad\qquad\qquad\qquad\qquad\qquad\qquad W_M = 0{,}2472$ (siehe oben)

13. Effektive Viskosität η_{eff} (Nr. 15)

$\eta_{eff} = \rho \, [10^{(10^{W_x})} - 0{,}8] \cdot 10^{-6} \qquad\qquad \rho = 900 \, \frac{kg}{m^3} \qquad W_x = 0{,}1943$

$\eta_{eff} = 900 \cdot [10^{(10^{0{,}1943})} - 0{,}8] \cdot 10^{-6}$

$\eta_{eff} = 32{,}3 \cdot 10^{-3} \, \dfrac{Ns}{m^2}$

14. Sommerfeldzahl So (Nr. 16)

$$So = \frac{C_{So}}{\eta_{eff}} = \frac{0{,}107 \, \frac{Ns}{m^2}}{32{,}3 \cdot 10^{-3} \, \frac{Ns}{m^2}} = 3{,}3 > 1$$

15. Reibzahl μ (Nr. 17)

$$\mu = \frac{k \, \psi_B}{\sqrt{So}} = \frac{3 \cdot 1{,}1 \cdot 10^{-3}}{\sqrt{3{,}3}} = 1{,}8 \cdot 10^{-3} \qquad\qquad k = 3 \text{ angenommen}$$

16. Reibleistung P_R (Nr. 18)

$$P_R = F \mu v = 190\,000\,N \cdot 1{,}8 \cdot 10^{-3} \cdot 3{,}58 \, \frac{m}{s} = 1\,224 \, \frac{Nm}{s} = 1\,224 \, W$$

Gleitlager

17. Lagertemperatur ϑ_L (Nr. 19)

$$\vartheta_L = \vartheta_U + \frac{P_R}{\alpha A_G}$$

$\vartheta_U = 20\ ^\circ C$ (gegeben)

$$\alpha = 20\ \frac{Nm}{s\,m^2\,K}\ \text{(gegeben)}$$

$$\vartheta_L = 20\ ^\circ C + \frac{1224\ \dfrac{Nm}{s}}{20\ \dfrac{Nm}{s\,m^2\,K}\cdot 3{,}724\ m^2}$$

A_G siehe 6.

$$\vartheta_L = 36{,}4\ ^\circ C$$

Der Betrag der Temperaturdifferenz $|\vartheta_L - \vartheta_{eff}|$ wird also $|\Delta\vartheta| = |36{,}4\ ^\circ C - 60\ ^\circ C| = 23{,}6\ ^\circ C \gg 2\ ^\circ C$, das heiß, es muß mit einer neuen effektiven Lagertemperatur ϑ_{eff} ab 7.1. Nr. 14 gerechnet werden.

18. Neue effektive Lagertemperatur ϑ_{eff} (Nr. 20)

$$\vartheta_{eff\,neu} = \frac{\vartheta_{eff\,alt} + \vartheta_L}{2} = \frac{60\ ^\circ C + 36{,}4\ ^\circ C}{2} = 48{,}2\ ^\circ C$$

Zweiter Iterationsschritt:

Hilfsfaktor W_x mit $\vartheta_{eff} = 48{,}2\ ^\circ C$ (Nr. 14)

$$W_x = m\,(\lg T_M - \lg T_x) + W_M$$

$$W_x = 3{,}996 \cdot [\lg 323{,}15 - \lg(48{,}2 + 273{,}15)] + 0{,}2472$$

$$W_x = 0{,}257$$

Effektive Viskosität η_{eff} (Nr. 15)

$$\eta_{eff} = \rho\,[10^{(10^{W_x})} - 0{,}8] \cdot 10^{-6}$$

$$\eta_{eff} = 900 \cdot [10^{(10^{0,257})} - 0{,}8] \cdot 10^{-6} = 57 \cdot 10^{-3}\ \frac{Ns}{m^2}\quad \text{(vorher: } 32{,}3 \cdot 10^{-3}\ Ns/m^2\text{)}$$

Sommerfeldzahl So (Nr. 16)

$$So = \frac{C_{So}}{\eta_{eff}} = \frac{0{,}107\ \dfrac{Ns}{m^2}}{57 \cdot 10^{-3}\ \dfrac{Ns}{m^2}} = 1{,}88 > 1 \quad \text{(vorher: } 3{,}3\text{)}$$

Reibzahl μ (Nr. 17)

$$\mu = \frac{k\,\psi_B}{\sqrt{So}} = \frac{3 \cdot 1{,}1 \cdot 10^{-3}}{\sqrt{1{,}88}} = 2{,}4 \cdot 10^{-3} \quad \text{(vorher: } 1{,}8 \cdot 10^{-3}\text{)}$$

Reibleistung P_R (Nr. 18)

$$P_R = F\mu v = 190\,000\ N \cdot 2{,}4 \cdot 10^{-3} \cdot 3{,}58\ \frac{m}{s} = 1632\ \frac{Nm}{s} = 1632\ W$$

Lagertemperatur ϑ_L (Nr. 19)

$$\vartheta_L = \vartheta_U + \frac{P_R}{\alpha A_G} = 20\,°C + \frac{1632\,\dfrac{Nm}{s}}{20\,\dfrac{Nm}{s\,m^2\,K} \cdot 3{,}724\,m^2} = 42\,°C$$

Der Betrag der Temperaturdifferenz $|\Delta\vartheta| = |\vartheta_L - \vartheta_{eff}|$ wird jetzt
$|\Delta\vartheta| = |42\,°C - 48{,}2\,°C| = 6{,}2\,°C$. Diese Temperaturdifferenz liegt noch über 2 °C, also
muß noch einmal ab Nr. 14 gerechnet werden.

Der dritte Iterationsschritt ergibt die folgenden Größen:

Hilfsfaktor W_x = 0,2737 mit $\vartheta_{eff} = 45{,}1\,°C$ (Nr. 14)
Effektive Viskosität η_{eff} = $67{,}2 \cdot 10^{-3}\,Ns/m^2$ (Nr. 15)
Sommerfeldzahl So = 1,59 > 1   (Nr. 16)
Reibzahl μ = $2{,}6 \cdot 10^{-3}$ (Nr. 17)
Reibleistung P_R = 1780 W   (Nr. 18)
Lagertemperatur ϑ_L = 43,9 °C   (Nr. 19)
Temperaturdifferenz $|\Delta\vartheta|$ = 1,2 °C   (Nr. 19)

Anmerkung: Das Lager läuft im Schwerlastbereich ($So > 1$). Die Rechnung kann nun mit
Nr. 21 weitergeführt werden:

Kleinste Schmierspalthöhe h_0 (Nr. 21)

$$h_{0\,(So>1)} = \frac{P_{sB}}{4\,So} \cdot \frac{2\beta}{1+\beta} = \frac{0{,}418 \cdot 10^{-3}\,m}{4 \cdot 1{,}59} \cdot \frac{2 \cdot 0{,}789}{1 + 0{,}789}$$

$h_0 = 58 \cdot 10^{-6}\,m = 58\,\mu m > h_{0\,zul} \approx 10\,\mu m$
Die Bedingung $h_{0\,vorh} > h_{0\,zul}$ nach 7.1. Nr. 21 ist erfüllt.

Erforderlicher Schmierstoffdurchsatz $\dot{V}_s$ (Nr. 22)

$$\dot{V}_s = \varphi\,h_0\,b\,v = 0{,}75 \cdot 58 \cdot 10^{-6}\,m \cdot 0{,}3\,m \cdot 3{,}58\,\frac{m}{s} = 46{,}7 \cdot 10^{-6}\,\frac{m^3}{s}$$

$$\dot{V}_s = 46{,}7 \cdot 10^{-6} \cdot \frac{10^3\,l}{\dfrac{1}{3600}\,h} = 168\,\frac{l}{h}$$

Übergangsdrehzahl $n_{\ddot{u}}$ (Nr. 25)

$$n_{\ddot{u}} = 10^{-7} \cdot \frac{F}{\eta_{eff}\,V} = \frac{190\,000 \cdot 10^{-7}}{67{,}2 \cdot 10^{-3} \cdot 0{,}034}\,min^{-1} = 8{,}3\,min^{-1} \ll 180\,min^{-1}$$

Gleitlager

Beispiel 2:   Spiel- und Toleranzberechnungen nach 7.2.

Gegeben: Betriebs-Lagerspiel P_{sB} = 0,418 mm = 418 μm aus Beispiel 1, ebenso Durchmesser
d = 380 mm und Betriebstemperatur ϑ_B = 44 °C

Lösung: Spieländerung durch Wärmedehnung (Nr. 1):

$$d = 380 \text{ mm}$$
$$\alpha_W = 12 \cdot 10^{-6} \text{ 1/K} \quad (\text{Band 1, 10.16})$$
$$\alpha_G = 9 \cdot 10^{-6} \text{ 1/K für Gußeisen} \quad (\text{Band 1, 10.16})$$
$$\alpha_L = 24 \cdot 10^{-6} \text{ 1/K} \quad (7.1 \text{ Nr. 1})$$
$$\Delta\vartheta_W = \vartheta_B - \vartheta_0 = 44 \text{ °C} - 20 \text{ °C} = 24 \text{ °C}$$
$$\Delta\vartheta_L = \Delta\vartheta_W = 24 \text{ °C}$$
$$\Delta\vartheta_G = \vartheta_G - \vartheta_0 = 15 \text{ °C angenommen}$$
$$E_L = 3,1 \cdot 10^4 \text{ N/mm}^2 \quad (7.1 \text{ Nr. 1})$$
$$E_G = 12 \cdot 10^4 \text{ N/mm}^2 \text{ für GG-22} \quad (12.4)$$

Annahmen: Außendurchmesser der Lagerbuchse = 390 mm,
                 Außendurchmesser des Lagergehäuses = 450 mm.

Damit ergeben sich die Querschnittsflächen

$$A_L = \frac{\pi}{4} (390^2 - 380^2) \text{ mm}^2 \approx 0,6 \cdot 10^4 \text{ mm}^2$$

$$A_G = \frac{\pi}{4} (450^2 - 390^2) \text{ mm}^2 \approx 3,96 \cdot 10^4 \text{ mm}^2$$

Mit diesen Größen kann nach 7.2. Nr. 1 die Spieländerung ΔP_s berechnet werden:
ΔP_s = 0,052 mm = 52 μm

Die Spieländerung ΔP_s ist stark abhängig von den vorhandenen und angenommenen
Temperaturdifferenzen. So wird z. B.

bei $\Delta\vartheta_G$ = 10 °C $\Rightarrow$ ΔS = 68 μm
bei $\Delta\vartheta_G$ = 5 °C $\Rightarrow$ ΔS = 85 μm

Hier soll mit ΔP_s = 52 μm weitergerechnet werden.

Einbauspiel P_{sE} (7.2. Nr. 2):
$P_{sE} = P_{sB} + \Delta P_s$ = 418 μm + 52 μm = 470 μm

mittleres Einbauspiel $P_{sE\,mittel}$ (7.2. Nr. 3):
Nach 1.8 lassen sich mehrere Spielpassungen zusammenstellen. Bei der Auswahl
muß versucht werden, mit dem mittleren Einbauspiel $P_{sE\,mittel}$ möglichst nahe an
das berechnete Einbauspiel heranzukommen. So ergibt sich beispielsweise für die
Spielpassung H9/d9 mit den Abmaßen nach 1.8 und der Rechnung nach 1.2. Nr. 5:

$$P_{sE\,gr} = A_{oI} - A_{uA} \qquad A_{oI} = +140 \ \mu m \qquad A_{oA} = -210 \ \mu m$$
$$P_{sE\,kl} = A_{oI} - A_{oA} \qquad A_{uI} = 0 \qquad A_{uA} = -350 \ \mu m$$

$$P_{sE\,gr} = 140 \ \mu m - (-350 \ \mu m) = 490 \ \mu m$$
$$P_{sE\,kl} = 0 \qquad -(-210 \ \mu m) = 210 \ \mu m$$

Das mittlere Einbauspiel wird damit für die Passung H9/d9:

$$P_{sE\,mittel} = \frac{P_{sE\,gr} + P_{sE\,kl}}{2} = \frac{(490 + 210) \ \mu m}{2} = 350 \ \mu m < P_{sE} = 470 \ \mu m$$

Die Passung H11/d9 führt im Gegensatz zu H9/d9 zu einem mittleren Einbauspiel,
das dicht beim Einbauspiel P_{sE} = 470 μm liegt:

$$P_{sE\,gr} = A_{oI} - A_{uA} = 360 \ \mu m - (-350 \ \mu m) = 710 \ \mu m$$
$$P_{sE\,kl} = A_{uI} - A_{oA} = 0 \qquad -(-210 \ \mu m) = 210 \ \mu m$$

$$P_{sE\ mittel} = \frac{(710 + 210)\ \mu m}{2} = 460\ \mu m \approx P_{sE} = 470\ \mu m$$

Mit diesem mittleren Einbauspiel soll die Rechnung weitergeführt werden:

mittleres relatives Einbauspiel $\psi_{E\ mittel}$ (7.2. Nr. 4):

$$\psi_{E\ mittel} = \frac{P_{sE\ mittel}}{d} = \frac{0{,}460\ mm}{380\ mm} = 1{,}2 \cdot 10^{-3}$$

Dieser Wert liegt an der oberen Grenze der in 7.2. Nr. 5 angegebenen Richtwerte für das Lagermetall LgPbSn.

Betriebsspiele P_{sB} (7.2. Nr. 6):

$$P_{sB\ gr} = 710\ \mu m - 52\ \mu m = 658\ \mu m$$
$$P_{sB\ kl} = 210\ \mu m - 52\ \mu m = 158\ \mu m$$

meßbares Einbauspiel $P_{se\ meß}$ (7.2. Nr. 9):
Mit den angenommenen Rauhtiefen $R_{tw} = R_{tL} = 8\ \mu m$ für feingedrehte Oberflächen nach 7.2. Nr. 7 wird

$$P_{sE\ meß\ gr} = (710 - 16)\ \mu m = 694\ \mu m$$
$$P_{sE\ meß\ kl} = (210 - 16)\ \mu m = 194\ \mu m$$

relatives Betriebsspiel ψ_B (7.2. Nr. 8):

$$\psi_{B gr} = \frac{1}{d}\ [P_{sE\ meß\ gr} - \Delta P_s + (R_{tw} + R_{tL})]$$

$$\psi_{B gr} = \frac{1}{380\ mm}\ [0{,}710\ mm - 0{,}052\ mm + 0{,}016\ mm] = 1{,}8 \cdot 10^{-3}$$

$$\psi_{B kl} = \frac{1}{d}\ [P_{sE\ meß\ kl} - \Delta P_s + (R_{tw} + R_{tL})]$$

$$\psi_{B kl} = \frac{1}{380\ mm}\ [0{,}194\ mm - 0{,}052\ mm + 0{,}016\ mm] = 0{,}4 \cdot 10^{-3}$$

Wälzlager

Berechnungsbeispiele für Wälzlager

Beispiel 1: Für das Festlager einer Kegelradwelle wird entsprechend dem vorher ermittelten Wellendurchmesser $d = 45$ mm das Rillenkugellager 6209 vorläufig festgelegt. An der Lagerstelle wirken die Stützkräfte: Radialkraft $F_r = 2200$ N und Axialkraft $F_a = 1400$ N. Die Wellendrehzahl beträgt $n = 260$ min^{-1}. Die Betriebstemperatur liegt unter 150 °C.

Es ist zu prüfen, ob das Lager für eine geforderte Lebensdauer von $L_h \geqslant 20\,000$ h ausreicht.

Lösung: Für das gewählte Lager 6209 liest man aus Tafel 7.10 ab:

dynamische Tragzahl $\quad C = 32,5$ kN $= 32\,500$ N
statische Tragzahl $\quad C_0 = 17,6$ kN $= 17\,600$ N

Zur Bestimmung der Faktoren X und Y muß nach Tafel 7.9 vorgegangen werden:

$$\frac{F_a}{C_0} = \frac{1\,400\,\text{N}}{17\,600\,\text{N}} = 0,0795$$

Der nächstliegende Tafelwert in 7.9, Nr. 3 für e beträgt $e = 0,27$.

Nun wird der Quotient F_a/F_r berechnet und mit dem Wert $e = 0,27$ verglichen:

$$\frac{F_a}{F_r} = \frac{1400\,\text{N}}{2200\,\text{N}} = 0,636 > e = 0,27.$$

Für den Radialfaktor X und für den Axialfaktor Y ergeben sich nach 7.9, Nr. 3 die Werte:

Radialfaktor $\quad X = 0,56$
Axialfaktor $\quad Y = 1,6$

Damit kann die dynamisch äquivalente Lagerbelastung P errechnet werden:

$P = XF_r + YF_a = 0,56 \cdot 2200\,\text{N} + 1,6 \cdot 1400\,\text{N}$
$P = 3472$ N $= 3,472$ kN

Es sind nun alle Größen zur Berechnung der dynamischen Kennzahl f_L bekannt (siehe 7.3):

$$f_L = \frac{C}{P} f_n \qquad\qquad C = 32,5 \text{ kN}$$

$$\qquad\qquad\qquad P = 3,472 \text{ kN}$$

$$f_L = \frac{32,5\,\text{kN}}{3,472\,\text{kN}} \cdot 0,504 \qquad f_n = 0,504 \text{ nach 7.5 für } n = 260 \text{ min}^{-1}$$

$$f_L = 4,72$$

Nach 7.5 beträgt für $f_L = 4,72$ die nominelle Lebensdauer $L_h \approx 53\,000$ h. Diese Lebensdauer ist allerdings nur dann zu erwarten, wenn nicht andere Einflußgrößen dagegen sprechen, z.B. Wellendurchbiegung und Fremdstoffe im Lagerbereich. Da die Betriebstemperatur unter 150 °C liegen soll, ist eine Verkleinerung der nominellen Lebensdauer nicht erforderlich (siehe 7.3 Nr. 1).

Beispiel 2: Die Festlagerstelle einer Schneckenradwelle wird durch die Radialkraft F_r = 1340 N und durch die Axialkraft F_a = 4300 N belastet. Die Wellendrehzahl beträgt n = 750 min^{-1}, die Betriebstemperatur liegt unter 150 °C.

Es ist anzunehmen, daß die relativ hohe Axialkraft von einem Rillenkugellager mit zweckmäßigem Wellendurchmesser nicht aufgenommen werden kann. Deshalb wird zunächst ein zweireihiges Schrägkugellager vorgesehen und zwar für eine Lebensdauer von L_h ⩾ 15 000 h.

Lösung: In der Tafel 7.11, Nr. 1 sind für die dynamisch äquivalente Lagerbelastung jeweils zwei Gleichungen für die Druckwinkel von 25 °C und von 35° angegeben. Entscheidet man sich für die Standardausführung B mit Polyamidkäfig und dem Druckwinkel α = 25°, dann gelten die beiden ersten Gleichungen. In beiden Fällen ist zunächst das Verhältnis F_a/F_r zu bestimmen:

$$\frac{F_a}{F_r} = \frac{4300 \text{ N}}{1340 \text{ N}} = 3,2 > 0,68$$

Zu verwenden ist also die Gleichung

$$P = 0,67\, F_r + 1,41\, F_a$$
$$P = 0,67 \cdot 1340 \text{ N} + 1,41 \cdot 4300 \text{ N}$$
$$P = 6961 \text{ N} = 6,96 \text{ kN}$$

Nun kann mit der Gleichung nach 7.3, Nr. 1 weitergerechnet werden. Sie wird zur Berechnung der erforderlichen dynamischen Tragzahl C_{erf} umgestellt:

$$f_L = \frac{C}{P} f_n$$

$$C_{erf} = P\, \frac{f_L}{f_n}$$

Die dynamische Kennzahl f_L beträgt nach Tafel 7.5 für die geforderte Lebensdauer L_h ⩾ 15 000 h:

$$f_L = 3,11.$$

Ebenfalls aus Tafel 7.5 wird der Drehzahlfaktor f_n = 0,354 abgelesen. Damit kann die erforderliche dynamische Tragzahl berechnet werden:

$$C_{erf} = P\, \frac{f_L}{f_n} = 6,96 \text{ kN} \cdot \frac{3,11}{0,354} = 61,1 \text{ kN}$$

Geht man nun in der Tafel 7.12 die Spalte für die dynamische Tragzahl C von oben nach unten durch, dann erkennt man als erstes Lager, mit dem die Bedingung $C_{erf} \leqslant C$ erfüllt werden kann, das zweireihige Schrägkugellager 3308 B mit C = 62 kN und mit dem Wellendurchmesser d = 40 mm.

Im Hinblick auf die nominelle Lebensdauer gelten auch hier die Anmerkungen am Schluß von Beispiel 1.

Zahnradgetriebe

Berechnungsbeispiele für Zahnradgetriebe

Beispiel 1: Geometrische Größen am Schrägstirnradgetriebe mit positiver Profilverschiebung.

Gegeben: $z_1 = 33$, $z_2 = 34$, $m_n = 4\,\text{mm}$, $a = 148\,\text{mm}$, $b = 16,5\,\text{mm}$, $x_1 = 0,1642$,
$x_2 = 0,1745$, $\alpha_n = 20°$, $\beta = 24°$.

Gesucht: Die geometrischen Größen nach 8.3 .

Ergebnisse:

$i = 1,0303$	$d_1 = 144,4922\,\text{mm}$	$\alpha_{wn} = 21,138\,59°$
$z_{v1} \approx 43$	$d_2 = 148,8707\,\text{mm}$	$d_{w1} = 145,7910\,\text{mm}$
$z_{v2} \approx 45$	$d_{b1} = 134,2308\,\text{mm}$	$d_{w2} = 150,208\,90\,\text{mm}$
$PV_1 = 0,6568\,\text{mm}$	$d_{b2} = 138,2984\,\text{mm}$	$a = 148\,\text{mm}$
$PV_2 = 0,6980\,\text{mm}$	$d_{a1} = 153,7333\,\text{mm}$	$c = 0,999\,99\,\text{mm}$
$\tan\alpha_t = 0,398\,42$	$d_{a2} = 158,1943\,\text{mm}$	$x_1 + x_2 = 0,3387$
$\alpha_t = 21,723\,08°$	$km_n = 0,0362\,\text{mm}$	$\tan\beta_w = 0,449\,23$
$m_t = 4,3786\,\text{mm}$	$h_{fP} = 1,25\,m_n = 5\,\text{mm}$	$\beta_w = 24,191\,10°$
$p_t = 13,7556\,\text{mm}$	$d_{f1} = 135,8058\,\text{mm}$	$\epsilon_\alpha = 1,417\,57$
$p_n = 12,5664\,\text{mm}$	$d_{f2} = 140,2667\,\text{mm}$	$\epsilon_\beta = 0,534\,10$
$p_{et} = 12,7787\,\text{mm}$	$\text{inv}\,\alpha_{wt} = 0,022\,955\,652$	$\epsilon = 1,9517$
$p_{en} = 11,8085\,\text{mm}$	$\cos\alpha_{wt} = 0,920\,707$	$s_{t1} = 7,4012\,\text{mm}$
$\tan\beta_b = 0,413\,61$	$\alpha_{wt} = 22,970\,34°$	$s_{t2} = 7,4340\,\text{mm}$
$\sin\beta_b = 0,382\,21$	$\text{inv}\,\alpha_t = 0,019\,276$	$s_{a1} = 3,2884\,\text{mm}$
$\beta_b = 22,470\,48°$	$\sin\alpha_{wn} = 0,360\,63$	$s_{a2} = 3,289\,35\,\text{mm}$

Beispiel 2: Entwurfsberechnung für ein Geradstirnradgetriebe.

Gegeben: Leistung $P = 115\,\text{kW}$, Drehzahlen $n_1 = 1420\,\text{min}^{-1}$, $n_2 = 300\,\text{min}^{-1}$,
Eingriffswinkel am Teilkreis im Normalschnitt $\alpha_n = 20°$,
Schrägungswinkel $\beta = 0°$ (damit $\cos\beta = 1$ in den Gleichungen nach 8.4. A).

Lösung: Übersetzung $i = \dfrac{n_1}{n_2} = 4,73 = u = \dfrac{z_2}{z_1}$

Nenndrehmoment $T_1 = 9550\,\dfrac{P}{n_1} = 773\,\text{Nm}$

Ritzelzähnezahl $z_1 = 15$ gewählt (großes Drehmoment bei erwarteter mittlerer
Umfangsgeschwindigkeit v)

Radzähnezahl $z_2 = z_1\,i = z_1\,u = 71$

Werkstoff gewählt: 42 Cr Mo 4, umlaufgehärtet, mit
$\sigma_{F\,lim} = 350\,\dfrac{\text{N}}{\text{mm}^2}$ und $\sigma_{H\,lim} = 1360\,\dfrac{\text{N}}{\text{mm}^2}$

Zulässige Zahnfußspannung $\sigma_{FP} = \dfrac{\sigma_{F\,lim}}{2} = 175\,\dfrac{\text{N}}{\text{mm}^2}$,

zulässige Hertzsche Pressung $\sigma_{HP} = 680\,\dfrac{\text{N}}{\text{mm}^2}$

Normalmodul m_n aus Nomogramm 8.5 mit $T_{1\,Nenn} = 773\,\text{Nm}$, $\sigma_{F\,lim} = 350\,\dfrac{\text{N}}{\text{mm}^2}$
und $z_1 = 15$ ergibt $m_n = 7\,\text{mm}$

Teilkreisdurchmesser $d_1 = z_1\, m_n = 105$ mm

Umfangsgeschwindigkeit $v = \dfrac{\pi d_1 n_1}{60\,000} = 7{,}8\,\dfrac{m}{s}$

Verzahnungsqualität 6 nach 8.4. Nr. 7 sowie Breitenverhältnis $\psi = 0{,}5$ nach Nr. 8

Zahnbreite $b_1 = \psi d_1 = 0{,}5 \cdot 105$ mm $= 52{,}5$ mm;
gewählt wird $b_1 = 55$ mm und $b_2 = 54$ mm.

Beispiel 3: Berechnung der Zahnfußbeanspruchung und der Flankenbeanspruchung für ein Geradstirnradgetriebe (V-Plusgetriebe).

Gegeben: Dieselben geometrischen Größen und Belastungen, die im Beispiel 2 (Entwurfsberechnung) gegeben waren und bestimmt wurden:
$P = 115$ kW, $T_1 = 773$ Nm, $n_1 = 1420$ min^{-1}, $n_2 = 300$ min^{-1},
$\alpha_n = 20°$, $\beta = 0°$, $i = u = 4{,}73$, $m_n = 7$ mm, $b_1 = 46$ mm, $b_2 = 44$ mm,
$\sigma_{F\,lim} = 350$ N/mm^2, $\sigma_{H\,lim} = 1360$ N/mm^2, $z_1 = 15$, $z_2 = 71$,
$T_2 = T_1\, i = 773$ Nm $\cdot\, 4{,}73 = 3656$ Nm.

Lösung: *Zahnfußbeanspruchung*
Teilkreisdurchmesser (8.3 Nr. 13):

$d_1 = z_1\, m_n = 105$ mm, $d_2 = z_2\, m_n = 497$ mm

Rechengröße $a_d = \dfrac{d_1 + d_2}{2} = 301$ mm

Achsabstand $a = 310$ mm (gewählt)

Profilverschiebungsfaktoren x_1, x_2:

Nach 8.3 Nr. 19 wird der Betriebseingriffswinkel α_{wt} bestimmt
(mit $\alpha_t = \alpha_n = 20°$):

$\cos \alpha_{wt} = 0{,}912\,411 \Rightarrow \alpha_{wt} = 24{,}159\,279°$

Nach 8.3 Nr. 23 wird mit

$\mathrm{inv}\,\alpha_{wt} = \tan \alpha_{wt} - \dfrac{\pi\,\alpha_{wt}}{180°} = 0{,}0269049$ und

$\mathrm{inv}\,\alpha_t = \mathrm{inv}\,\alpha_n = \mathrm{inv}\,20° = 0{,}0149044$ ($\tan \alpha_n = 0{,}3639702$):

$x_1 + x_2 = \Sigma x = 1{,}4177574$; $x_1 + x_2 = \Sigma x = 1{,}42$ festgesetzt.

Mit $(z_1 + z_2)/2 = 43$ und $(x_1 + x_2)/2 = 0{,}71$ ergibt sich in 8.4. Nr. 24 ein Schnittpunkt etwas unter L16. Man zieht eine zu L15 und L16 charakteristisch liegende Gerade und findet für $z_1 = 15 \Rightarrow x_1 \approx 0{,}65$
und für $z_2 = 71 \Rightarrow x_2 \approx 0{,}79$.

Gewählt wird hier $x_1 = 0{,}650$ und damit $x_2 = \Sigma x - x_1 = 0{,}77$.

Kopfkreisdurchmesser (8.3 Nr. 15):
$d_{a1} = 126{,}22$ mm, $d_{a2} = 519{,}90$ mm

Zahnradgetriebe

Grundkreisdurchmesser (8.3 Nr. 14):

$d_{b1} = d_1 \cos\alpha_n = 98{,}667\,725$ mm

$d_{b2} = 467{,}027\,23$ mm

Wegen $\beta = 0°$ wird $\alpha_t = \alpha_n = 20°$ (8.3 Nr. 6)

Nenn-Umfangskraft $F_t = 14\,724$ N (Nr. 25)

Nenn-Umfangskraft je mm $F_t' = 335\,\dfrac{\text{N}}{\text{mm}}$ (Nr. 26)

Profilüberdeckung $\epsilon_\alpha = 1{,}29$ (Nr. 27)

Hilfsfaktor $q_L = 0{,}42$ (Nr. 29)

$\qquad\qquad q_L = 0{,}5$ wegen $q_L < 0{,}5$

Stirnlastverteilungsfaktor $K_{F\alpha} = 0{,}78$ (Nr. 30):

Es ist $\dfrac{1}{\epsilon_\alpha} = 0{,}78$, also $q_L < \dfrac{1}{\epsilon_\alpha}$ und daher $K_{F\alpha} = 0{,}78$.

Breitenlastverteilungsfaktor $K_{F\beta} = 1{,}1$ (Nr. 31)

Betriebsfaktor $K_I = 1{,}25$ angenommen (Nr. 32)

Dynamikfaktor $K_v = 1{,}1$ (Nr. 33)

maßgebende Umfangskraft je mm w_{Ft} (Nr. 34):

$w_{Ft\,1} = 378\,\dfrac{\text{N}}{\text{mm}}$, $\quad w_{Ft\,2} = 395\,\dfrac{\text{N}}{\text{mm}}$

Zahnformfaktor $Y_{F1} \approx 2{,}14$, $\quad Y_{F2} \approx 2{,}03$ (Nr. 35)

Überdeckungsfaktor $Y_\epsilon = 0{,}25 + \dfrac{0{,}75}{\epsilon_\alpha} = 0{,}83$ (Nr. 37)

Schrägungswinkelfaktor $Y_\beta = 1$ (Nr. 38, wegen $\beta = 0°$)

Zahnfußspannung $\sigma_{F1} = 96\,\dfrac{\text{N}}{\text{mm}^2}$, $\quad \sigma_{F2} = 95\,\dfrac{\text{N}}{\text{mm}^2}$ (Nr. 40)

Sicherheit gegen Zahnfußdauerbruch (Nr. 41):

$S_{F1} = 3{,}65$, $\qquad S_{F2} = 3{,}68$

Flankenbeanspruchung

Überdeckungsfaktor $Z_\epsilon = 0{,}95$ (Nr. 42, für Geradverzahnung)

Stirnlastverteilungsfaktor $K_{H\alpha} = 1$ (Nr. 43)

maßgebende Umfangskraft je mm $w_{HT} = 506\,\dfrac{\text{N}}{\text{mm}^2}$ (Nr. 44)

Zonenfaktor $Z_H = 2{,}31$ (Nr. 45)

Nach 8.3 Nr. 6 ist bei $\beta = 0° \Rightarrow \alpha_t = \alpha_n = 20°$,

$\cos \alpha_{wt} = 0{,}912411$ (siehe oben)
$\alpha_{wt} = 24{,}159279°$

Materialfaktor $Z_E = 189{,}8 \sqrt{\dfrac{N}{mm^2}}$ (Nr. 46)

Hertzsche Pressung im Wälzpunkt C (Nr. 48):

$$\sigma_H = 1006 \frac{N}{mm^2}$$

Sicherheit gegen Grübchenbildung $S_H = 1{,}35$ (Nr. 49)

Da die Zähnezahl des Ritzels $z_1 = 15 < 20$ ist, wird die Hertzsche Pressung im inneren Einzeleingriffspunkt (σ_{HB}) größer als σ_H. Mit Ritzel-Eingriffsfaktor $Z_B = 1{,}1$ (Nr. 50) wird

$$\sigma_{HB} = 1006 \frac{N}{mm^2} \cdot 1{,}1 = 1107 \frac{N}{mm^2} < \sigma_{H\,lim} = 1360 \frac{N}{mm^2}.$$

Die Hertzsche Pressung σ_{HB} ist demnach kleiner als der Dauerfestigkeitswert

$$\sigma_{H\,lim} = 1360 \frac{N}{mm^2} \text{ nach Nr. 9.}$$

Ergebnisse: Zahnfußspannung und Sicherheit   Hertzsche Pressung und Sicherheit

$$\sigma_{F1} = 96 \frac{N}{mm^2} \qquad S_{F1} = 3{,}65 \qquad\qquad \sigma_H = 1006 \frac{N}{mm^2} \qquad S_H = 1{,}35$$

$$\sigma_{F2} = 95 \frac{N}{mm^2} \qquad S_{F2} = 3{,}68$$

Beispiel 4:   Entwurfsberechnung für ein Kegelrad-Null-Getriebe mit geraden Zähnen (Achsenwinkel $\Sigma = 90°$).

Gegeben: Leistung $P = 5{,}6$ kW, Drehzahlen $n_1 = 800$ min^{-1}, $n_2 = 285$ min^{-1},
Normal-Eingriffswinkel $\alpha_n = 20°$, Schrägungswinkel $\beta_m = 0°$,
Werkstoff 16 Mn Cr 5 einsatzgehärtet

Lösung: Übersetzung $i = \dfrac{800 \text{ min}^{-1}}{285 \text{ min}^{-1}} = 2{,}81 = u$

Ritzelzähnezahl $z_1 = 20$, Breitenverhältnis $\psi = 0{,}4$

Radzähnezahl $z_2 = 56$

Zulässige Zahnfußspannung $\sigma_{FP} = 230 \dfrac{N}{mm^2}$ (8.4 Nr. 9 und Nr. 10),

$$\sigma_{F\,lim} = 460 \frac{N}{mm^2}$$

Zulässige Hertzsche Pressung $\sigma_{HP} = 815 \dfrac{N}{mm^2}$ (8.4 Nr. 9 und Nr. 11)

$$\sigma_{H\,lim} = 1630 \frac{N}{mm^2}$$

Zahnradgetriebe

Nenndrehmoment $T_1 = 67$ Nm

Normalmodul $m_n = 2{,}34$ mm (8.4 Nr. 12)

$\qquad\quad m_n = 3$ mm gewählt (8.4 Nr. 14)

Für Geradzahn-Kegelräder ist der Normalmodul m_n gleich dem Stirnmodul m_t $(m_n = m_t = m)$ am äußeren Teilkreis (äußerer Modul).

Umfangsgeschwindigkeit am äußeren Teilkreis $v = 2{,}51\ \frac{m}{s}$ (8.4 Nr. 16)

Beispiel 5: Berechnung der Zahnfußbeanspruchung und der Flankenbeanspruchung für ein Kegelrad-Nullgetriebe mit geraden Zähnen und Achsenwinkel $\Sigma = 90°$.

Gegeben: Dieselben geometrischen Größen und Belastungen, die im Beispiel 4 (Entwurfsberechnung) gegeben waren oder bestimmt worden sind:
$P = 5{,}6$ kW, $T_1 = 57$ Nm, $n_1 = 800$ min^{-1}, $n_2 = 285$ min^{-1}, $z_1 = 20$, $z_2 = 56$,
$i = u = z_2/z_1 = 2{,}81$, $\alpha_n = 20°$, $\beta_m = 0°$, $m_n = m_t = m = 3$ mm,
$\sigma_{F\ lim} = 460$ N/mm^2 und $\sigma_{H\ lim} = 1630$ N/mm^2 für Werkstoff 16 Mn Cr 5, einsatzgehärtet nach 8.4 Nr. 9.

Lösung: *Zahnfußbeanspruchung*

Teilkegelwinkel δ (8.7 Nr. 4):
$\delta_1 = 19{,}65382 = 19°\,39'\,14''$
$\delta_2 = 90° - \delta_1 = 70°\,20'\,46''$

Teilkreisdurchmesser d (8.7 Nr. 5):
$d_1 = z_1\,m_t = z_1\,m = 20 \cdot 3\ \text{mm} = 60$ mm
$d_2 = 168$ mm

Teilkegellänge R und Zahnbreite (8.7 Nr. 6):
$R = 89{,}196$ mm, $b \leqslant \dfrac{R}{3} = 29{,}7$ mm
$b = 25$ mm gewählt

Teilkegellänge R_i (8.7 Nr. 7):
$R_i = R - b = 64{,}196$ mm

mittlere Teilkegellänge R_m (8.7 Nr. 8):
$R_m = 76{,}7$ mm

Teilkreisdurchmesser d_m (8.7 Nr. 9):
$d_{m\,1} = 51{,}592$ mm, $\qquad d_{m\,2} = 159{,}592$ mm

äußerer Normalmodul m_{na} (8.7 Nr. 10):
$m_{na} = m_t \cos\beta_m = m = 3$ mm

Normalmodul m_{nm} (8.7 Nr. 11):

$m_{nm} = 2{,}58$ mm

Ergänzungszähnezahl z_v (8.7 Nr. 12):

$$z_{v1} = \frac{z_1}{\cos\delta_1} = 21{,}24; \qquad z_{v2} = 166{,}5$$

Ersatzzähnezahl z_n (8.7 Nr. 13):

bei Geradzahn-Kegelrädern ist die Ersatzzähnezahl gleich der Ergänzungszähnezahl, also

$$z_{n1} = z_{v1} = 21{,}24; \qquad z_{n2} = z_{v2} = 166{,}5$$

Nenn-Umfangskraft F_{tm} (8.8. Nr. 10)

$F_{tm} = 2597$ N (bei $T_1 = 67$ Nm)

maßgebende Umfangskraft w_{Ft} je mm (8.8. Nr. 11)

$K_I \quad = 1{,}25$ angenommen für mittlere Stöße der treibenden Maschine und gleichförmigen Abtrieb

$K_v \quad = 1{,}1$ angenommen

$K_{F\alpha} = 1$ angenommen, wie üblich bei Kegelrädern.
$K_{F\alpha} = 1$ ist ungünstigster Wert, da
$K_{F\alpha}$ stets $\leqslant 1$ ist.

$K_{F\beta} = 1{,}1$ angenommen

Mit den angenommenen K-Werten, sowie
$F_{tm} = 2597$ N und $b = 25$ mm Zahnbreite
wird

$$w_{Ft} = 157 \frac{N}{mm}$$

Zahnformfaktor Y_F (8.4 Nr. 35):

Aus dem Diagramm ergibt sich mit den
Ersatzzähnezahlen $z_{n1} = 21{,}24$ und $z_{n2} = 166{,}5$
$Y_{F1} = 2{,}86$ und $Y_{F2} = 2{,}15$

Schrägungsfaktor Y_β:

$Y_\beta = 1$ (wegen $\beta = \beta_m = 0°$)

Zahnfußspannung σ_F:

Mit $m_{nm} = m = 2{,}58$ mm und $Y_{\epsilon v} = 1$ wird

$$\sigma_{F1} = 174 \frac{N}{mm^2}, \quad \sigma_{F2} = 131 \frac{N}{mm^2}$$

Sicherheit S_F gegen Dauerbruch:

Mit $\sigma_{F\,lim} = 460 \frac{N}{mm^2}$ nach 8.4 Nr. 9 wird

$S_{F1} = 2{,}64$ und $S_{F2} = 3{,}51$

Zahnradgetriebe

Flankenbeanspruchung

maßgebende Umfangskraft w_{Ht} je mm:

$$w_{Ht} = 157 \, \frac{N}{mm^2}$$

Zahnformfaktor Z_{Hv}:

Mit $\cos\beta_b = 1$ ($\beta = 0°$) und $\alpha_t = \alpha_n = 20°$
wird

$$Z_{Hv} = 1{,}76$$

Materialfaktor Z_M (8.4 Nr. 46):

$$Z_E = 189{,}8 \, \sqrt{\frac{N}{mm^2}}$$

Hertzsche Pressung σ_H:

$$\sigma_H = 629 \, \frac{N}{mm^2}$$

Sicherheit S_H gegen Grübchenbildung:

Mit $\sigma_{H\,lim} = 1630 \, \dfrac{N}{mm^2}$ nach 8.4 Nr. 9 wird $S_H = 2{,}59$.

Eine Nachrechnung der Hertzschen Pressung σ_{HB} im inneren Einzeleingriffspunkt B (siehe 8.4 Nr. 50) entfällt bei Kegelrädern, weil die Flanken meist
längs- und höhenballig hergestellt werden.

Ergebnisse: Zahnfußspannung und Sicherheit   Hertzsche Pressung und Sicherheit

$$\sigma_{F1} = 1174 \, \frac{N}{mm^2} \qquad S_{F1} = 2{,}64 \qquad\qquad \sigma_H = 629 \, \frac{N}{mm^2} \qquad S_H = 2{,}59$$

$$\sigma_{F2} = 131 \, \frac{N}{mm^2} \qquad S_{F2} = 3{,}51$$

Beispiel zur Analyse eines Planetengetriebes[1])

Für das skizzierte dreirädrige Planetengetriebe mit gehäusefestem Sonnenrad 3 (Hohlrad) soll nach 8.13.3 die kinematische und die statische Analyse durchgeführt werden.

Das Getriebe wird an der Sonnenradwelle 1 angetrieben, die Stegwelle s ist Abtriebswelle.

Der Standwirkungsgrad wird mit $\eta_0 = 0{,}98$ angenommen.

Gegeben:

$$z_1 = 12$$
$$z_2 = 54$$
$$z_3 = 120$$
$$n_1 = +10\ \mathrm{s}^{-1}$$
$$T_1 = +1\ \mathrm{Nm}$$
$$\eta_0 = 0{,}98$$

Antrieb: Welle 1
Abtrieb: Stegwelle s
Reaktionsglied: Welle 3

1. Bauverhältnis z

Das Bauverhältnis für das dreirädrige Planetengetriebe nach 8.13.4 ist negativ, weil sich beim (gedachten) Standsystem die Sonnenräder 1 und 3 entgegengesetzt drehen würden.

$$z = -\frac{z_3}{z_1} = -\frac{120}{12}$$
$$z = -10$$

2. Übersetzung $i_{1s} = n_1/n_s$

Die Gleichung für die Übersetzung i_{1s} wird entweder 8.13.3 entnommen oder aber aus der Drehzahl-Hauptgleichung hergeleitet. Auf diese Weise macht man sich von den speziellen Übersetzungsgleichungen unabhängig.

$$z = \frac{n_1 - n_s}{n_3 - n_s} = \frac{n_1 - n_s}{0 - n_s}$$
$$-z\,n_s = n_1 - n_s$$
$$n_1 = n_s(1 - z)$$
$$i_{1s} = \frac{n_1}{n_s} = 1 - z = 1 - (-10) = +11$$

3. Absolutdrehzahlen n_1, n_3, n_s

Die Drehzahlen n_1 und n_3 sind gegebene Größen. Die dritte Absolutdrehzahl n_s kann aus der Gleichung $i_{1s} = n_1/n_s$ ermittelt werden.

$$n_1 = +10\ \mathrm{s}^{-1}\quad\text{(gegeben)}$$
$$n_3 = 0\qquad\text{(Reaktionsglied Welle 3)}$$
$$n_s = \frac{n_1}{i_{1s}} = \frac{+10\ \mathrm{s}^{-1}}{+11} = +\frac{10}{11}\ \mathrm{s}^{-1}$$

4. Relativdrehzahlen $n_{1\,\mathrm{rel}}, n_{3\,\mathrm{rel}}$

Die Relativdrehzahlen $n_{1\,\mathrm{rel}}$ und $n_{3\,\mathrm{rel}}$ sind die Differenzen der Sonnenraddrehzahlen n_1 und n_3 und der Stegdrehzahl n_s.

$$n_{1\,\mathrm{rel}} = n_1 - n_s = 10\ \mathrm{s}^{-1} - \frac{10}{11}\ \mathrm{s}^{-1}$$
$$n_{1\,\mathrm{rel}} = \frac{100}{11}\ \mathrm{s}^{-1}$$
$$n_{3\,\mathrm{rel}} = n_3 - n_s = 0 - \frac{10}{11}\ \mathrm{s}^{-1}$$
$$n_{3\,\mathrm{rel}} = -\frac{10}{11}\ \mathrm{s}^{-1}$$

---

[1]) Entnommen aus *Böge, A.:* Die Mechanik der Planetengetriebe, S. 110 bis 112, Friedr. Vieweg & Sohn, Braunschweig/Wiesbaden.

Planetengetriebe

5. Drehmomente T_1, T_3, T_s (ohne Verluste)

Das Drehmoment an der Sonnenradwelle 1 ist bekannt $(T_1 = +1\ \text{Nm})$. Die beiden anderen Drehmomente T_3 und T_s können mit den Beziehungen aus 8.13.5, Nr. 2 berechnet werden.

Die Ergebnisse sollten stets mit der Drehmomentengleichgewichtsbedingung überprüft werden.

$$T_1 = +1\ \text{Nm (gegeben)}$$
$$T_3 = -T_1\,z = -(1\ \text{Nm}) \cdot (-10) = +10\ \text{Nm}$$
$$T_s = -T_1\,(1-z) = -(1\ \text{Nm}) \cdot [1-(-10)]$$
$$T_s = -11\ \text{Nm}$$

$$T_1 \quad + \quad T_3 \quad + \quad T_s \quad = 0$$
$$1\ \text{Nm} + 10\ \text{Nm} + (-11\ \text{Nm}) = 0$$

6. Wellenleistung P_1, P_3, P_s (ohne Verluste)

Die Wellenleistung ergibt sich als Absolutleistung aus dem Wellendrehmoment und der zugehörigen Absolutdrehzahl. Auch die Beträge der beiden Wellenleistungen müssen bei verlustfreiem Betrieb gleich groß sein, hier also 62,8 W.

Die Vorzeichen zeigen P_1 als Antriebsleistung und P_s als Abtriebsleistung an. Die Wellenleistung P_3 ist gleich Null, weil sich die Welle 3 als Reaktionsglied nicht dreht (Zweiwellenbetrieb).

$$P_1 = T_1 \cdot 2\pi n_1 = 1\ \text{Nm} \cdot 2\pi \cdot 10\ \text{s}^{-1}$$
$$P_1 = +62,8\ \text{W (Antriebs-Wellenleistung)}$$
$$P_3 = T_3 \cdot 2\pi n_3 = 10\ \text{Nm} \cdot 2\pi \cdot 0$$
$$P_3 = 0$$

$$P_s = T_s \cdot 2\pi n_s = (-11\ \text{Nm}) \cdot 2\pi \cdot \frac{10}{11}\ \text{s}^{-1}$$

$$P_s = -62,8\ \text{W (Abtriebs-Wellenleistung)}$$

$$Kontrolle: \quad P_1 \quad + P_3 + \quad P_s \quad = 0$$
$$62,8\ \text{W} + \quad 0 \quad + (-62,8\ \text{W}) = 0$$

7. Wälzleistung P_{w1}, P_{w3} (ohne Verluste)

Die Wälzleistung ergibt sich als Relativleistung aus dem Wellendrehmoment und der zugehörigen Relativdrehzahl.

Da verlustfreier Betrieb vorausgesetzt wird, müssen die Beträge beider Wälzleistungen gleich groß sein, hier also 57,1 Nm/s = 57,1 W.

Das positive Vorzeichen bei P_{w1} weist auf Antriebsleistung hin, das negative Vorzeichen bei P_{w3} auf Abtriebsleistung. Die Wälzleistung fließt demnach vom Sonnenrad 1 zum Sonnenrad 3 $(1 \Rightarrow 3)$.

$$P_{w1} = T_1 \cdot 2\pi n_{1\,\text{rel}}$$

$$P_{w1} = 1\ \text{Nm} \cdot 2\pi\,\frac{100}{11}\ \text{s}^{-1}$$

$$P_{w1} = +57,1\ \text{W (Antriebs-Wälzleistung)}$$

$$P_{w3} = T_3 \cdot 2\pi n_{3\,\text{rel}}$$

$$P_{w3} = 10\ \text{Nm} \cdot 2\pi \left(-\frac{10}{11}\ \text{s}^{-1}\right)$$

$$P_{w3} = -57,1\ \text{W (Abtriebs-Wälzleistung)}$$

8. Wälzleistungsfluß

Der Wälzleistungsfluß $1 \Rightarrow 3$ wird in das Getriebesymbol eingetragen. Die Wälzleistung P_w ist die durch das Abwälzen der Stirnradzähne übertragene Leistung, unabhängig davon, ob eines der Räder gehäusefest ist oder nicht.

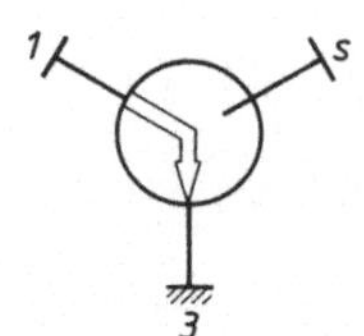

Innerer
Leistungsfluß $1 \Rightarrow 3$

9. Drehmomente T_1, T_3, T_s (mit Verlusten)

In den vorhergehenden Rechnungen (Nr. 7) wurde festgestellt, daß die Wälzleistung vom Sonnenrand 1 zum Sonnenrad 3 fließt, das heißt, die Wälzleistung P_{w1} ist Antriebsleistung. Folglich gelten in 8.13.3, Nr. 10 die Gleichungen für den inneren Leistungsfluß $1 \Rightarrow 3$.

Auch für die verlustbehafteten Drehmomente muß die Drehmomentengleichgewichtsbedingung erfüllt sein, wenn richtig gerechnet worden ist.

$$T_1 = +1 \text{ Nm (gegeben)}$$
$$T_3 = -T_1 z \eta_0 = -1 \text{ Nm} \cdot (-10) \cdot 0{,}98$$
$$T_3 = +9{,}8 \text{ Nm}$$
$$T_s = -T_1(1 - z\eta_0) = -1 \text{ Nm} \cdot [1 - (-10) \cdot 0{,}98]$$
$$T_s = -10{,}8 \text{ Nm}$$

$$T_1 \quad + \quad T_3 \quad + \quad T_s \quad = 0$$
$$1 \text{ Nm} + 9{,}8 \text{ Nm} + (-10{,}8 \text{ Nm}) = 0$$

10. Wirkungsgrad η_p des Planetengetriebes

Mit den verlustbehafteten Drehmomenten kann nun nach 8.13.3, Nr. 11 der Planetengetriebewirkungsgrad η_p ermittelt werden.

Die Rechnung zeigt, daß der Wirkungsgrad des Planetengetriebes im Umlaufsystem größer ist als der des gleichen Getriebes, wenn es im Standsystem arbeiten würde.

$$\eta_p = -\frac{T_{ab}}{T_{an}} \cdot \frac{1}{i}$$
$$T_{ab} = T_s = -10{,}8 \text{ Nm}$$
$$T_{an} = T_1 = +1 \text{ Nm}$$
$$i = i_{1s} = +11$$

$$\eta_p = -\frac{-10{,}8 \text{ Nm}}{1 \text{ Nm}} \cdot \frac{1}{11} = 0{,}9818$$

$$\eta_p = 0{,}9818 > \eta_0 = 0{,}98$$

11. Überprüfung des Wirkungsgrades η_p

Mit Hilfe der in 8.13.6 zusammengestellten Wirkungsgradgleichungen soll die voraufgegangene Rechnung noch einmal bestätigt werden.

Für die vorliegende Betriebsweise gilt die Gleichung (I).

$$\eta_p = \frac{1 - z\eta_0}{1 - z}$$

$$\eta_p = \frac{1 - (-10) \cdot 0{,}98}{1 - (-10)}$$

$$\eta_p = 0{,}9818 > \eta_0 = 0{,}98$$

Flach- und Keilriemengetriebe

Berechnungsbeispiele für Flach- und Keilriemengetriebe

Beispiel 1 : Berechnung eines Flachriemengetriebes nach 9.1.

Gegeben: Antriebsleistung $P = 20$ kW, Drehzahl $n_1 = 1450$ min^{-1}, Drehzahl $n_2 = 650$ min^{-1}, Scheibendurchmesser $d_2 = 500$ mm, Achsabstand $a \approx 660$ mm, Riemendicke $s = 5$ mm, Riemenbreite $b = 160$ mm, Lederriemen mit $L_h = 10\,000$ h Lebensdauer.

Lösung: Übersetzung $i = 2,23$ (Nr. 1)
Scheibendurchmesser $d_1 = 224,2$ mm (Nr. 2), $d_1 = 224$ mm (in 1.1 abgelesen)
Riemengeschwindigkeit $v = 17$ m/s (Nr. 3)
Riemenlänge l (Nr. 4 und 5): Mit $a = 660$ mm und $\sin\beta = 0,2091 \Rightarrow \beta = 12,1°$
wird $l = 2502$ mm, genormte Innenlänge $L = 2500$ mm.

Tatsächlicher Achsabstand (Nr. 6): $a = 659$ mm

Eine Rückrechnung mit neuem Neigungswinkel β ist nicht erforderlich, weil β mit 660 mm $\approx$ 659 mm Achsabstand berechnet wurde.

Umschlingungswinkel α (Nr. 5): $\alpha_1 = 156°$; $\alpha_2 = 204°$

Anzahl der Biegewechsel $\nu = 13,6\,\frac{1}{s}$ (Nr. 7)

Biegewechselfaktor B_W^x (Nr. 8): Mit $x = 0,11$ (angenommen) wird $B_W^x \approx 9$.

Zulässige Spannung σ_{zul} (Nr. 9): Mit $\sigma_B = 50\,\frac{N}{mm^2}$ (Nr. 10) und $S = 1,3$ wird $\sigma_{zul} \approx 4,3\,\frac{N}{mm^2}$.

Reibzahl $\mu = 0,67$ (Nr. 11)

Trumfaktor $m \approx 6$ nach Schaubild (Nr. 12)

Durchzugsgrad $\varphi = 0,71$ (Nr. 13) für $\alpha = 180°$

Nutzkraft $F_n = 1210$ N (Nr. 14) mit Wirkungsgrad $\eta = 0,97$

Nutzspannung $\sigma_n = 1,5\,\frac{N}{mm^2}$ (Nr. 15)

Fliehspannung $\sigma_f = 0,26\,\frac{N}{mm^2} \approx 0,3\,\frac{N}{mm^2}$ (Nr. 16)

Biegespannung $\sigma_b = 3,4\,\frac{N}{mm^2}$ (Nr. 17)

Maximalspannung σ_{max} (Nr. 18): Mit $\kappa = 0,86$ aus Nr. 12 wird

$$\sigma_{max} = 5,4\,\frac{N}{mm^2} > \sigma_{zul} = 4,3\,\frac{N}{mm^2}.$$

Da die Maximalspannung größer als die zulässige Spannung ist, hier insbesondere wegen der relativ großen Biegespannung, muß ein anderer Riemenwerkstoff gewählt werden, zum Beispiel Leder-Kunststoff-Riemen mit $\sigma_B = 240$ N/mm^2 (statt Lederriemen mit $\sigma_B = 50$ N/mm^2).

Damit ergeben sich neu:

$$\sigma_{zul} = 20{,}5\ \frac{N}{mm^2}\,,\quad \sigma_f = 0{,}32\ \frac{N}{mm^2}\,,\qquad \sigma_b = 6{,}1\ \frac{N}{mm^2}\,,\quad \sigma_{max} = 8{,}2\ \frac{N}{mm^2} < \sigma_{zul} = 20{,}5\ \frac{N}{mm^2}\,.$$

Vorhandene Vorspannung $\sigma_{v\,vorh}$ (Nr. 20): Wird durch Riemenkürzung oder Veränderung des Achsabstandes die in Nr. 19 angegebene Dehnung erzeugt, dann ist

$$\sigma_{v\,vorh} = 500\ \frac{N}{mm^2} \cdot 0{,}035 = 17{,}5\ \frac{N}{mm^2}\,.$$

erforderliche Vorspannung $\sigma_{v\,erf} = 1{,}4\ \dfrac{N}{mm^2} < \sigma_{v\,vorh}$ (Nr. 21)

Trumkräfte F_1, F_2 und Trumspannungen σ_1, σ_2 (Nr. 22):
Mit $F_n = 1210\ N$ und $m = 6$ wird $F_1 = 1450\ N$,
mit $\alpha_1 = 156° = \pi\ 156°/180°$ rad $= 2{,}72$ rad und $\mu = 0{,}67$ wird $F_2 = \dfrac{F_1}{e^{\mu\alpha_1}} = 235\ N$.

$$\sigma_1 = \frac{F_1}{A} = 1{,}8\ \frac{N}{mm^2}\,,\quad \sigma_2 = 0{,}29\ \frac{N}{mm^2}\ \text{(Probe mit } \sigma_1 = \sigma_2 e^{\mu\alpha_1})$$

Vorspannkraft F_v (Nr. 23): Mit $\beta = 12°$ wird $F_v = 1650\ N$.

Die weiteren Größen nach 9.1:

Nutzkraft $F_n = 1215\ N$ (siehe oben)

Nutzspannung $\sigma_n = \sigma_1 - \sigma_2 = 1{,}51\ \dfrac{N}{mm^2}$ (siehe oben)

Ausbeuteziffer $\kappa = \dfrac{F_n}{F_1} = 0{,}83$ (siehe oben)

Dehnschlupf $\psi_{el} = \dfrac{\sigma_1 - \sigma_2}{E} = 0{,}003$

Gesamtschlupf $\psi_{ges} = 0{,}013$ ($\psi_{gl} = 0{,}01$ angenommen)

Beispiel 2: Berechnung eines Keilriemengetriebes nach 9.2.

Gegeben: Antriebsleistung $P = 20\ kW$, Drehzahl $n_1 = 1450\ min^{-1}$, Scheibenzahl $z = 2$, Scheibendurchmesser $d_{m1} = 180\ mm$, $d_{m2} = 500\ mm$, Achsabstand $a = 600\ mm$, Lebensdauer $L_h = 10000\ h$.

Lösung: Riemenbreite (Nr. 1): $b = 20\ mm$ für $d_{m1} = 180\ mm$

Riemengeschwindigkeit $v = 13{,}7\ \dfrac{m}{s}$ (Nr. 4)

Riemenlänge $l_m = 1350\ mm$ (Nr. 5)

Umschlingungswinkel $\alpha_1 \approx 148°$ (Nr. 6)
Nennleistung P_{180} (Nr. 7): Für $b = 20\ mm$ und $v = 14\ \dfrac{m}{s}$ ergibt sich $P_{180} = 4{,}27\ kW$ je Riemenstrang bei $\alpha_1 = 180°$.

Übertragbare Leistung P' (Nr. 8): Mit den Korrekturfaktoren $c_1 = 0{,}92$ (für $\alpha_1 = 150°$), $c_2 = 1$ und $c_3 = 1$ wird $P' = 3{,}93\ kW$.

Anzahl der erforderlichen Riemenstränge $z' = 5$ (Nr. 12)
Anzahl der Biegewechsel ν_b (Nr. 15): $\nu_b = 20\ \dfrac{1}{s} < 40\ \dfrac{1}{s}$

Stahlbau

Berechnungsbeispiel für Stahlbau

Beispiel: Nietverbindung im Stahlhochbau. Berechnung des Biegestoßes eines geschweißten Vollwandträgers nach 10.5.

Gegeben: Der geschweißte Vollwandträger aus St 37 hat an der Stoßstelle ein Biegemoment $M = 250$ kNm und eine Querkraft $F_q = 180$ kN zu übertragen. Nietlochdurchmesser $d_1 = 21$ mm, Lastfall H, zulässige Spannungen nach 10.3 (alle Werte auf volle 10 N/mm^2 aufgerundet).
Beachte:
Alle Nummernangaben in der Lösung beziehen sich auf die Gleichungen in der Tafel 10.5.

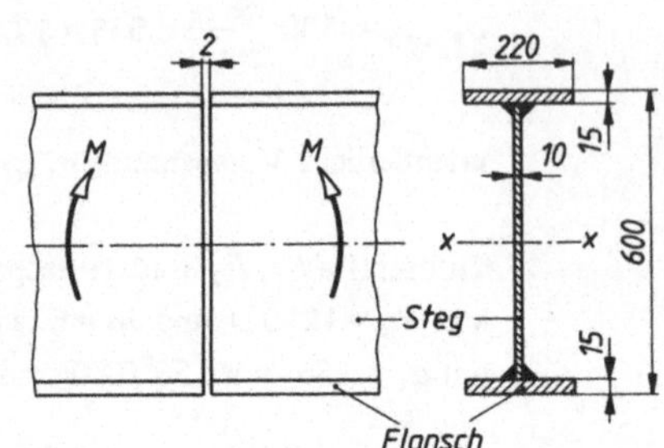

Lösung: Flächenmoment 2. Grades I_F der beiden Flanschen in bezug auf die x-Achse (Steinerscher Satz, Band 1, 9.4):

$$I_F = 2 \cdot \left(\frac{220 \cdot 15^3}{12} + 220 \cdot 15 \cdot 292,5^2 \right) \text{mm}^4$$

$$I_F = 56\,480 \cdot 10^4 \text{ mm}^4$$

Flächenmoment I_S des Stegs:

$$I_S = \frac{10 \cdot 570^3}{12} \text{ mm}^4 = 15\,430 \cdot 10^4 \text{ mm}^4$$

Gesamtflächenmoment I_x (Nr. 1):

$$I_x = I_F + I_S \approx 71\,900 \cdot 10^4 \text{ mm}^4$$

Gesamtflächenmoment I_{xn} (Nr. 1):

Nach DIN 1050 ist das Flächenmoment I_L der Nietlöcher im gezogenen Flansch (bezogen auf die Schwerachse des ungeschwächten Querschnitts) von I_x abzuziehen:

$$I_L = (2 \cdot 21 \cdot 15 \cdot 292,5^2) \text{ mm}^4 \approx 5390 \cdot 10^4 \text{ mm}^4$$

$$I_{xn} = I_F + I_S - I_L \approx 66\,500 \cdot 10^4 \text{ mm}^4$$

Skizze des Biegestoßes mit Spannungsverteilung:

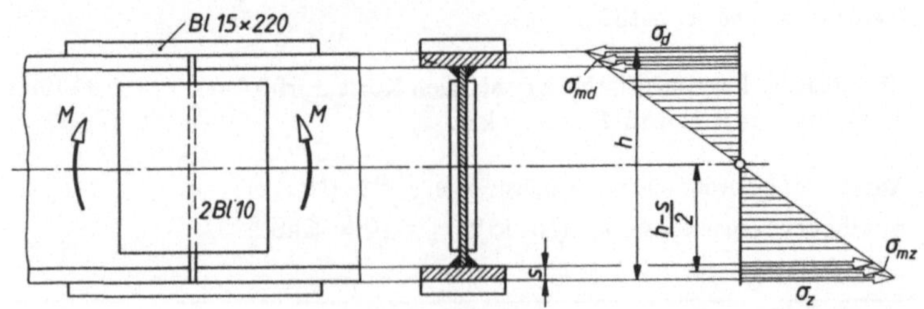

Gurtplattenstoß

mittlere Gurtspannungen σ_{mz}, σ_{md} (Nr. 2):

$$\sigma_{mz} = \frac{M\left(\frac{h-s}{2}\right)}{I_{xn}} = 110 \, \frac{N}{mm^2} < \sigma_{zul} = 160 \, \frac{N}{mm^2}$$

$$\sigma_{md} = \frac{M\left(\frac{h-s}{2}\right)}{I_x} = 102 \, \frac{N}{mm^2} < \sigma_{zul}$$

Gurtkräfte F_z, F_d (Nr. 3):

$$F_z = 110 \, \frac{N}{mm^2} \cdot 15 \, mm \cdot 220 \, mm = 363 \, kN$$

F_d braucht wegen $F_d < F_z$ nicht berechnet zu werden.

Erforderliche Nietzahl $n_{a\,erf}$ (Nr. 4):

Die Anzahl der Niete für die Stoßlasche im Zuggurt wird mit F_z bestimmt.

$$n_{a\,erf} = \frac{363 \cdot 10^3 \, N}{140 \, \frac{N}{mm^2} \cdot 346 \, mm^2 \cdot 1} = 7,5$$

$n = 8$ Niete 20 Durchmesser ausgeführt (21 mm Lochdurchmesser d_1, siehe 10.5 Nr. 10).

Überprüfung auf Lochleibungsdruck σ_l (Nr. 5):

$$\sigma_l = \frac{363 \cdot 10^3 \, N}{8 \cdot 21 \, mm \cdot 15 \, mm} = 144 \, \frac{N}{mm^2} < \sigma_{l\,zul} = 280 \, \frac{N}{mm^2}$$

Stegblechstoß

Für die beiden Steglaschen wird 10 mm Blech gewählt. Die Steglaschen haben die gesamte Querkraft $F_q = 180 \, kN$ und das anteilige Biegemoment M_S aufzunehmen.

Anteiliges Biegemoment M_S (Nr. 6):

$$M_S = \frac{I_S}{I_{xn}} = 250 \, kNm \cdot \frac{15\,430 \cdot 10^4 \, mm^4}{66\,500 \cdot 10^4 \, mm^4} = 58 \, kNm$$

Die Anzahl der Anschlußniete für die Steglaschen wird angenommen und das Nietbild entworfen:

gewählt:
$$\begin{aligned} h_1 &= 200 \, mm & r_1 &= \sqrt{h_1^2 + v^2} = 206 \, mm \\ h_2 &= 100 \, mm & r_2 &= \sqrt{h_2^2 + v^2} = 112 \, mm \\ v &= 50 \, mm & r_3 &= v = 50 \, mm \\ n &= 10 \end{aligned}$$

Maximale Zusatznietkraft $F_{b\,max}$ (Nr. 7):

$$F_{b\,max} = M_S \frac{r_1}{4\,r_1^2 + 4\,r_2^2 + 2\,r_3^2} = 53,1 \, kN$$

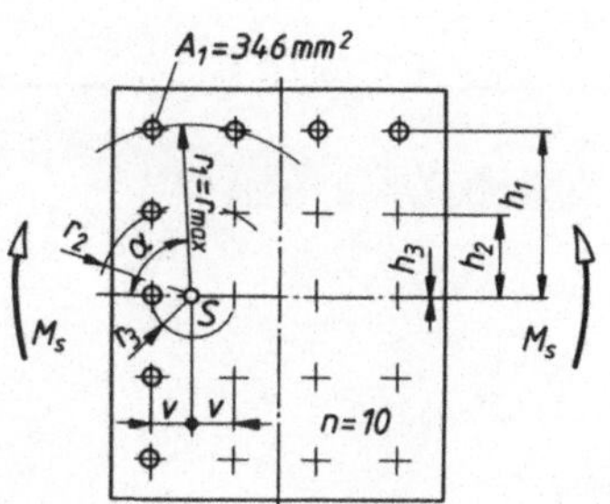

Stahlbau

Maximale Nietkraft $F_{N\,max}$ (Nr. 8):

$$\tan\alpha = \frac{200\ mm}{50\ mm} = 4 \;\rightarrow\; \alpha = 76°$$

$$F_{N\,max} = \sqrt{53,1^2\ kN^2 + \left(\frac{180\ kN}{10}\right)^2 + 2\cdot 53,1\ kN \cdot \frac{180\ kN}{10}\cdot\cos 76°}$$

$$F_{N\,max} \approx 60\ kN = 60\,000\ N$$

Spannungsnachweis (Nr. 9):

$$\tau_{a\,vorh} = \frac{60\,000\ N}{2\cdot 346\ mm^2} = 87\ \frac{N}{mm^2} < \tau_{a\,zul} = 140\ \frac{N}{mm^2}$$

$$\sigma_{l\,vorh} = \frac{60\,000\ N}{21\ mm \cdot 10\ mm} = 286\ \frac{N}{mm^2} > \sigma_{l\,zul} = 280\ \frac{N}{mm^2}$$

Die Behörde läßt maximal eine 3%ige Überschreitung der zulässigen Spannung zu.
Hier sind es weniger als 3 %. Andernfalls müßte die Stegblechdicke vergrößert werden,
zum Beispiel statt 10 mm dann 12 mm.

Skizze des Biegestoßes für den geschweißten Vollwandträger:

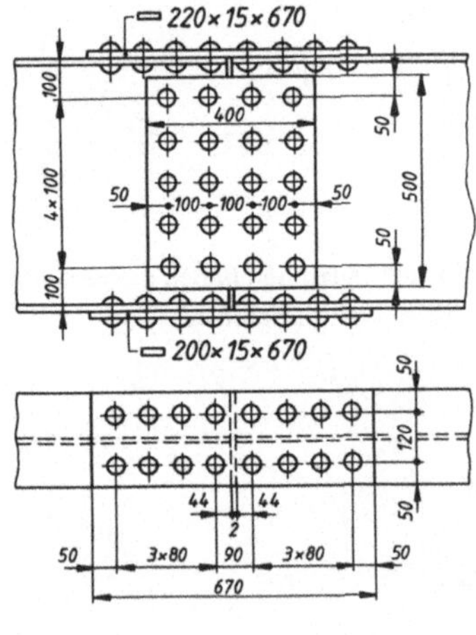

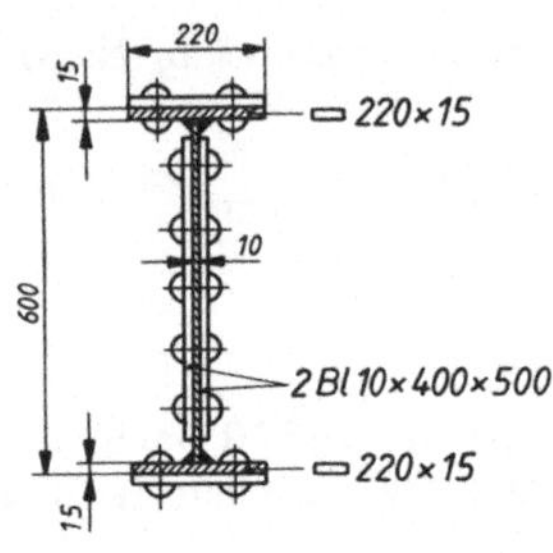

Berechnungsbeispiele für Federn

Beispiel 1

Gegeben: Rechteckblattfeder aus 51 Si 7, $F = 800$ N, $f \approx 75$ mm, $l = 400$ mm,
$\sigma_{b\,zul} = 0,7\,R_m = 0,7 \cdot 1300$ N/mm² $= 910$ N/mm², ruhende Belastung.

Gesucht: Federblattdicke h, Federblattbreite b, vorhandene Biegespannung σ_b,
Federrate c, Federarbeit W_f.

Lösung: Mit den Gleichungen aus 11.2, Nr. 1 erhält man zunächst mit

$$f = \frac{2\,l^2}{3\,h\,E}\,\sigma_{b\,zul} \quad \text{die Federblattdicke } h:$$

$$h = \frac{2\,l^2\,\sigma_{b\,zul}}{3\,f\,E} = \frac{2 \cdot 400^2\,\text{mm}^2 \cdot 910\,\dfrac{\text{N}}{\text{mm}^2}}{3 \cdot 75\,\text{mm} \cdot 210\,000\,\dfrac{\text{N}}{\text{mm}^2}} = 6,16\,\text{mm}$$

gewählt wird $h = 6$ mm.

Aus

$$\sigma_b = \frac{6\,F\,l}{b\,h^2} \leqslant \sigma_{b\,zul} \quad \text{wird dann die Federblattbreite } b:$$

$$b = \frac{6\,F\,l}{h^2\,\sigma_{b\,zul}} = \frac{6 \cdot 800\,\text{N} \cdot 400\,\text{mm}}{6^2\,\text{mm}^2 \cdot 910\,\dfrac{\text{N}}{\text{mm}^2}} = 58,61\,\text{mm}$$

gewählt wird $b = 60$ mm.

Mit den festgelegten Querschnittsmaßen h und b ergibt sich die vorhandene
Biegespannung σ_b:

$$\sigma_b = \frac{6\,F\,l}{b\,h^2} = \frac{6 \cdot 800\,\text{N} \cdot 400\,\text{mm}}{60\,\text{mm} \cdot 6^2\,\text{mm}^2} = 889\,\frac{\text{N}}{\text{mm}^2} < \sigma_{b\,zul} = 910\,\frac{\text{N}}{\text{mm}^2}$$

Federrate c und Federarbeit W_f aus:

$$c = \frac{E\,b\,h^3}{4\,l^3} = \frac{210\,000\,\dfrac{\text{N}}{\text{mm}^2} \cdot 60\,\text{mm} \cdot 6^3\,\text{mm}^3}{4 \cdot 400^3\,\text{mm}^3} = 10,63\,\frac{\text{N}}{\text{mm}}$$

$$W_f = \frac{V\,\sigma_b^2}{18 \cdot E} = \frac{b\,h\,l\,\sigma_b^2}{18 \cdot E} = \frac{60\,\text{mm} \cdot 6\,\text{mm} \cdot 400\,\text{mm} \cdot \left(889\,\dfrac{\text{N}}{\text{mm}^2}\right)^2}{18 \cdot 210\,000\,\dfrac{\text{N}}{\text{mm}^2}} = 30\,107\,\text{Nmm}$$

Beispiel 2

Gegeben: Dreieckblattfeder mit $b = 60$ mm und $h = 6$ mm wie bei der Rechteckblattfeder
im Beispiel 1. Ruhende Belastung.

Gesucht: Vorhandene Biegespannung σ_b, Federweg f, Federrate c, Federarbeit W_f.

Lösung: Mit den Gleichungen aus 11.2, Nr. 2 wird:
$\sigma_b = 889$ N/mm² (wie in der Rechteckblattfeder im Beispiel 1), $f \approx 113$ mm,
also 1,5 mal größer als in Beispiel 1. Das gilt auch für W_f und als Kehrwert für c.
Federweg f und Formänderungsarbeit W_f werden nun größer, die Federrate c
entsprechend kleiner. Der Faktor 1,5 ist der Formfaktor K_{Tr} (siehe 11.2, Nr. 4)
für $b'/b = 0/60$ mm $= 0$, nach Schaubild, also $K_{Tr} = 1,5$.

Sachwortverzeichnis